A vacina

Joe Miller
com Uğur Şahin e Özlem Türeci

A vacina

A história do casal de cientistas pioneiros no combate ao coronavírus

tradução de
Mayumi Aibe, Natalie Gerhardt e Paula Diniz

intrínseca

TÍTULO ORIGINAL
The Vaccine: inside the race to conquer the Covid-19 pandemic

PREPARAÇÃO
Dandara Morena
Mariana Moura

REVISÃO
Rayssa Galvão
Eliana Moura

REVISÃO TÉCNICA
Luiz Otávio Felgueiras

DESIGN DE CAPA
Angelo Bottino

FOTO DE CAPA
Ramon Haindl | laif | Imageplus

DIAGRAMAÇÃO
Victor Gerhardt | Calliope

CIP-BRASIL. CATALOGAÇÃO NA PUBLICAÇÃO
SINDICATO NACIONAL DOS EDITORES DE LIVROS, RJ

M592v

Miller, Joe
A vacina / Joe Miller, Ugur Şahin, Özlem Türeci; tradução de Mayumi Aibe, Natalie Gerhardt, Paula Diniz. - 1. ed. - Rio de Janeiro: Intrínseca, 2022.
320 p. ; 23 cm.

Tradução de: The vaccine
ISBN 978-65-5560-548-8

1. Vacinas COVID-19 - História. 2. COVID-19 (Doenças) - Pesquisa. 3. Descoberta de drogas - História. 4. Desenvolvimento de drogas - História. 5. Indústria Farmacêutica - História. 6. Pandemia COVID-19, 2020. I. Şahin, Uğur. II. Türeci, Özlem. III. Aibe, Mayumi. IV. Gerhardt, Natalie. V. Diniz, Paula. VI. Título.
21-74500 CDD: 614.592414
CDU: 615.371(616.98:578.834)

Camila Donis Hartmann - Bibliotecária - CRB-7/6472

[2022]

EDITORA INTRÍNSECA LTDA.
Rua Marquês de São Vicente, 99, 6º andar
22451-041 – Gávea
Rio de Janeiro – RJ
Tel./Fax: (21) 3206-7400
www.intrinseca.com.br

Aos meus pais: obrigado por se manterem em segurança.

SUMÁRIO

NOTA DO AUTOR

Escrever um livro sobre uma pandemia no decorrer dela foi uma experiência surreal. Dá para contar nos dedos das mãos as pessoas com quem me encontrei pessoalmente para as sessenta entrevistas que resultaram em mais de 150 horas de gravação. Eu só podia viajar para duas cidades: Mainz e Marburg.

Como consequência, a descrição de características pessoais, assim como dos locais, foi feita a partir das impressões de outras pessoas. É compreensível que as lembranças de um ano tão difícil muitas vezes sejam imperfeitas e que as datas e horas informadas por testemunhas do mesmo evento sejam contraditórias em certos pontos. Sempre que possível, fiz uma verificação independente dos fatos, mas alguns eventos descritos no livro se basearam na memória de um ou dois observadores. Da mesma forma, as citações são uma aproximação do que de fato foi dito, com base nos relatos dos envolvidos, e, quando possível, foram verificadas com outras pessoas presentes (quase sempre de forma virtual).

O nome de alguns lugares e suas características marcantes foram alterados ou omitidos a pedido dos serviços de segurança responsáveis pela proteção da BioNTech e de seus fornecedores, por causa de ameaças contínuas. Outras partes da cadeia de suprimentos não foram definidas em detalhes por razões semelhantes. Nenhuma dessas escolhas diminui a integridade da história.

Há milhares de maneiras de contar esses fatos, e tive de escolher uma que pudesse escrever no tempo disponível. Este é o primeiro rascunho da história.

PRÓLOGO:
O MILAGRE DE COVENTRY

Foi a injeção *exibida* no mundo todo.

Em uma manhã fria de dezembro, pouco depois das seis e meia, na enfermaria do hospital universitário de Coventry, no Reino Unido, Maggie Keenan, de noventa anos, tirou o cardigã cinza de bolinhas, arregaçou a manga da camiseta azul com estampa natalina e desviou o olhar enquanto a enfermeira[1] injetava todo o conteúdo da seringa no seu braço esquerdo. Sob as luzes da TV, a vendedora de joias aposentada, com os olhos azuis brilhando acima de uma máscara azul descartável, se tornou a primeira paciente do planeta a receber uma vacina totalmente testada e aprovada contra o vírus que já tinha ceifado a vida de 1,5 milhão de pessoas. Por onze meses, a humanidade ficara praticamente indefesa contra a Covid-19, exatamente como aconteceu com a gripe espanhola, que matou dezenas de milhões de pessoas mais de um século atrás, incluindo milhares de cidadãos de Coventry. Agora a ciência estava revidando. No estacionamento do hospital, os repórteres ajustavam o ponto eletrônico na orelha para dar a notícia a telespectadores exaustos mundo afora: *o socorro está a caminho*.

Recuperando-se no hospital com uma xícara de chá, Maggie, que faria 91 anos na semana seguinte, disse aos repórteres que a picada foi "o melhor presente de aniversário adiantado" e contou o quanto desejava abraçar seus quatro netos depois de meses de isolamento.[2] Antes de ser conduzida em cadeira de rodas para fora da enfermaria, passando por uma guarda de honra formada por médicos e enfermeiras, o frasco e a seringa usados nessa injeção histórica foram levados para o Museu da Ciência em Londres. Esses itens agora fazem parte da exposição permanente, ao lado de uma lanceta de Edward Jenner,[3] que pavimentou a estrada para a vacinação moderna em 1796 ao inocular o filho do seu jardineiro contra a varíola em uma cidade inglesa a pouco mais de cem quilômetros de onde Maggie recebeu a vacina salvadora de vidas. A esperança dos curadores é que essa exposição conte a história de como, nos momentos mais sombrios que esta geração já viveu, a Covid-19 foi aniquilada pela chegada de uma maravilha da medicina.

O que aquela pequena ampola não mostra, porém, é como sua existência era improvável naquele fim de 2020. Embora a tecnologia de vacinas tenha avançado muito desde os experimentos de Jenner, criar e testar uma nova vacina continua sendo um processo repleto de riscos. De acordo com um estudo de milhares de testes clínicos aplicados nos vinte anos que antecederam a descoberta do novo coronavírus, mesmo com bilhões de dólares de investimento por parte das maiores empresas da indústria farmacêutica, cerca de 60% de todos os projetos de desenvolvimento de vacinas fracassaram.[4] Em fevereiro de 2020, Anthony Fauci, o principal especialista em doenças infecciosas dos Estados Unidos, alertou que, ainda que a indústria farmacêutica e as agências reguladoras investissem na aceleração do desenvolvimento do imunizante como resposta à situação de emergência mundial, uma vacina demoraria pelo menos um ano, "no melhor cenário".[5] O diretor-geral da Organização Mundial da Saúde, Tedros Adhanom Ghebreyesus, previu que seriam necessários pelo menos dezoito meses para que surgisse uma fórmula viável, isso sem considerar o processo de autorização para uso coletivo e distribuição mundial.

Nove meses depois, uma vacina extraordinariamente eficaz, com base em uma plataforma que nunca tinha sido usada antes por uma farmacêutica licenciada, foi disponibilizada graças aos esforços de dois cientistas da cidade de Mainz, na Alemanha, que no passado tinham sido alvo de escárnio. Durante décadas, a equipe formada por marido e mulher acreditava que uma pequena molécula rejeitada pela indústria farmacêutica poderia ser a precursora de uma revolução na medicina ao controlar os poderes do sistema imunológico.

Eles não sabiam que seria necessária uma pandemia implacável para provarem que estavam certos.

CAPÍTULO 1

O SURTO

Pela primeira vez em semanas, a agenda de Ugur Sahin estava limpa. Era uma manhã de sexta-feira, e o apartamento de dois quartos que ele compartilhava com a esposa, Özlem Türeci, e a filha adolescente estava excepcionalmente vazio. No silêncio, ele percorreu sua biblioteca do Spotify e escolheu uma de suas *playlists* favoritas. Quando o imunologista turco se sentou em frente ao computador segurando uma xícara de chá *oolong* bem quente, o escritório improvisado foi tomado pelo som agradável da gravação do canto dos pássaros.

A caixa de entrada de Ugur estava transbordando de e-mails, e ele mal tinha começado a olhar as mensagens dos alunos de doutorado quando Özlem e a filha, de volta do trabalho e da escola, apareceram à porta para lembrá-lo de que eram quatro da tarde: hora de *phở e banh mi* no restaurante vietnamita predileto da família. Era raro os três pularem esse ritual da semana, ainda mais se um deles tivesse viajado recentemente. Começava a anoitecer quando voltaram para casa, e Ugur pôde retornar à cadeira e se dedicar a seu único hobby de verdade: colocar a leitura em dia.

A ideia de descanso do professor era manter a mente sempre ativa. O desprezo pela perda de tempo era uma das muitas características que Ugur compartilhava com Özlem, que conhecera quase trinta anos antes, durante um rodízio em uma enfermaria oncológica. Ele era um jovem médico; ela estava no último ano da faculdade de medicina. O casal, agora parceiro na ciência, nos negócios e na vida, nunca teve TV em casa e sempre se manteve longe das redes sociais, concentrando-se apenas nas publicações on-line que consideravam dignas de atenção. A escrivaninha de Ugur em casa, com duas telas grandes que faziam jus às de um pregão de banco de investimentos, era o portal dos dois para o resto do mundo.

Ao abrir o navegador da internet, Ugur começou a percorrer de forma metódica uma lista de sites favoritos. Era 24 de janeiro, e o ano de 2020 começara em um ritmo lento na Alemanha. A imprensa local de Mainz, a cidade que Ugur adotara como sua, cobria um protesto ambiental no qual estudantes tinham bloqueado o tráfego por quilômetros. *Der Spiegel*, uma das revistas mais respeitadas da Alemanha, publicou na sua página principal uma história sobre a ascensão e a ética questionável de um rap gângster alemão. Na edição digital da semana, a revista exibia artigos que especulavam se a briga interna no Partido Democrata efetivamente levaria Donald Trump à reeleição, além de uma análise da guerra cibernética travada pelo reino da Arábia Saudita, acusado de hackear o telefone do fundador da Amazon, Jeff Bezos. Escondido na seção de ciência, estava um relatório sobre a megacidade chinesa de Wuhan, que havia sido acometida por uma nova doença respiratória.

O rastreamento dos cerca de cinquenta casos da doença, monitorados pelas autoridades locais, parecia levar até o "mercado úmido" atacadista de Huanan, que vendia frutos do mar, aves vivas, morcegos, cobras e marmotas, alguns dos quais eram abatidos no próprio local. Embora fosse muito cedo para tirar quaisquer conclusões, as evidências indicavam algo que causava arrepios aos epidemiologistas: a chamada "transmissão interespécies". Em outras palavras, era provável que um vírus tivesse passado dos animais para os humanos, pegando as pessoas completamente desprevenidas. A evolução estava prestes a travar uma corrida armamentista entre esse novo e assustador inimigo e as forças combinadas do sistema imunológico humano.

De certa forma, o relatório despertou o interesse de Ugur, que dedicara a vida adulta a compreender como o sistema imunológico guia suas tropas díspares para combater doenças. A empresa que ele fundara com Özlem onze anos antes, a BioNTech, havia embarcado em projetos de desenvolvimento de vacinas contra gripe, HIV e tuberculose. Mas o cientista de 54 anos não se preocupava tanto com vírus incômodos. Apenas cerca de dez dos mais de mil funcionários de Ugur estavam desenvolvendo medicamentos para combater infecções transmissíveis. O restante se concentrava na principal missão do casal: encontrar a cura para o câncer. Finalmente, estavam à beira de uma descoberta.

Tinha sido essa mensagem — de que a cura para alguns tipos de câncer poderia estar ao alcance — que Ugur apresentara em um palco familiar dezenove dias antes, em São Francisco. Por mais de uma década, seu ano de trabalho começava em um dos salões de festas sem janelas do hotel Westin St Francis da cidade, onde ele expunha meticulosamente seu plano para desenvolver tratamentos de última geração contra o câncer na vitrine mais importante da indústria de biotecnologia, a Conferência Anual de Saúde do JP Morgan.

O evento se transformara em uma peregrinação anual no mundo farmacêutico, um circo corporativo que atraía dezenas de milhares de cientistas, empresários e investidores. Centenas de start-ups desembolsavam mais de 1.000 dólares[6] por uma noite em quartos de hotel no centro da cidade, na esperança de vender seus produtos para gestores de fundos polpudos. Ugur, um abstêmio de fala mansa que odiava hipérboles e se mostrava quase avesso ao "networking" — parte importante do simpósio de quatro dias — dificilmente era o centro das atenções. O foco de alarde da imprensa no evento de negociação eram os queridinhos do Vale do Silício, que afirmavam ter uma fórmula para o crescimento exponencial. As palestras baseadas em dados da BioNTech no geral eram dirigidas a um público formado por algumas dezenas de executivos de escalão médio e investidores de risco, parte deles com um semblante que sugeria que a distração os levara para a sala errada.

Naquele janeiro, porém, a recepção havia sido diferente. Quando Ugur se dirigiu ao palanque — tendo trocado o uniforme usual, a camiseta lisa, por uma camisa de colarinho e paletó —, quase duzentas pessoas voltaram a atenção para a tela do projetor acima de sua cabeça raspada.

O upload do arquivo da apresentação, exigido pelos reguladores do mercado, fora feito apenas alguns minutos antes do fim do prazo, por causa dos hábitos incomuns de Ugur. Ele odiava perder dias com o jet lag e tentava se manter no fuso horário alemão durante viagens curtas. Depois de dezesseis horas de voo de Mainz à Califórnia, Ugur fora dormir direto, sem finalizar os slides. No dia do grande discurso, acordara às duas da manhã para finalizar a apresentação. O pesquisador estava com dificuldade de condensar tudo o que queria falar em uma palestra de vinte minutos e, quando seus colegas surgiram, horas depois, encontraram o chefe cercado de café e dos restos de brownie da Starbucks que ele trouxera de casa, ainda fazendo os ajustes finais em seu precioso PowerPoint.

Ugur não precisava ficar tão preocupado. As ações da BioNTech estavam em alta e tinham mais do que triplicado três meses após a decepcionante estreia na bolsa de valores Nasdaq, em Nova York, o que acontecera durante uma crise econômica. A empresa estava prestes a lançar sete ensaios clínicos com medicamentos para combater tumores sólidos, como o melanoma avançado. No palco, Ugur repassou essas conquistas em detalhes, lutando contra o desejo de se aprofundar na ciência, que lhe interessava muito mais do que marcos comerciais. O público, composto em grande parte por especialistas do setor, parecia atento e encantado. Ugur disse à multidão que 2020 seria o ano em que a BioNTech provaria que os céticos estavam errados.

Não havia tempo a perder. Logo depois de terminar a palestra, Ugur embarcou em um avião para Seattle, onde se encontrou com uma equipe da Fundação Bill e Melinda Gates, que havia recém-assinado um acordo de 100 milhões de dólares com a BioNTech para desenvolver uma série de novos medicamentos. Horas depois, ele seguiu rumo a Boston e passou em uma pequena empresa de imunoterapia contra o câncer que a BioNTech estava prestes a adquirir por 67 milhões de dólares. O objetivo da visita era assegurar aos funcionários que Ugur, um cientista como eles, estava interessado no avanço das inovações da empresa e não era um abutre disfarçado em um jaleco que aparecera para destruir a firma e reduzir a força de trabalho. Àquela altura, Ugur ainda estava bastante alheio aos acontecimentos em Wuhan. Ele caminhou pelo saguão da empresa de biotecnologia, apresentando-se a dezenas de seus futuros funcionários e cumprimentando cada um deles com um forte aperto de mão.

Enquanto pulava de aeroporto em aeroporto, voando de um país a outro, Ugur ouviu mais menções ao surto na China e teve algumas conversas casuais com amigos e colegas sobre a nova doença; porém, o assunto não havia de fato despertado sua curiosidade. Os patógenos que quebravam a barreira das espécies, conhecidos como zoonoses virais, não eram incomuns, e a probabilidade de um pequeno grupo de infecções levar a uma crise de saúde pública era mínima. Ugur, um homem ocupado que enfrentava uma quinzena muito agitada, não deu muita importância ao assunto.

Foi assim até aquela sexta-feira à noite em Mainz, com o apetite saciado e a agenda mais livre do que nunca. Percorrendo as abas cuidadosamente salvas, a atenção de Ugur se direcionou para seu material preferido: os periódicos acadêmicos proeminentes, como *Nature* e *Science* — que muitas vezes apresentavam contribuições da equipe que ele e Özlem comandavam —, e a página inicial da *The Lancet*, uma das publicações médicas mais antigas e respeitadas. Na revista científica, seu olhar se fixou em um artigo de mais de vinte pesquisadores de Hong Kong, que analisavam um "grupo de doenças pulmonares associadas ao novo coronavírus de 2019". Foi a segunda parte do título que levou Ugur a abri-lo: "indicando transmissão entre humanos".

O estudo de dez páginas analisou sucintamente como uma nova doença se espalhara entre cinco membros de uma família que acabara de retornar para casa, na capital tecnológica da China, Shenzhen, após uma viagem de uma semana a Wuhan. Os autores tomaram conhecimento dos casos quando os cinco foram atendidos em um enorme hospital universitário administrado pela Universidade de Hong Kong, com sintomas que incluíam febre, diarreia e tosse forte. Intrigados, os médicos realizaram uma série de exames de raios X do pulmão, coletaram sangue, urina e fezes dos pacientes e os testaram em busca de evidências de tudo, desde resfriado comum a gripe e infecções bacterianas como a clamídia. Mas todos os resultados deram negativo.

Perplexos, os pesquisadores coletaram amostras de swab por via nasal e pela saliva da família infectada, para extrair e analisar a sequência genética da doença misteriosa. Descobriram que a enfermidade estava intimamente relacionada a vários tipos de coronavírus, em particular um subconjunto que os cientistas acreditavam ser restrito aos morcegos. Esse patógeno carregava todas as marcas da nova doença recém-descoberta em Wuhan. Mas, quando questionados, os cinco insistiram que não passaram perto dos mercados úmidos da cidade durante a visita, nem manusearam quaisquer animais, vivos ou mortos. A família não havia provado iguarias como carne de caça nos restaurantes locais; na verdade, durante a estadia, todos tinham consumido a comida caseira das suas três tias que moram na cidade.

Duas integrantes da família — a mãe e a filha — haviam, no entanto, visitado parentes que estavam internados em um hospital de Wuhan para tratar uma pneumonia com sintomas de febre. Elas adoeceram logo depois, assim como o pai, o genro e o neto. Surpreendentemente, quando os cinco voltaram para casa, em Shenzhen, outro parente — que não havia viajado — começou a sentir dores nas costas e fraqueza antes de desenvolver febre e tosse seca e ser internado.

Essa última revelação assustou Ugur. Ele afastou a cadeira da mesa, olhou pela janela, para as torres distantes da catedral milenar de Mainz, e começou a processar as implicações dessa informação. Para o pesquisador, parecia que o contato com animais era apenas a fonte da doença que, agora desencadeada em humanos, se espalhava de pessoa para pessoa como um incêndio florestal, infectando a população nas cidades chinesas. Só isso já era motivo de grande alarme, mas Ugur achou outro detalhe ainda mais assustador no artigo. Um sexto integrante da família também esteve na viagem para Wuhan — a neta de sete anos. Ela se sentia bem, mas, de qualquer maneira, os médicos em Shenzhen a submeteram a um exame e descobriram que o resultado do teste da menina também era positivo para o novo coronavírus. Isso sugeria que, ao contrário do surto de SARS-CoV de 2002,[7] estávamos diante de um patógeno que poderia circular entre pessoas perfeitamente saudáveis sem ser detectado. De fato, era um assassino silencioso.

A mente de Ugur começou a acelerar. Ele não era um especialista em doenças infecciosas, mas passara pelo surto de SARS-CoV e pelo coronavírus seguinte, que surgiu na Arábia Saudita uma década depois, conhecido como Síndrome Respiratória do Oriente Médio, ou MERS. Por curiosidade, tinha estudado a modelagem de dados que previra a rápida disseminação desses vírus. Se o novo vírus podia circular incógnito, tornando impossível para as autoridades de saúde identificar quem estava infectado, se tornaria incontrolável em poucos dias. Ugur percebeu de repente que o efeito sombrio, mas lógico, era que todo contato humano seria considerado perigoso, separando e destruindo famílias, sociedades e a economia global. Essa revelação extrema, que teria sido descartada de imediato por qualquer observador casual na época, se provou notavelmente sensata em apenas alguns meses.

A questão central era saber o tamanho do estrago que já tinha sido feito. Os autores do estudo pareciam convencidos de que estavam testemunhando "um estágio inicial da epidemia" e exortaram as autoridades a "isolar os pacientes e rastrear e colocar seus contatos em quarentena o mais cedo possível". De maneira instintiva, Ugur sentiu que a ameaça estava sendo minimizada. Porém, ainda precisava de mais dados. Como praticamente nunca tinha ouvido falar de Wuhan antes de ler o artigo, ele meio que presumiu que deveria ser uma cidade pequena. O fato de muitas vezes ser descrita como parte da província de Hubei fazia a metrópole soar também um tanto provinciana. Mas uma rápida pesquisa no Google situou o pesquisador: Wuhan tinha pelo menos onze milhões de habitantes, ou seja, era mais populosa do que Londres, Nova York ou Paris. Um vídeo no YouTube mostrava o moderno e extenso sistema de metrô subterrâneo da cidade. Em seguida, ele procurou por voos e viagens de trem com conexão na cidade. Se tivesse o hábito de usar palavrões, suas descobertas o teriam feito xingar profusamente. Havia 2.300 voos programados por semana, de ida e volta de cidades em toda a China, bem como de centros globais como Nova York, Londres e Tóquio. Os horários dos trens estavam quase todos em mandarim, o que os tornava mais difíceis de decifrar, mas ficou claro que Wuhan era o local de três principais estações de transferência com ligações regulares para toda a região. Para piorar, Ugur descobriu que era a época da Chunyun, a temporada de festivais da primavera, durante a qual os trabalhadores que haviam se mudado para as megacidades chinesas voltavam para visitar amigos e familiares nas áreas rurais. Cerca de três bilhões de viagens seriam feitas no período, em uma das maiores migrações humanas do planeta.

Ugur percebeu que se desenrolava um cenário de pesadelo, do tipo que já ouvira ser descrito por colegas que monitoravam esses assuntos. A globalização vinha há muito tempo facilitando as coisas para as doenças infecciosas, que por séculos só podiam se espalhar na velocidade em que (ou até onde) as pessoas podiam andar, os cavalos, galopar, e os navios, navegar.[8] Os surtos agora eram mais comuns e estavam se transformando em epidemias com frequência alarmante. O surgimento de um novo patógeno que poderia se espalhar despercebido entre pessoas perfeitamente saudáveis em uma das cidades mais interligadas e populosas da Terra era uma condição quase perfeita para uma pandemia.

As medidas iniciais de contenção local, como evitar que pessoas com febre usassem o transporte público, lamentavelmente foram insuficientes. Ugur não conseguiu encontrar estatísticas confiáveis sobre o aumento das viagens pelo mundo desde o surto de SARS-CoV, mas estimou que dez vezes mais passageiros faziam viagens de ida e volta da China, bem como dentro do país, em comparação com 2003. Supondo que toda a população humana fosse suscetível ao novo coronavírus, Ugur estimou uma taxa de transmissão entre dois e sete, o que significa que cada pessoa com a doença a espalharia para pelo menos mais duas e, talvez, a várias outras. Mesmo com dados limitados sobre mortes pela nova doença, ele calculou que a taxa de mortalidade estaria entre 0,3 a 10 a cada cem pessoas infectadas, com os idosos ocupando o topo dessa escala macabra. Na *melhor* das hipóteses, isso significaria dois milhões de mortes em todo o mundo, superando em muito as epidemias recentes.

Esses cálculos indicavam que Ugur e sua família em breve estariam correndo tanto perigo quanto os residentes de Wuhan. Mas os reflexos do pesquisador estavam rigidamente ligados à ciência. Ao atuar como médico, ele se expusera a muitas doenças e nunca fora hipocondríaco. O interesse era pela aritmética. Logo depois, Ugur disse a um amigo: "Logo percebi que enfrentaríamos dois possíveis cenários: ou uma pandemia muito rápida que mataria milhões em alguns meses, ou uma situação epidêmica prolongada que iria perdurar pelos próximos dezesseis a dezoito meses." Para que os cientistas tivessem uma chance nessa luta, ele esperava enfrentar "o segundo cenário".

Afastando-se do computador mais uma vez, Ugur se perguntou se deixara a imaginação ir longe demais. Mesmo em um mundo com viagens de longa distância regulares e relativamente baratas, as grandes pandemias eram raras. Os dois últimos novos coronavírus — responsáveis pela SARS e pela MERS — tinham causado um frenesi entre os redatores de manchetes e as organizações de saúde. Embora controlar a disseminação desses vírus não tenha sido um feito trivial, as epidemias desvaneceram quase tão depressa quanto surgiram após o decreto de alguns lockdowns localizados e o uso obrigatório de máscaras. Ainda que não fosse um epidemiologista, Ugur era um matemático habilidoso. No fim dos anos 1980, ele até conseguira encaixar um curso de matemática por correspondência enquanto estudava medicina, e desde então mantivera o interesse pelo assunto. "Ele lia livros de matemática complexos como alguns leem romances", revela Helma Heinen, que foi assistente do casal por duas décadas. A situação que Ugur tentava compreender em janeiro de 2020 se prestava a um cálculo relativamente simples. Todos os ingredientes para uma situação séria estavam presentes: uma classe de vírus conhecida que já ocasionara dois surtos mortais — a SARS matou mais de 770;[9] a MERS, mais de 850 —, nenhuma imunidade preexistente na maioria da população, transmissão rápida e assintomática entre os humanos, e a provável circulação de pacientes já infectados em aviões rodando o mundo todo.[10]

Enquanto ele lia as informações, a validação da sua hipótese no mundo real era fornecida pelas autoridades de saúde da França, que anunciaram que três pessoas recém-chegadas da China e hospitalizadas em Paris e Bordeaux haviam sido diagnosticadas com o novo coronavírus, passando a ser os primeiros casos confirmados na Europa. Ainda mais perto de casa, o hospital universitário de Mainz, onde Ugur e Özlem lecionavam, anunciou que havia estabelecido procedimentos para tratar pacientes com coronavírus,[11] devido à proximidade da unidade com o aeroporto de Frankfurt, que ainda recebia 190 mil passageiros por dia.[12]

Hesitante, Ugur escreveu um e-mail para o presidente da BioNTech, Helmut Jeggle, que administrava os negócios dos patrocinadores milionários da empresa. Os dois costumavam conversar regularmente nos fins de semana, e um telefonema estava marcado para o dia seguinte. Depois de uma oferta pública inicial de ações (IPO) bem morna, os cofres da empresa não estavam transbordando, e Ugur sabia que precisava preparar o terreno para lidar com essa ameaça. "Existe um novo tipo de vírus que é transmitido de pessoa para pessoa", escreveu. "É um vírus altamente imprevisível." Ele cogitou acrescentar mais detalhes sobre suas descobertas, mas, conhecendo Helmut, decidiu que era melhor esperar até que falassem ao telefone. Próximo da meia-noite, Ugur clicou em "enviar".

Na manhã seguinte, após uma noite de sono agitada, Ugur entrou na cozinha, trazendo pão fresco e ovos da feira livre dos arredores, e encontrou Özlem e a filha preparando o café da manhã. Enquanto ajudava, fritando legumes e fazendo omeletes, começou a bombardear a família com suas descobertas. Isso não era incomum — sexta, sábado e domingo eram "dias da ciência" na residência deles ("nunca falamos sobre outra coisa, na verdade", brinca a filha), durante os quais o casal, sem ser perturbado por reuniões e e-mails, tentava se concentrar no acompanhamento e na discussão das pesquisas mais recentes em seus campos de estudo.

Não havia nada de surpreendente na ousadia do prognóstico de Ugur: o mundo já estava vivendo uma pandemia, mas ainda não sabia disso. Mesmo durante os primeiros encontros dos dois, no início da década de 1990, o jovem médico citava *ipsis litteris* o que estava escrito nas novas publicações científicas, tirando grandes conclusões sobre as inovações que moldariam o futuro da medicina. Özlem — médica e cientista pelos próprios méritos —, de início, achava irritante a tendência do marido em fazer tais previsões. Mas, nos anos que se seguiram, durante os quais a dupla escreveu centenas de artigos acadêmicos, depositou outras centenas de pedidos de patentes, fundou duas organizações sem fins lucrativos e criou empresas de 2 bilhões de euros diante do ceticismo de grande parte do *establishment* médico, o casal desenvolveu um profundo respeito pelos instintos um do outro. "A taxa de acerto dele é muito alta quando se trata de prever resultados com base em dados complexos ou situações complicadas, então o levei muito a sério", disse Özlem.

De sua maneira deliberada e detalhada, Ugur descreveu o que aconteceria em seguida. O vírus, segundo ele, iria se espalhar em áreas densamente povoadas a uma velocidade tal que os lockdowns seriam inevitáveis. "Talvez vejamos as escolas fechadas em abril", disse à família. Na época, com um total de cinco casos confirmados fora da Ásia, incluindo apenas dois nos Estados Unidos, isso parecia uma especulação ridícula. "Os especialistas que tinham profundo conhecimento em surtos anteriores estavam bastante confiantes de que este iria aparecer e desaparecer", lembra Ugur. "Mas eu disse a Özlem: 'Desta vez é diferente.'" Ele acreditava que, em breve, a humanidade teria que enfrentar esse vírus com nada além das ferramentas rudimentares usadas para conter pandemias no século XVIII: quarentenas, distanciamento social, medidas básicas de higiene e restrições de deslocamento.

A menos, é claro, que houvesse uma vacina.

Mais tarde, naquele mesmo dia, quando chegou a hora de conversar com Helmut ao telefone, Ugur sabia que ainda precisaria usar a persuasão. A BioNTech não estava nadando em dinheiro — na verdade, havia pouco mais de 600 milhões de euros guardados (longe de ser uma grande quantia na área de biotecnologia) —, e a empresa já estava pensando com cuidado em alocar seus recursos limitados no que seria um ano agitado. Mas, desde o momento em que deram um aperto de mão em um retiro perto de Frankfurt, doze anos antes, quando os chefes de

Helmut concordaram em investir 150 milhões de euros na fundação da BioNTech, os dois estabeleceram um vínculo raro. Impressionado com a precisão científica de Ugur e Özlem, Helmut quase nunca descartava as ideias mirabolantes do casal. Apenas um ano antes, logo após a Conferência Anual de Saúde do JP Morgan, Ugur convencera Helmut de que a BioNTech deveria comprar uma pequena empresa com base em San Diego, a qual, além de ser especializada em anticorpos, acabara de entrar com pedido de falência, ainda que seus produtos tivessem pouca relação com o que era desenvolvido em Mainz. Ugur sabia que esse pedido tinha maior magnitude, então começou com uma sugestão hesitante: "Acho que podemos criar algo para combater isso."

Helmut, economista de formação, ficou surpreso com o fato de Ugur estar levando o novo vírus tão a sério. Depois de receber o e-mail, na noite anterior, tinha feito algumas pesquisas básicas sobre o surto em Wuhan e detectara poucos alardes entre os governos além da costa chinesa. Mas Ugur foi inequívoco: esse surto tinha o potencial de ser tão grave quanto a pandemia de gripe asiática que abalou o mundo no final dos anos 1950. "É mais do que uma premonição", insistiu Ugur. A especialidade do pesquisador, quando destilada em sua essência, era identificar padrões e ligar uma coisa à outra. "Um padrão", disse ele em tom definitivo, "nunca mente". Helmut desligou e foi logo procurar a pandemia de gripe asiática na Wikipedia, surpreendendo-se com o número de mortes: mais de quatro milhões. Convencido de que havia ocorrido algum engano, enviou uma mensagem a Ugur perguntando se ele de fato previa tal calamidade, apesar dos enormes avanços na medicina e na saúde realizados nas décadas seguintes. "Sim, pode ser ainda pior", respondeu o pesquisador minutos depois.

Sem o conhecimento de Helmut, Ugur já entrara em ação. Antes de sentar-se para assistir a um filme da Marvel com a família — outro hábito semanal —, ele enviou a alguns especialistas da BioNTech a sequência genética desse novo vírus e pediu que se preparassem para discussões detalhadas no início da manhã de segunda-feira.

*

Em retrospecto, ao escrever este livro já no segundo semestre de 2021, o fato de que o novo coronavírus pode ser controlado por uma vacina é quase uma certeza. Mas, naquela noite de sábado, sentados no sofá da sala de estar desorganizada e apertada, cercados por estantes de livros que iam do chão ao teto, Ugur e Özlem sabiam que qualquer um que tentasse desenvolver uma vacina eficaz precisaria de muito mais do que mera excelência científica para ser bem-sucedido. Também necessitaria de uma dose extraordinária de sorte.

Em primeiro lugar, nunca houve garantia de que *qualquer* novo vírus pudesse ser alvo de uma vacina. As tentativas de produzir um medicamento profilático para HIV/Aids, por exemplo, não apenas falharam, mas, em alguns casos, também exacerbaram a doença. Em segundo lugar, não se sabia quase nada sobre o novo coronavírus. Ninguém fazia ideia de quais partes do complexo sistema imunológico humano eram necessárias para combater a infecção natural, ou se aqueles que se recuperassem da doença causada por ela desenvolveriam imunidade duradoura. Não havia nenhuma vacina bem-sucedida contra coronavírus afins que pudesse ajudar Ugur e Özlem a avaliar a probabilidade de vitória no combate à descoberta em Wuhan. Os cientistas correram para desenvolver vacinas em resposta aos surtos anteriores de SARS e MERS, mas as duas doenças desapareceram antes que um imunizante pudesse passar por testagem clínica. Não havia um modelo, um mapa ou algum conjunto de instruções para combater esse patógeno.

Ugur e Özlem também sabiam que as tentativas anteriores de criar vacinas do zero — e de obter aprovação para uso emergencial — demoraram demais. Em 1967, o microbiologista norte-americano Maurice Hilleman estabeleceu o recorde moderno ao entregar uma vacina contra caxumba licenciada menos de cinco anos depois de perceber que a filha havia contraído a doença. Mais recentemente, o desenvolvimento de uma vacina para o Ebola também levara cinco anos, e isso com a ajuda do maior e mais experiente fabricante de vacinas do mundo, a poderosa Merck, e com o reforço de centenas de milhões de dólares investidos e um projeto com processo regulatório acelerado.

Até o ajuste de produtos farmacêuticos já bem estabelecidos no mercado era um processo lento. Durante o surto de gripe suína de 2009, a pedido do governo Obama, os fabricantes modificaram às pressas o processo das vacinas contra a gripe, aplicando um método já em uso havia décadas e que envolvia ovos de galinha fecundados. A aprovação emergencial foi concedida em seis meses, mas esse curto espaço de tempo não impediu a segunda onda nos Estados Unidos. Apenas trinta milhões de doses estavam disponíveis no país até o fim de outubro,[13] apesar de os cientistas estarem lidando com uma família de vírus que havia sido bem estudada por especialistas em vacinas, potencializando uma tecnologia vacinal de uso já generalizado. O surto levou a uma estimativa de 12.500 mortes. De acordo com os cálculos divulgados posteriormente pelos Centros de Controle e Prevenção de Doenças, a vacina conseguiu salvar apenas 300 vidas.[14]

Ao contrário das gigantes farmacêuticas que desenvolviam essas vacinas, Ugur e Özlem tinham uma carta na manga — carta essa pela qual apostaram sua reputação profissional. Com ela, conforme Ugur esboçara em São Francisco, o casal esperava revolucionar a maneira como o câncer era tratado. Se explorada de forma correta, eles acreditavam que poderia até mesmo interromper surtos de doenças infecciosas, e em tempo recorde. O trunfo era uma molécula microscópica rejeitada, conhecida como mRNA.

A primeira vez em que o casal se deparou com essa forma de RNA, que é a sigla de ácido ribonucleico, foi quase tão fortuita quanto o próprio encontro dos dois. Ugur e Özlem nasceram na década de 1960 e são filhos de pais turcos que foram para a Alemanha Ocidental depois que o governo do país assinou um acordo de imigração com Ancara para aumentar sua força de trabalho dilapidada no pós-guerra. Eles cresceram a cerca de 240 quilômetros de distância um do outro e seguiram caminhos notavelmente parecidos, que acabariam por convergir como nos contos de fadas.

Enquanto o pai trabalhava na fábrica de automóveis da Ford em Colônia, Ugur, o mais velho de dois filhos, devorava os documentários científicos populares apresentados na TV por Hoimar von Ditfurth, a versão alemã de Brian Cox. "Todas as crianças nerds assistiam ao programa dele", diz Özlem, incluindo a si mesma. Ugur também lia revistas inglesas como a *Scientific American* e, aos onze anos, ficara impressionado com a beleza e a complexidade do sistema imunológico. Ele ansiava por aprender mais sobre o assunto, mas isso não era tarefa fácil. "Não tínhamos o Google, então, toda vez que minha mãe e eu íamos ao centro, eu corria para a livraria", salientou Ugur. Ele também tinha um bom relacionamento com um bibliotecário simpático do bairro, que encomendava novos livros de ciências e matemática para o jovem e os reservava para quando ele passasse por lá.

"E também sempre quis ser médico", diz Ugur. Ele se recorda de que uma tia na Turquia estava com câncer de mama, e a doença o intrigava: "Mesmo quando criança, eu não conseguia colocar na cabeça que as pessoas com câncer parecem saudáveis, mas têm uma doença terminal." Os adultos pareciam resignados com essa realidade, mas Ugur tinha um senso de urgência. Certamente, algo poderia ser feito.

A três horas de carro, no norte de Colônia, o pai de Özlem, um cirurgião que tinha grande interesse em tecnologia e ciência, desempenhava um papel mais direto na iniciação da filha em medicina. Ele fora para a Alemanha dois anos antes de Özlem nascer, a fim de evitar ser enviado pelo governo da Turquia para servir como médico na região de maioria curda do país, onde as tensões sectárias fervilhavam. Como o pai de Özlem não se formara na Alemanha, a decisão sobre sua alocação estava nas mãos do *Ärztekammern*, o conselho médico alemão. A família de Özlem acabou ficando em Lastrup, uma pequena cidade na Baixa Saxônia cercada por fazendas, onde o pai se tornou o único médico do hospital da região. A instituição, que antes servira como um convento católico, era composta exclusivamente por freiras. "Meu pai era o único homem, médico, turco e muçulmano", lembra Özlem.

Sozinho em uma região rural, o pai de Özlem logo se tornou um especialista em todas as áreas médicas, um clínico geral de fato, cuidando de moradores locais feridos por touros e até atuando como veterinário em algumas ocasiões, enquanto também realizava procedimentos invasivos. Desde jovem, Özlem acompanhava o pai nas rondas médicas — o hospital ficava do outro lado da rua da casa da família —, assim como no centro cirúrgico. A primogênita de duas meninas assistiu à sua primeira apendicectomia aos seis anos de idade. Essa exposição sanguinolenta não diminuiu seu entusiasmo pela profissão e, à medida que crescia, a ambição de Özlem era fazer um trabalho semelhante ao das freiras. Ela as observava desempenharem todos os papéis que hoje são assumidos por funcionários de hospital, enfermeiros e médicos iniciantes — desde cozinhar refeições para os pacientes, aplicar talas de gessos em braços contundidos, até auxiliar na cirurgia — e desejava participar daquilo tudo.

Em uma sociedade que ainda tratava os imigrantes, em especial os de uma etnia diferente, com alguma desconfiança, Ugur e Özlem se destacavam na escola. "Era muito importante para meus pais que eu estudasse", diz Ugur. "Eles trabalhavam todos os dias, acordavam às 4h30 todas as manhãs e depois pegavam no batente porque sonhavam com uma vida melhor para os filhos."[15] Esse sonho se realizou quando, em 1984, Ugur terminou no primeiro lugar da classe do que hoje se chama Erich Kästner Gymnasium, em Colônia, tornando-se, em dezoito anos de história da escola, o primeiro filho de um "trabalhador convidado" a concluir um *Abitur* — o equivalente alemão da prova do Enem. Özlem, que passara a adolescência em escolas nas cidades de águas termais de Bad Driburg e Bad Harzburg — ambas com menos de vinte mil habitantes —, tinha sido educada em um ambiente homogêneo similar, onde era a única filha de imigrantes entre os colegas. Não havia sequer uma comunidade turca expressiva na região ao redor; a maioria dos compatriotas de seu pai fora mandada para os centros de indústria pesada da Alemanha, como o vale do Ruhr. Aluna introvertida, mas diligente, Özlem se ocupara com atividades extracurriculares, incluindo, naturalmente, o clube de ciências.

Embora fosse um jogador de futebol habilidoso — que se autodenominava "meio-campista implacável" —, restava pouca dúvida em relação ao que o futuro reservava para Ugur. Na sua festa de formatura, um colega se lembra de uma conversa entre um grupo de jovens que começara a fumar, e alguém brincou: "Pra que parar de fumar? Ugur vai estudar medicina, mesmo."[16] Até quando era adolescente, Ugur já sabia que desejava combinar a pesquisa com a experiência da vida real. Na Universidade de Colônia, cujas raízes remontam ao Sacro Império Romano-Germânico, Ugur trilhou esse mesmo caminho acadêmico: combinando o diploma de medicina com o doutorado em imunoterapia.

Dois anos depois, quando se formou no ensino médio, Özlem seguiu um caminho quase idêntico na Universidade do Sarre, no menor estado da Alemanha. Ela se preparava para obter o MD, isto é, entrar em um programa de pós-graduação em medicina enquanto era aluna de doutorado em um laboratório de biologia molecular.

Por acaso, Ugur também foi parar em Sarre, onde trabalhou no hospital universitário em Homburg, uma pequena cidade a apenas trinta quilômetros da fronteira com a França. Em 1991, em meio a deslocamentos frenéticos entre palestras, enfermarias de hospitais e laboratórios de pesquisa, os dois se conheceram em uma situação que Özlem descreve como "uma cena de filme", embora os cenários estivessem longe de ser românticos. Ela estava em um rodízio em uma enfermaria de pacientes com leucemia, onde Ugur era residente júnior e seu supervisor/mentor. A maioria dos pacientes estava na sala de cuidados paliativos, e a dupla com frequência se via na posição de dizer àqueles sob seus cuidados que todas as opções terapêuticas disponíveis haviam se esgotado. Todos os dias, eles assistiam às pessoas sucumbirem a essa doença implacável, muitas vezes sem uma mão amiga para segurar nos momentos finais. Foi em meio a esse horror, durante as rondas da tarde, que um chamou a atenção do outro.

Os jovens apaixonados logo descobriram que tinham muito mais em comum além das origens. Os dois se frustravam com as ferramentas limitadas de que dispunham para tratar pacientes que passavam por longos períodos de sofrimento. Os médicos só podiam escolher entre os instrumentos contundentes da cirurgia, a quimioterapia e a radiação, grosso modo referidos na profissão como "cortar, envenenar e queimar".

Enquanto isso, no laboratório, Ugur e Özlem tiveram um vislumbre das tecnologias de ponta que poderiam revolucionar a medicina de combate ao câncer. A disparidade entre a teoria científica e a prática clínica quando o assunto era vida ou morte os consumia. Não contentes em tratar os sintomas da doença, desejavam se envolver na prevenção e na busca de curas. Essa abordagem da bancada ao leito, que visava trazer novos medicamentos aos pacientes o mais rápido possível, seria, anos mais tarde, chamada de "medicina translacional". Com ela, surgiria uma disciplina inteiramente nova. Mas naquela época, no início da década de 1990, os dois não teriam sido capazes de defini-la em termos tão grandiosos. Tudo o que sabiam é que queriam ser cientistas, mas não pela ciência em si. No fundo, Ugur ainda era o menino chocado com a aceitação despreocupada dos adultos diante do diagnóstico de uma doença terminal. Özlem ainda era a garota que queria imitar o pai, o curandeiro faz-tudo. Os dois assumiram um compromisso um com o outro de trabalhar juntos para combater a doença cruel que consumia as pessoas ao seu redor.

Cunhado pelo oncologista Siddhartha Mukherjee com a famosa expressão "imperador de todas as doenças", o câncer apresenta um desafio único. Ao contrário dos vírus ou das bactérias, que invadem o corpo depois de ganhar vida em outro lugar, as células cancerosas são produzidas em uma velocidade vertiginosa por células saudáveis que aleatoriamente adquirem mutações ao longo do tempo e, em algum momento, começam a se reproduzir sem controle. O objetivo dessas células é causar o máximo de dano ao hospedeiro. Portanto, são, em essência, uma espécie de traidor entre as patentes, um inimigo vestindo o uniforme de um amigo, que o sistema imunológico não consegue perceber como ameaça.

Por mais de dois séculos, os cientistas compreenderam que o corpo poderia ser treinado para detectar um inimigo externo, como uma doença infecciosa, e instruído para se preparar para qualquer encontro futuro com um invasor semelhante. Foi essa observação que levou ao desenvolvimento de vacinas que salvaram centenas de milhões de vidas. O que uma pequena comunidade mundial de imunologistas estava começando a entender no início da década de 1990 era que o sistema imunológico também poderia ser treinado para reconhecer e lutar contra ameaças *internas*, o que abriria o caminho para uma nova classe de medicamentos de combate ao câncer. Mas a imunoterapia, como na época era chamada essa área incipiente, ficava restrita às universidades, muito longe do radar da indústria farmacêutica.

Ugur e Özlem eram integrantes desse grupo seleto. O casal acreditava que os pacientes que morriam sob seus cuidados já tinham correndo em suas veias as armas para combater os tumores, os cientistas só precisavam encontrar uma forma de controlar esses poderes e usá-los contra a doença sofisticada.

O sistema imunológico é um exército com unidades bastante organizadas e especializadas. Cada uma dessas unidades recebe ordens de maneira diferente, tem uniforme próprio e emprega uma técnica de combate distinta. No entanto, quando o inimigo é claramente identificado, as unidades separadas são mobilizadas em uníssono para realizar um contra-ataque maciço, multifacetado e coordenado.

Quando está em sintonia, a beleza do sistema imunológico consiste em combinar precisão e potência. Armas como os anticorpos e as células T, os atiradores de elite do exército imunológico, atacam com grande força quando reconhecem uma molécula específica como alvo. Quando Ugur e Özlem passaram a estudar o câncer, os cientistas estavam começando a descobrir que os tumores são cercados por moléculas distintas não encontradas em células saudáveis. Se o sistema imunológico conseguisse aprender a reconhecê-las, os atiradores poderiam mirar e abrir fogo contra as células cancerosas.

Depois que Özlem abandonou o exercício da medicina, em 1994, para se dedicar à pesquisa, o casal, que estava preocupado em ser um "enfeitiçador do sistema imunológico", como ela descreve com um sorriso irônico, passou anos em busca dessas moléculas distintas, conhecidas como antígenos. O objetivo dos dois era reproduzir os antígenos em laboratório e introduzi-los nos pacientes, onde funcionariam como um "cartaz de procura-se", com uma instrução clara para apreender e atacar qualquer coisa que se assemelhasse ao inimigo. Com sorte, o corpo daria uma boa encarada no criminoso, geraria uma resposta imunológica abrangente e, reconhecendo a semelhança do antígeno com os tumores, também trataria essas células como inimigas.

Em princípio, havia várias maneiras de introduzir um antígeno no corpo, e o casal experimentou todas. "Éramos típicos nerds", admite Özlem, que, na ocasião, veste com orgulho uma camiseta com uma versão ilustrada do paradoxo do gato de Schrödinger. "Estávamos amplamente interessados em muitas tecnologias diferentes e nenhuma delas era aceita." Porém, os dois descobriram que métodos como peptídeos sintéticos, proteínas recombinantes, DNA ou vetores virais (que mais tarde seriam usados por Oxford e pela AstraZeneca na vacina da Covid-19) apresentavam limitações. Ou esses métodos exigiam que as culturas de células fossem cultivadas em uma placa de Petri — um processo complicado e demorado — ou não eram capazes de induzir uma resposta imunológica forte e sustentável.

Posteriormente, em meados dos anos 1990, Ugur e Özlem encontraram a oportunidade mais seleta de todas, o trunfo que usariam décadas depois para desenvolver uma vacina contra o coronavírus. A base era o RNA.

Considerado por alguns como a biomolécula original da qual o restante da vida evoluiu, o RNA tem um conjunto extraordinário de habilidades. Descoberto pela primeira vez no fim do século XIX, o RNA pode armazenar informações genéticas, assim como seu primo mais famoso, o DNA. Mas o RNA também atua como o que os cientistas chamam de "catalisador", o que significa que ele pode se replicar sem o auxílio de outras moléculas.[17] Segundo a teoria, no início dos tempos, uma molécula de RNA carregava um modelo celular *e* gerava as reações químicas necessárias para construir algo a partir disso. Foi, de uma só vez, a primeira galinha e o primeiro ovo.

Ugur e Özlem, no entanto, estavam interessados em uma função muito mais prosaica do RNA, que foi esboçada pela primeira vez por um grupo de acadêmicos amontoados sobre uma mesa lateral no meio de uma festa barulhenta no início dos anos 1960,[18] em Cambridge, no Reino Unido. Eles descobriram que uma versão da molécula, existente nas células de cada ser humano e de cada animal, é, em essência, o equivalente biológico de um mensageiro com um código. A molécula carrega um conjunto de instruções do DNA de uma célula para o setor de "produção" celular, onde o código é usado para criar as proteínas essenciais que constituem e controlam os órgãos e tecidos do corpo. Concluída essa missão, a estrutura em forma de fita simples é destruída, muitas vezes em minutos. No outono de 1960, a molécula recebeu um nome: RNA mensageiro, que logo foi encurtado para mRNA, permanecendo um objeto de fascínio para os interessados em obter uma melhor compreensão do mundo natural, embora tenha sido amplamente ignorada pelos pesquisadores clínicos. As descobertas do mRNA não renderam nenhum Prêmio Nobel, e as grandes empresas farmacêuticas sequer lhe davam atenção. A menção de medicamentos baseados em mRNA em conferências científicas foi ignorada ou ridicularizada — e isso não era injustificado.

Em primeiro lugar, a molécula era notoriamente instável em laboratório. O *naked* RNA, não encapsulado, degrada-se em segundos, graças a enzimas onipresentes no ar e em superfícies, que têm um efeito semelhante ao da criptonita no organismo minúsculo. Uma única tosse, por exemplo, pode matá-lo. Mesmo se fosse mantido vivo no que se chama "ambiente controlado", ninguém conseguira descobrir como impedir o mRNA de se desintegrar instantaneamente quando introduzido no corpo, muito menos como mantê-lo vivo tempo suficiente para entrar em uma célula onde poderia ser traduzido em proteína. Em segundo lugar, após o RNA entrar na célula, a quantidade de proteína que o setor de produção celular geraria seria muito baixa.

Em linguagem corriqueira, os cientistas começaram a se referir à molécula com um apelido revelador: RNA "bagunçado". Muitos dos que persistiram com o mRNA foram condenados à obscuridade acadêmica. Na contramão do consenso, Ugur e Özlem viram um potencial extraordinário nesse patinho feio.

"Ficou claro que o mRNA tinha características muito específicas que poderíamos aproveitar", diz Özlem. Já que um medicamento baseado em mRNA conteria apenas linhas de código genético, ele poderia ser projetado e produzido em semanas, em vez de meses. A relativa simplicidade da tecnologia tornou mais fácil isolar antígenos ou mesmo seus componentes minúsculos — conhecidos como epítopos — e copiar seu código genético em um modelo de mRNA sintético. Depois que a fita fosse introduzida no corpo do paciente, as células ficariam a cargo do restante do trabalho.

Se — e daqueles "se" bem enfáticos —, *se* eles conseguissem encontrar uma forma de levar o mRNA para as células imunológicas certas no corpo humano e mantê-lo estável e ativo por tempo suficiente, as possibilidades seriam *quase* infinitas. Substituir o conjunto de instruções transportadas por uma fita de mRNA por seus próprios comandos personalizados possibilitaria simplesmente sequestrar um mecanismo de ocorrência natural e entregar um código que permitisse ao paciente produzir o próprio medicamento. Não seria necessário introduzir produtos farmacêuticos com potenciais tóxicos no corpo humano. O objetivo de Ugur e Özlem era pegar os códigos que produziam moléculas diferenciadas nas células cancerosas e apenas entregá-los ao quartel do exército do sistema imunológico. O corpo então usaria as informações para "imprimir o próprio cartaz de procura-se" e entregá-los aos atiradores de elite do sistema imunológico.

A comunidade científica em geral não compartilhava da paixão do casal de pesquisadores. Parecia que o mRNA estava fadado a passar muitos anos no abismo científico. Era pequena a perspectiva de que algum órgão regulador respeitado permitisse que os testes clínicos de um medicamento baseado em mRNA fossem adiante, especialmente porque faltava à maioria dos especialistas em farmacologia uma compreensão detalhada do funcionamento da molécula.

Embora nunca tenham desistido da tecnologia de mRNA, Ugur, Özlem e sua equipe de pesquisa acadêmica trabalharam em uma infinidade de abordagens de imunoterapia, algumas muito mais promissoras, pelo menos a curto prazo. Uma delas serviu como base para o primeiro negócio do casal, a Ganymed Pharmaceuticals, focada no desenvolvimento de anticorpos monoclonais que podem ser usados para orquestrar um ataque preciso às células cancerosas. A empresa teve um sucesso extraordinário e acabou sendo vendida por 1,4 bilhão de dólares, o maior acordo de biotecnologia da Alemanha.

No entanto, mesmo quem havia investido na Ganymed e vira o casal desafiar as probabilidades desaprovava suas ambições em relação ao mRNA. Em 2005, quando Ugur e Özlem mencionaram o plano de buscar terapias baseadas em mRNA, Matthias Kromayer, investidor de risco e ex-microbiologista, achou que o casal havia perdido o controle. "Fui o primeiro a dizer a Ugur que era loucura", lembra Kromayer, que também fizera pesquisas sobre o mRNA. "Eu considerava aquilo ficção científica."

Mas os médicos e um pequeno grupo de pesquisadores que eles reuniram na Universidade Johannes Gutenberg, em Mainz, nunca desistiram do mRNA, nem alguns poucos outros microbiologistas ao redor do mundo que eram igualmente caluniados.

Em outubro de 2018, quando Ugur entrou no auditório de um antigo cinema da Alemanha Oriental em Berlim,[19] o escárnio da comunidade científica diminuíra. A BioNTech, empresa que ele fundara com Özlem uma década antes, já havia tratado mais de quatrocentos pacientes com câncer usando a tecnologia de mRNA, e vários ensaios clínicos tinham sido iniciados na Alemanha, nos Estados Unidos, no Reino Unido e em outros países. Esses esforços chamaram a atenção de Lynda Stuart, imunologista e diretora da Fundação Bill e Melinda Gates. "Os dois estavam coletando um conjunto de abordagens diferentes, reunindo ferramentas de fato interessantes para terapias de combate ao câncer", disse. Com a intenção de obter mais informação, a organização fez um convite de última hora a Ugur para dar uma palestra plenária na reunião anual do Grand Challenges, um evento que tem como objetivo ajudar a resolver problemas globais de saúde e desenvolvimento e que conta com a presença de dignitários, incluindo a chanceler Angela Merkel.

Ugur ficou um tanto surpreso ao receber o convite. Protestara dizendo que a BioNTech não atuava no campo das doenças infecciosas e que tudo o que tinha para apresentar eram dados que mostravam como a empresa usara o mRNA para estimular uma forte resposta imunológica às células cancerosas. Mas a equipe de Stuart explicara que a fundação costumava olhar para disciplinas científicas "adjacentes" cujas inovações podem ajudar a combater doenças infecciosas — sobretudo a imuno-oncologia, que começava a gerar um burburinho. Gates havia recém-feito um investimento em um programa de HIV que acabou auxiliando no combate ao câncer. Agora, talvez, o câncer pudesse retribuir o favor e ajudar a livrar o mundo de um ou dois vírus. "Estávamos analisando tecnologias futuras para ver quais eram as tendências, o que estava mudando, quem eram os profissionais de ponta, e a BioNTech se destacou claramente", revelou Stuart.

Vestindo um terno cinza-escuro e uma camisa azul-clara com o colarinho aberto, Ugur começou seu discurso na reunião em Berlim relembrando o quanto o entristecia, como médico, dizer aos pacientes com câncer que o tempo deles estava quase acabando. "Por que, todos os anos, apesar de bilhões de dólares investidos em pesquisas oncológicas, para a maioria dos pacientes com câncer avançado, a cura é a exceção, mas não a regra?", perguntou, enquanto Özlem assistia de casa em uma transmissão ao vivo. Depois de uma pausa expressiva, ele concluiu: "A resposta é que os medicamentos de combate à doença não abordam a raiz do câncer terminal." Ugur explicou que cada paciente "tem um câncer diferente (...) composto por bilhões de células diversas. Os medicamentos que oferecemos aos pacientes hoje ignoram essa complexidade, ignoram a *plasticidade* da doença".

O médico continuou dizendo que a maneira de lidar com isso consistia em substituir medicamentos amplamente ineficazes e disponíveis no mercado por aqueles produzidos sob medida, em que o alvo seria as mutações exclusivas de cada paciente com câncer. Ugur revelou à conferência que um estudo clínico inicial, pioneiro na vacina individualizada de mRNA da BioNTech para pacientes com câncer de pele, havia se mostrado promissor. Ao final da apresentação de doze minutos, Ugur ofereceu uma prévia.

Cada uma das vacinas de RNA individualizadas que sua empresa produzia era uma corrida contra o tumor de crescimento rápido de um paciente. "As vacinas precisam ser produzidas em algumas semanas", disse ele, com um sotaque britânico, e a BioNTech desenvolvera a tecnologia para isso. Um dia, essa técnica poderá ser "útil para doenças infecciosas que se disseminam rapidamente, de modo que a vacina possa ser entregue a tempo". O mRNA era a chave para medicamentos mais simples, seguros e rápidos que poderiam ser implantados contra um novo vírus poucos dias após sua descoberta.

No painel de discussão que se seguiu, Tedros Adhanom Ghebreyesus, o diretor-geral da Organização Mundial da Saúde, a figura de óculos que se tornaria proeminente na luta contra a Covid-19, foi efusivo em seus elogios à descoberta "muito encorajadora" da BioNTech em relação ao câncer. "Eu estava até comentando com o Bill [Gates] que essa descoberta poderá levar o próximo Prêmio Nobel",[20] afirmou. O bilionário respondeu elogiando como "grande pioneira" outra empresa alemã voltada para pesquisas sobre o mRNA, a CureVac, que já recebera investimento de sua fundação. No entanto, no fim da tarde, Ugur se viu em um quarto de hotel abafado, defendendo sua posição frente a frente com o maior filantropo do mundo.

Mais de dois anos depois, naquele fim de semana dos últimos dias de janeiro de 2020, enquanto fazia os cálculos e percebia que um novo vírus assassino se espalhava depressa pelo mundo, a mente de Ugur ficava retornando àquela conversa com Gates.

O fundador da Microsoft — que, ironicamente, odeia apresentações em PowerPoint no que ele chama de "sessões de aprendizagem" — tinha solicitado acesso de antemão a documentos com um resumo da palestra, nos quais Ugur explicava como a BioNTech acumulara sob o mesmo teto um arsenal de ferramentas que poderiam ser combinadas para estimular várias partes do sistema imunológico e também ser úteis no combate a doenças infecciosas complicadas, como o HIV e a tuberculose. Gates sem dúvida lera os arquivos com atenção. Ele surpreendeu Ugur, que se livrara do paletó, com uma série de perguntas rápidas que evidenciaram um profundo conhecimento no assunto.

"Foi uma conversa bem técnica; Bill sempre gosta do aspecto técnico", diz Stuart, que estava presente no encontro. A certa altura, com dificuldades para explicar um princípio celular, Ugur se levantou, andou pelo quarto até um bloco de anotações no canto e "desenhou algo sobre portas 'E' e 'NÃO'" — uma fórmula da lógica digital", lembra Stuart. "Tratava-se de como é possível direcionar algo para uma célula usando codificação binária." O desempenho de Ugur atraiu o lado especialista em software de Gates. Ele estava aprendendo que o sistema imunológico também pode ser hackeado, e um dos melhores biohackers do mundo estava bem na sua frente.

Em seguida, conversaram por uma hora sobre as diferentes tecnologias da BioNTech. Gates, que acabara de perder um grande amigo para o câncer, pareceu impressionado. Ele dissera que, se soubesse antes das terapias experimentais de Ugur, teria entrado em contato. E questionou Ugur sobre como a BioNTech tinha conseguido realizar ensaios clínicos com medicamentos de combate ao câncer, considerando o grupo diminuto de pessoas em um estágio específico da doença e em determinado local. Mas a questão mais premente do bilionário era se a equipe de Ugur havia considerado as doenças infecciosas. Haveria potencial, ele se perguntou em voz alta, para desenvolver medicamentos de mRNA em velocidade recorde durante uma pandemia? Ugur talvez pudesse considerar a preparação de uma solução pronta para ser usada com urgência em tal momento, disse Gates.

Depois dessa conversa incentivadora, a BioNTech expandiu seu segmento na área de doenças infecciosas, colaborando com a Pfizer em uma vacina contra a gripe; com a Universidade da Pensilvânia em vários patógenos; e com a Fundação Gates em duas das "três grandes" doenças infecciosas que assolam o mundo em desenvolvimento: o HIV e a tuberculose (a terceira delas é a malária).

Em janeiro de 2020, época em que Ugur cogitou pela primeira vez a possibilidade de desenvolver uma vacina contra o coronavírus, esses projetos mal haviam começado e estavam longe de estar prontos para serem submetidos a ensaios clínicos, que dirá para a aprovação regulatória ou para a implementação. Aqueles que duvidavam do mRNA tinham diminuído o tom das provocações, mas os obstáculos para conseguir uma classe de medicamentos inteiramente nova e aceita pela medicina convencional continuavam grandes como sempre.

Mesmo assim, Ugur percebeu que era necessário agir. Por quase trinta anos, ele, Özlem e sua equipe se dedicaram a desenvolver medicamentos que combatessem o câncer, uma ameaça muito mais mortal e complexa do que o novo coronavírus. Essa equipe estudara as respostas imunológicas que a evolução aperfeiçoara ao longo de milhões de anos para combater patógenos, incluindo os vírus. Projetara plataformas de desenvolvimento de mRNA para redirecionar essas respostas contra tumores. Agora, essas ferramentas estavam prontas para enfrentar outra ameaça. "Em uma crise, as soluções não convencionais geralmente recebem mais atenção dos responsáveis pelas tomadas de decisão", disse Ugur a Helmut, o presidente da BioNTech, na conversa naquele fim de semana de janeiro. Nessa emergência, medicamentos de mRNA poderiam ser uma salvação, sobretudo se o coronavírus se mostrasse um alvo fácil em comparação, como Ugur começava a acreditar ser o caso.

O vírus, por si só, é espetacularmente inofensivo. Ele precisa entrar em uma célula para se reproduzir e já conseguiu desenvolver poderes extraordinários com moléculas capazes de enganar as células e invadi-las depressa, evitando o sistema imunológico. As vacinas tradicionais tentam impedir isso ao introduzir uma versão semelhante ou menos grave do patógeno no corpo, que, por sua vez, reconhece-o como um invasor e se lembrará de repeli-lo quando encontrar o verdadeiro — de preferência, antes que o vírus tenha a chance de se agarrar às células desavisadas. Mas o desenvolvimento desses produtos é um processo delicado e — sobretudo — demorado. Por outro lado, tudo o que uma vacina de mRNA teria que conter era uma única fita de código genético, sintetizada com facilidade em um laboratório com materiais amplamente disponíveis para induzir o corpo a produzir uma pequena parte do vírus por conta própria. O sistema imunológico então mobilizaria todo o seu arsenal contra esse inimigo e, com sorte, estaria preparado para futuras escaramuças.

Mas, primeiro, Ugur foi forçado a embarcar em um curso intensivo sobre o coronavírus, a respeito do qual sabia bem pouco. O básico era bastante fácil. Desde a década de 1960, quando os coronavírus humanos foram descobertos, sete tipos haviam sido observados. Os quatro primeiros tipos são sazonais e causam o resfriado comum. Os dois seguintes, SARS e MERS, causaram doenças respiratórias gradativamente severas e custaram centenas de vidas antes de desaparecerem de vista. O último a surgir foi o novo coronavírus, que logo se chamaria SARS-CoV-2.

Aprender sobre a estrutura dos coronavírus foi uma tarefa mais difícil. Uma rápida pesquisa em sites acadêmicos resultou em centenas de artigos sobre o assunto, quantidade excessiva de leitura para aquele fim de semana. Os termos usados para se referir aos coronavírus também variavam, tornando difícil obter um quadro abrangente dos avanços da pesquisa até então. Ugur começou a vasculhar dezenas dos estudos mais relevantes, entulhando o navegador com tantas guias abertas que qualquer um ficaria tonto. Nesse meio-tempo, enquanto Özlem vasculhava currículos para encontrar possíveis recrutas para a BioNTech e se preparava para seu próximo discurso em uma universidade nos Alpes austríacos, Ugur se deparava com uma série de estudos sobre o primeiro vírus da SARS, contra o qual várias equipes haviam tentado desenvolver uma vacina. O esforço desses grupos foi prejudicado quando o vírus desapareceu, fazendo as empresas farmacêuticas perderem o interesse e interromperem o financiamento. Os pesquisadores, entretanto, foram responsáveis por um grande avanço: forneceram uma pista crucial de que a família do coronavírus poderia ser derrotada pela ciência. Melhor ainda, identificaram um potencial alvo para os desenvolvedores de imunizantes.

A pista, na verdade, estava no nome do vírus. Os coronavírus eram chamados assim por causa de um conjunto de proteínas conhecidas como spikes em sua superfície, que vagamente se assemelhavam às pontas de uma coroa, ou *corona*, em latim. Essas proteínas bulbosas, que têm cerca de vinte nanômetros de comprimento[21] — pequenas o suficiente para que cinquenta mil delas caibam na cabeça de um alfinete —, logo se tornariam uma imagem familiar, usada em quase todas as representações visuais do

SARS-CoV-2. As proteínas spikes eram o que tornava o vírus uma ameaça, pois podiam se ligar a um receptor específico nas células pulmonares saudáveis e infectá-las. Ao mesmo tempo, também eram o calcanhar de Aquiles do invasor. Em teoria, o sistema imunológico poderia ser ensinado a desativar ou desfigurar a protrusão da molécula, interferindo no processo de acoplamento e tornando o coronavírus inofensivo.

Para descobrir o quanto esse novo vírus tinha em comum com o vírus da SARS de 2002, Ugur pesquisou o código genético do patógeno, que fora sequenciado por um professor chinês de raciocínio rápido e postado on-line apenas algumas semanas antes. Como nunca confiava em uma única fonte de informação, ele cruzou as referências da sequência com versões atualizadas que já haviam sido inseridas em servidores públicos. Revelou-se que o patógeno de Wuhan era cerca de 80% semelhante ao vírus da SARS, sugerindo que a proteína spike ainda seria o melhor alvo para uma vacina.

No entanto, não era suficiente apenas identificar um alvo. Ugur sabia que o desenvolvimento de uma vacina dependia de precisão. Se a BioNTech pretendia criar um medicamento que reproduzisse a proteína spike fora de seu contexto natural, teria de ser configurado com perfeição, ou seja, deveria ser uma cópia exata. Caso contrário, a resposta imunológica induzida por uma vacina não reconheceria o vírus real quando confrontada com uma infecção no mundo real. O "cartaz de procura-se" da vacina tinha que ser uma reprodução perfeita do criminoso — um retrato falado malfeito não serviria.

Não havia garantia alguma de que uma proteína spike "artificial", produzida em laboratório, sem o restante das partículas do vírus que o mantêm estável, compartilharia cada detalhe microscópico com a spike, como ocorre em um coronavírus na natureza. Errar por uma fração da espessura de um fio de cabelo pode não só tornar a vacina inútil, como também colocar em risco aqueles que a recebem. Ciente desse risco, Ugur se debruçou sobre a sequência genética e um modelo digital do vírus que havia gerado às pressas, em busca de pontos precisos na cadeia em que pudesse "unir" a proteína, mantendo o suficiente das letras circundantes, conhecidas como aminoácidos, para estabilizá-la e preservar o formato perfeito. A composição química precisa do DNA também era importante. Ugur descobriu que a sequência estava repleta de pares de bases A-U, que dificultaria o projeto de produção de uma vacina. Quando Özlem retornou de uma corrida, Ugur lhe revelou que, para onde quer que olhasse, havia múltiplas incógnitas.

Os dois sabiam que não poderiam se dar ao luxo de dedicar seu tempo a outro projeto de estimação. Poucos dias antes, a apresentação de Ugur na conferência do JP Morgan quase não mencionara doenças infecciosas, e os acionistas da BioNTech, cuja paciência já havia sido testada nos doze anos deficitários, esperavam ver avanços no combate ao câncer nos meses seguintes. Sem muita informação sobre o novo vírus, seria necessário montar uma equipe para escolher que parte do coronavírus isolar, que tipo de material usar para envolver o mRNA, além de decidir a dosagem e cogitar a possibilidade de aplicar experimentalmente uma ou duas doses do imunizante. Se a vacina acabasse causando doenças, reações alérgicas ou induzisse uma resposta imunológica fraca, teriam que retroceder cada passo e descobrir, por processo de eliminação, o que dera errado. Os riscos eram enormes.

Mas Ugur e Özlem também sabiam que a corrida contra o vírus já havia começado e que cada segundo era valioso. Não queriam ficar se perguntando: *e se?* Em 24 de janeiro de 2020, havia menos de mil casos confirmados da nova doença no mundo todo. No dia 25, em privado, Ugur e Özlem se comprometeram a desenvolver uma vacina. Na noite de domingo, dia 26, Ugur projetou oito vacinas candidatas diferentes e esboçou os planos de elaboração técnica para cada uma.

O primeiro caso de SARS-CoV-2 na Alemanha seria confirmado no dia seguinte, quando um funcionário de 33 anos de uma fornecedora de peças automotivas da Baviera apresentou sintomas semelhantes aos da gripe; ele estava no instituto especializado em doenças infecciosas e medicina tropical de Munique.[22] A essa altura, a BioNTech já iniciara um projeto que envolveria a mobilização de centenas de funcionários e o gasto de milhões de euros para desenvolver uma vacina, usando uma plataforma não comprovada contra uma ameaça ainda não identificada.

CAPÍTULO 2

PROJETO LIGHTSPEED

Aparelhos de rádio eram importantes para os Sahin. À noite, de segunda a sexta, após voltar do turno cansativo na linha de produção da fábrica da Ford em Colônia, o pai de Ugur, Ihsan, mexia na antena de um radinho de pilha até o chiado e os estalos dos minúsculos alto-falantes darem espaço ao som abafado de canções folclóricas turcas. No início dos anos 1970, o programa de variedades da Rádio Ankara, somado a uma estimada coleção de discos, representava uma das poucas e preciosas conexões da família com o lar que tinham deixado para trás em busca de oportunidades econômicas.

Porém, Ihsan ficava bastante irritado com a instabilidade do sinal de ondas curtas na Alemanha Ocidental — o qual era transmitido a três mil quilômetros de distância. Na esperança de melhorar a qualidade do som da sua estação favorita, ele comprou vários rádios em uma loja de artigos usados que ficava no caminho que fazia do trabalho para a casa, onde também adquirira uma máquina de costura para a mãe de Ugur e o gramofone da família.

Os aparelhos antigos precisavam de conserto toda hora. "Nos fins de semana, eu via meu pai espalhar as ferramentas na mesa da cozinha e, na maior paciência, tentar consertar os eletrodomésticos, quase sempre desgastados pelo uso", conta Ugur. Na época, era uma tortura observar esse processo de fora. Como muitas crianças, ele sonhava em ser engenheiro e queria participar da tarefa. Ugur tem a lembrança vívida de passar, entusiasmado, orientações para o pai, um homem amoroso, porém rígido, que acreditava que as crianças deveriam ser vistas, mas não ouvidas. "Claro que meu pai ignorava as minhas instruções e fazia o que achava certo", diz Ugur, relembrando a frustração daqueles momentos na infância, "e só me dava uma chance quando ficava sem saída". Com relutância, após esgotar as próprias soluções, Ihsan seguia as sugestões do filho em silêncio. E os rádios ganhavam vida de novo.

*

Enquanto Ugur pedalava para o trabalho na manhã de terça-feira, após ter decidido que uma parte significativa dos recursos da empresa iriam para o desenvolvimento de uma vacina contra o coronavírus, lembranças do pai e dos rádios retornaram à sua mente. Como tinha descoberto naquela época, "é preciso que a própria pessoa se convença". Na adolescência, esse preceito se fortalecera depois que Ugur descobriu o filósofo do racionalismo crítico Karl Popper, cujas obras conhecera ao passar horas vasculhando a livraria do bairro, enquanto a mãe ia às lojas de departamentos das redondezas. De acordo com Popper, para atingir o que pode ser chamado de "verdade", é necessário expor hipóteses ousadas e criativas ao "tribunal da experiência".[23] Se uma sugestão ou ideia sobrevive às tentativas de refutá-la — como as tentativas de Ihsan de exaurir, com suas chaves de fenda, todas as demais opções disponíveis —, o resultado é um fato corroborado. "Aprendi a ser paciente e a ter confiança de que a realidade vence no final", diz Ugur, pois seu cérebro muitas vezes vê muito à frente do que o de quem ele deseja persuadir.

Em qualquer outra semana, adotar esse princípio seria sensato. A atitude já ajudara muito Ugur como médico e pesquisador e também como empresário que dependia de capital de risco. Mas, naquela manhã nublada de janeiro, ao pedalar com força (Ugur desistira de tirar a carteira de motorista quando reparou na quantidade de horas que os motoristas perdem no trânsito), ele sabia que, em uma ocasião como aquela, não poderia se dar ao luxo de esperar os outros concordarem com o seu jeito de pensar. As projeções estatísticas que fizera no fim de semana eram inequívocas. Uma pandemia global estava a caminho, e nenhum dos métodos não clínicos — fosse lavar as mãos, usar máscara ou realizar quarentenas e lockdowns — seria suficiente para detê-la. Uma vacina talvez fosse a solução, mas *apenas* se criada a tempo. Era preciso que seus colegas no conselho de administração que aguardavam o início da reunião semanal na sede da BioNTech, localizada em um prédio reluzente, compartilhassem desse senso de urgência. *Não podemos desperdiçar um só dia*, pensou Ugur, enquanto a *mountain bike* azul e prata passava em frente aos famosos vitrais de Marc Chagall na igreja gótica Stephanskirche, em Mainz.

Não seria fácil convencê-los. Ao longo dos quinze minutos do trajeto, as notícias confirmavam que o número de casos na China havia aumentado, em um dia, de setecentos para quase três mil, e alguns países da Europa organizavam voos para repatriar seus cidadãos retidos em Wuhan. O índice das ações mais procuradas da Bolsa de Valores de Frankfurt, o Dax, abriu com queda de quase 1,5% devido ao temor de que o vírus prejudicasse empresas como a companhia área alemã Lufthansa, que tinha diversos negócios na China. Contudo, só havia cerca de cinquenta casos identificados no resto do mundo. Em Berlim, o ministro da Saúde da Alemanha, Jens Spahn, declarara à imprensa que o país estava "bem preparado" para lidar com o vírus. Poucos dias antes, o chefe do Instituto Robert Koch, a agência de saúde alemã, transmitira um otimismo parecido ao ser entrevistado em rede nacional. "Em suma, não esperamos que o vírus se espalhe muito pelo mundo", afirmara,[24] quando lhe perguntaram sua opinião a respeito daquela doença pouco conhecida. O clima não era de preocupação excessiva.

Às oito horas, quando entrou em seu escritório decorado com poucos móveis, Ugur não viu qualquer sinal de pânico no rosto dos três integrantes do conselho executivo, reunidos em torno da grande mesa branca. Exaustos da conferência do JP Morgan, em São Francisco, e das reuniões que se seguiram, todos já estavam, em parte, com a cabeça nas férias de inverno que se aproximavam e nos passeios para esquiar nos Alpes. O trio se preparara para debater a proposta de aquisição da Neon

— uma start-up com sede em Boston, a qual Ugur tinha visitado durante sua maratona nos Estados Unidos — e a arrecadação de mais recursos para arcar com os custos dos próximos ensaios clínicos de medicamentos contra o câncer. No entanto, em vez de se ater aos temas programados, Ugur abriu a reunião com uma frase que esses administradores, àquela altura, já reconheciam como um mau agouro: "Eu andei lendo..."

Quando Özlem chegou para a reunião, depois de uma caminhada até o trabalho a fim de acumular passos no Fitbit, Ugur começou a relatar a pesquisa realizada no fim de semana: do momento em que se deparou com o artigo do *Lancet* ao mapeamento das rotas de transporte em Wuhan. Nos últimos dois dias, acrescentou ele, haviam surgido mais informações cruciais. Dados indicavam que o coronavírus tinha um período de incubação de duas semanas,[25] o que facilitava ainda mais a transmissão assintomática. "Hoje, na Europa, se um paciente chegar ao hospital com um quadro de pneumonia, ninguém vai cogitar que esteja com uma doença parecida com a SARS", disse Ugur a todos na sala. Antes de qualquer médico compreender do que se tratava, o paciente infectaria várias outras pessoas. Esse novo patógeno era um inimigo invisível às portas da cidade e, provavelmente, já estava nas proximidades do polo em que se reuniam. Ugur informou à diretoria a projeção macabra que fizera na noite de domingo: em breve, pela primeira vez após décadas, a humanidade enfrentaria uma pandemia sem controle. Em seguida, explicou-lhes o que vinha fazendo depois que chegara a essa conclusão.

Vinte e duas horas antes, aquela mesma sala abrigara uma movimentação intensa. Enquanto Özlem estava em Innsbruck, onde fora convidada para dar uma palestra, Ugur convocou a maioria dos chefes de departamentos da BioNTech e também os poucos especialistas em doenças infecciosas da empresa para o escritório cercado por uma série de laboratórios, cuja localização escolhera deliberadamente para poder visitar todos com regularidade e bater papo com os técnicos. Nesse dia, em uma reunião atrás da outra, ele repetiu um resumo do que havia constatado e compartilhou com os colegas a sua decisão repentina de desenvolver uma vacina contra o vírus surgido na China.

A revelação nem de longe era uma surpresa. Os funcionários da BioNTech já estavam acostumados a receber, todos os anos, uma "surpresa de janeiro" de Ugur, quando retornavam do recesso de fim de ano. Como tinha mais tempo para refletir durante esses feriados, o pesquisador se concentrava exclusivamente em algum assunto muito específico, em geral uma questão que deixaria a empresa em um beco sem saída. Em 2018, por exemplo, um medicamento contra o melanoma induziu uma excelente resposta imunológica em ensaios clínicos com seres humanos. Mas, por alguma razão, só uma fração dos tumores dos pacientes diminuiu. Os cientistas fabricavam as armas, mas elas nem sempre disparavam com força suficiente. No começo de 2019, Ugur já tinha lido toda a literatura das últimas décadas relacionada ao tema e discutido as suas constatações com Özlem nas semanas de folga do trabalho. Foi então que ele apresentou uma possível solução: uma molécula modificada para dar munição extra aos atiradores de elite do sistema imunológico, a ser usada em conjunto com o medicamento citado. Na mesma hora, designou uma equipe para o novo projeto, o que deixou alguns gerentes um tanto contrariados. "Acontecia muito de iniciarmos um novo projeto que sempre ficava no centro das atenções, ocupando a todos, até que uma hora esfriava", recorda Sebastian Kreiter, um dos cientistas mais antigos da empresa.

Dessa vez, Ugur deixou bem claro que a coisa era diferente. Esse projeto mais recente não tinha a ver com testar uma nova ideia, e sim executar uma. A partir daquele dia, a empresa usaria *todos* os recursos disponíveis para responder ao surto de uma doença infecciosa em tempo real. Ele comunicou à equipe amontoada em seu escritório que já tinha dado o pontapé inicial no fim de semana. Ugur lhes informou sobre as oito vacinas em potencial contra o coronavírus para as quais traçara um plano, com base em plataformas de mRNA que a BioNTech já tinha. Cada uma delas contava com um projeto químico ou molecular, e um alvo diferentes. Mas isso era apenas uma pequena parcela das possíveis combinações. Ele orientou a equipe de clonagem da empresa a examinar os constructos e "apresentar mais sugestões para complementá-los". Em seguida, solicitou aos responsáveis por testar potenciais vacinas em animais que elaborassem e preparassem estudos. Aos especialistas em mRNA encarregados da fabricação, pediu que se organizassem para produzir uma quantidade inédita de material para ensaios clínicos. "Nós *temos* que nos tornar uma empresa de produção de vacinas", afirmou. Ugur disse ainda que um plano mais detalhado seria concebido nos próximos dias, mas que, naquele momento, por uma questão de prioridade, todos deveriam voltar aos seus departamentos e dar início ao processo.

Assim como Ugur e Özlem, os principais administradores sêniores da empresa estavam longe de ser especialistas em epidemiologia. Porém, todos sabiam do fracasso, por uma ampla margem, das tentativas anteriores de usar o processo de desenvolvimento de medicamentos para obter uma vacina totalmente nova a tempo de interromper uma pandemia em curso. Alguns protestaram, dizendo que seria quase impossível acelerar a sequência de etapas a serem seguidas para disponibilizar no mercado o primeiro medicamento da BioNTech.

Primeiro, era necessário concluir uma quantidade imensa de trabalho antes dos ensaios clínicos, incluindo o desenvolvimento da vacina e os testes em células em laboratório. Só essa etapa poderia durar vários meses. Se os resultados fossem animadores, dariam início a estudos para determinar se a vacina funcionava em mamíferos e se era tóxica para roedores. Era improvável, mas, se houvesse casos de doenças graves ou mortes entre os ratos, a BioNTech precisaria começar do zero com um novo modelo. Não dava para agilizar essa etapa, conhecida como estudo de toxicologia: demorava meio ano para projetar os experimentos, conseguir a aprovação das autoridades, compilar a documentação necessária e monitorar os animais de perto.

Quando tivesse dados positivos desses estudos pré-clínicos, a BioNTech poderia solicitar autorização para testar sua vacina candidata em seres humanos durante ensaios clínicos. A empresa teria que realizar um estudo de Fase 1 com poucas dezenas de voluntários saudáveis, somente para determinar a dose correta da vacina e se ela causava efeitos colaterais graves. O próximo passo era um estudo de Fase 2, no qual alguns milhares de participantes seriam avaliados. Depois, era necessário um estudo global de Fase 3, com dezenas de milhares de participantes de diversas faixas etárias, etnias e localidades, a fim de comprovar a eficácia da vacina. Até mesmo no caso do vírus mortal Ebola, cujo processo de desenvolvimento da vacina precisava levar em consideração sua eficiência, esses estágios dos ensaios clínicos só foram concluídos após quase quatro anos. A qualquer momento do decorrer desse procedimento demorado e caro, a vacina contra o coronavírus poderia não dar certo, fosse por não induzir uma resposta imunológica ou por causar efeitos colaterais graves. Nesse caso, a BioNTech teria que voltar à estaca zero.

Mas Ugur havia reservado a grande revelação para o final. Ele afirmou que, para aumentar as chances de produzir uma vacina eficaz a tempo, a BioNTech iria revolucionar os métodos tradicionais de fabricação de vacinas. A empresa não tinha condições de testar um protótipo, descartá-lo caso não funcionasse e repetir o processo inúmeras vezes. Era melhor adotar uma estratégia na qual Ugur já vinha refletindo havia algum tempo, em meio à frustração com as longas horas necessárias para desenvolver medicamentos contra o câncer. "Não podemos colocar todos os ovos na mesma cesta e testar apenas *uma* vacina candidata. Temos que elaborar e testar *várias* vacinas paralelamente", disse Ugur aos profissionais espremidos na pequena sala, que mais parecia um terminal de ônibus. Em tempos normais, desenvolver um medicamento era algo como andar por um labirinto de jardim, com vários becos sem saída, e seria preciso dar várias voltas até sair para a luz do dia de novo. Ugur afirmou que, frente à iminência de uma pandemia, a BioNTech aceleraria o processo: encaminharia vários modelos para o labirinto dos estudos pré-clínicos e seguiria em frente com o primeiro a encontrar uma saída.

Os escolhidos seriam testados com rigor em laboratório, em animais e, por último, em seres humanos. Em qualquer estágio, seriam eliminadas as candidatas que não fossem consideradas seguras ou eficazes o suficiente. No final, surgiria uma vencedora. Não daria tempo de melhorar os modelos que tivessem um desempenho ruim ou de aguardar que retardatárias promissoras alcançassem as demais. A primeira a sair do labirinto se tornaria *a* vacina.

Levaria ainda seis semanas até que a Organização Mundial da Saúde declarasse que o surto de coronavírus era uma pandemia, e outros quatro meses até que a Casa Branca, sob o comando de Donald Trump, lançasse um programa para o desenvolvimento de uma vacina, batizado de Operação Warp Speed. Até então, não havia relatos de vítimas fatais da doença fora da China. Mas, já no fim daquela segunda-feira, a BioNTech começou a trabalhar no que, em um intervalo de onze meses, quebraria todos os recordes modernos da produção de um medicamento. Com o apelo de Ugur, a empresa avançaria na velocidade mais rápida permitida "pelas leis da física". Com uma queda para o drama, como fã de filmes de super-heróis, ele já tinha inventado um nome para essa missão histórica — uma referência à velocidade da luz. De pé ao lado do quadro branco, escreveu as palavras enquanto dizia: "Vamos chamá-lo de Projeto Lightspeed."

Ugur não precisou fazer muita coisa para convencer os colegas cientistas nas reuniões daquela segunda-feira. Mas, no dia seguinte, ao comunicar seu plano ousado aos membros companheiros do conselho, percebeu que não estava conquistando a plateia. Embora Özlem, diretora médica da empresa, tivesse levado sua previsão a sério, o diretor comercial, o britânico Sean Marett — primeira pessoa de fora da área médica a entrar para o conselho administrativo da BioNTech, em 2012 —, questionou a decisão de se preocupar com um patógeno que ainda estava a oito mil quilômetros de distância. "Minha reação foi dizer: 'Isso está acontecendo na China. Por que você acha que será um problema?'", conta Sean. "Parecia algo muito distante, só um pontinho lá no horizonte", explica. O diretor financeiro da BioNTech, Sierk Poetting, com seu penteado desgrenhado, e o banqueiro de investimentos norte-americano Ryan Richardson, que havia sido promovido a diretor de estratégia semanas antes, também mostraram reservas.

Sem dúvida, Ugur tinha um trabalho de persuasão pela frente. Ele não *queria* ser forçado a apelar para imagens de corpos empilhados a fim de convencer o conselho do seu raciocínio, mas precisava que entendessem que, na melhor das hipóteses, essas cenas apocalípticas aconteceriam dali a algumas semanas. Se esperasse uma confirmação com base na realidade, à la Popper, seria tarde demais.

Com isso em mente, Ugur caminhou até o quadro branco e começou a esboçar uma versão rudimentar do gráfico que logo se tornaria imagem recorrente nas reuniões de governo em todo o mundo, mostrando o aumento exponencial do número de infecções através de uma curva acentuada. "Lembro que ele disse: 'Isso vai se espalhar por todos os cantos. Será um problema para a Europa, para os Estados Unidos e para a nossa empresa.' Ou seja, os nossos funcionários. Eu pensei: *Nossa, ele está sendo bem específico*", relata Ryan.

Em seguida, Ugur começou a dar uma aula de história sobre a velocidade e a trajetória das pandemias. Mesmo que as coisas não parecessem tão ruins naquele momento, enfatizou ele, a situação poderia mudar em pouco tempo. Em abril de 1918, disse, a primeira onda da chamada gripe espanhola não foi muito mais letal do que a gripe sazonal. Embora a doença tivesse se espalhado com uma rapidez alarmante entre as tropas mobilizadas para a Primeira Guerra Mundial, a maioria dos que sucumbiram era de idosos, muito jovens ou pessoas com problemas de saúde. Uma onda ainda mais mortal ocorreu entre outubro e dezembro, causada pela hospitalização de pacientes graves da doença, que acabaram infectando médicos e outros enfermos internados. Estima-se que vinte milhões de pessoas tenham morrido nesse período de três meses, incluindo um número alto de vítimas com idade entre 25 e 35 anos.

Por sorte, não havia nenhuma indicação clara de que o vírus em Wuhan fosse perigoso para jovens saudáveis. A grande maioria das poucas dezenas de mortes relatadas na China era de pessoas com mais de 65 anos, e muitas sofriam de doenças preexistentes, como diabetes ou hipertensão. Mas, apenas alguns dias antes, as autoridades da província de Hubei revelaram que um homem de 36 anos, sem problemas de saúde, morrera duas semanas após ser internado em um hospital, onde fora tratado com medicamentos antivirais e antibióticos.[26] Talvez esse fosse o sinal de alerta, avisou Ugur. Na corrida evolucionária entre os vírus e seus hospedeiros humanos, os patógenos mudam de configuração a todo momento para tentar cruzar, às escondidas, as defesas antivirais existentes.[27] Naquele momento, o coronavírus não era particularmente destrutivo, mas poderia sofrer mutações repentinas e se virar contra pessoas jovens e em boa forma.

Outra possibilidade terrível seria o vírus se tornar ainda mais eficiente e infectar mais pessoas em menos tempo. "Em apenas três meses, tudo estaria acabado", afirmou Ugur. Nesse cenário, os necrotérios ficariam abarrotados e a população global seria dizimada muito antes de uma vacina ser criada em laboratório; então não chegaria a ser produzida ou distribuída. *Não dava para desperdiçar nem mesmo um dia.*

Se o surto de coronavírus tivesse acontecido dois anos antes, o conselho administrativo da BioNTech não teria cogitado criar uma vacina. Mas, graças às melhorias recentes nas plataformas de tecnologia da empresa, Ugur estava convencido de que tinha as ferramentas necessárias para responder a uma pandemia. Elaborar vacinas de mRNA com as plataformas da BioNTech já parecia possível; caso fosse entregue a tempo, a versão contra o coronavírus chegaria para socorrer a humanidade muito antes de uma vacina tradicional. "Acho que devemos apostar tudo", disse Ugur.

No entanto, a BioNTech deixara de ser uma start-up. Após a abertura de capital, em outubro, a empresa precisava considerar como os observadores externos reagiriam a essa mudança drástica. Sem dúvida, priorizar uma vacina contra o coronavírus atrasaria o andamento de alguns projetos relacionados ao câncer. "Algumas pessoas na sala estavam céticas e acreditavam que esse empreendimento nos faria perder o foco", diz Ryan, ao comentar a proposta de Ugur. Na visão dos gestores de fundos dos Estados Unidos, a BioNTech não era uma empresa voltada para doenças infecciosas. "O preço das ações teve uma alta muito boa", afirma Ryan, que tinha medo de assustar os acionistas com o anúncio de um esquema caro para enfrentar uma ameaça que mais ninguém estava levando muito a sério. "Os investidores nos consideravam uma empresa dedicada exclusivamente à oncologia", explica. Em onze anos, a BioNTech tinha acumulado mais de 400 milhões de euros em dívidas, e logo precisaria arrecadar mais dinheiro. Se não alcançasse os objetivos anunciados, essa questão se complicaria ainda mais.

Se a empresa se precipitasse com um projeto de vacina contra o coronavírus e não fosse bem-sucedida, poderia ser "o fim da BioNTech", explicou Sean, membro do conselho administrativo. Após a companhia ter sido listada na Nasdaq, de Nova York, em outubro, o conselho passou a ser obrigado a lavrar as atas de reuniões, que poderiam ser consultadas em caso de questionamentos relativos à governança corporativa. De acordo com a justiça alemã, todos os membros do conselho eram igualmente responsáveis por erros dispendiosos.

Além disso, havia o risco de danos à reputação. A BioNTech chegara até ali por enaltecer o potencial das suas tecnologias. Um projeto de vacina contra o coronavírus criaria muito burburinho para uma empresa desconhecida pelo público em geral, mas as chances de a empreitada ser malsucedida ou muito demorada não eram nada insignificantes. A empresa nunca tentara executar muitas das tarefas críticas por vir — desde a realização de ensaios clínicos de grande porte até a fabricação de quantidades enormes de um produto farmacêutico —, sem falar da velocidade e da escala necessárias para combater uma pandemia. Se o tiro saísse pela culatra, o Projeto Lightspeed "poderia se tornar uma questão muito difícil para a nossa empresa", reconheceu Özlem naquela reunião do conselho. "Por outro lado", argumentou, "uma pandemia em grandes proporções já seria, de todo modo, uma ameaça para o nosso pessoal e para a empresa." Por que esperar que outros tirassem o mundo dessa crise iminente se a BioNTech tinha a capacidade de fazer isso ela mesma? "Não deveríamos ao menos tentar?", indagou Özlem.

Por uns segundos, todos ficaram em silêncio. Embora essa decisão exigisse um voto de confiança, o trio a quem Özlem fizera a pergunta estava ali, no fim das contas, porque confiava nos instintos do casal. Não tinham ingressado na BioNTech para recusar grandes ideias.

Em 2003, Sean trabalhava para uma pequena empresa de biotecnologia e buscava parceiros comerciais quando conheceu Ugur, que lhe explicou uma série de tecnologias as quais, na opinião dele, poderiam curar o câncer. "Achei que aquilo seria uma das grandes ideias deste século. Achei mesmo", lembra.

Ryan trabalhava com finanças na área da saúde para o JP Morgan e fez parte da equipe que realizou a venda da Ganymed, a primeira empresa de Ugur e Özlem. Acabou conhecendo o casal e, quando a BioNTech começou a se preparar para a oferta pública inicial, ou IPO, os médicos lhe pediram que entrasse para a empresa. Ryan recusara muitas propostas semelhantes de outras organizações, mas essa era "bem diferente", segundo ele. "Foi bastante ambiciosa, desde o começo." Ele largou um emprego excelente para embarcar nas aventuras do casal.

Físico de formação, Sierk trabalhava como consultor administrativo para a McKinsey & Company quando foi convidado a atuar como conselheiro na venda da antiga empresa dos Strüngmann — os bilionários da região da Baviera que acabaram apoiando a BioNTech. Em 2007, Helmut Jeggle, que passou a administrar o veículo de investimentos dos Strüngmann, disse a Sierk que havia encontrado "a Genentech europeia em Mainz", em uma referência à empresa norte-americana de biotecnologia de enorme sucesso que acabou se tornando uma grande farmacêutica. Pouco depois, Sierk encontrou Ugur em um bar em Munique, e os dois conversaram por horas. "Pelo jeito que Ugur conta como faz ciência, a pessoa pensa: *Ah, isso deve funcionar*", diz Sierk. Ele sempre quis ser astronauta, participar do projeto de uma missão grandiosa como ir à Lua, então sentiu que aquela era sua chance.

Ugur convenceu Sean, Ryan e Sierk com seus argumentos. Contanto que pudessem limitar a quantia gasta no projeto contra o coronavírus nas semanas seguintes, que trariam um panorama mais definido da rapidez do avanço da doença e do bom andamento do desenvolvimento da vacina, os três consideraram que valia a pena assumir os riscos. "Ugur costuma estar certo, então pensamos: *Vamos apoiá-lo*", relata Sierk. O conselho continuaria a monitorar a situação e poderia puxar as rédeas se achasse necessário. Por unanimidade, deram sinal verde ao Projeto Lightspeed.

Enquanto todos tomavam café, que àquela altura já tinha esfriado, a conversa se voltou para questões práticas. Funções e responsabilidades individuais foram estipuladas desde o começo. Sierk cuidaria das cadeias de suprimentos e da capacidade de produção, além de administrar um orçamento de guerra. Sean conduziria as negociações com empresas das quais a BioNTech talvez precisasse de ajuda. Suas habilidades de negociação implacável seriam importantes para forjar potenciais parcerias de negócios. Ryan se prepararia para comunicar toda a estratégia aos mercados financeiros quando chegasse o momento. Além de supervisionar o trabalho científico, Özlem conduziria os preparativos para os ensaios clínicos.

Já Ugur estava preocupado sobretudo em "eliminar os períodos ociosos". Não poderia haver pausa nos primeiros experimentos das equipes do Lightspeed, reforçou. Turnos seriam ajustados para garantir o trabalho ininterrupto. Em seguida, ele propôs uma estratégia em quatro etapas, a ser implementada de imediato. A primeira era uma preparação para os testes pré-clínicos essenciais — em laboratórios e em roedores. A segunda consistia em montar uma equipe para projetar estudos em seres humanos e identificar parceiros que pudessem ajudar a BioNTech a realizar os ensaios clínicos em todo o mundo. A terceira etapa era expandir a capacidade de fabricação para garantir que a empresa conseguiria fornecer uma vacina para todos que a quisessem. A quarta tratava da preparação para comercializar o primeiro medicamento de mRNA licenciado do mundo. Ugur já instruíra a equipe a iniciar a primeira etapa no dia anterior, na segunda-feira. "A segunda etapa vai começar hoje, se todos concordarem", disse ao conselho. "A etapa três será bem, bem cara", admitiu, "mas, se quisermos fazer a diferença, temos que iniciá-la muito em breve."

Em seguida, Özlem abordou a questão de quantos dos 1.200 funcionários deveriam ser alocados no projeto. "Aliás, se ocorrer uma pandemia com força total, não será possível manter o ritmo dos ensaios clínicos de câncer", comentou ela. Talvez fizesse sentido liberar pessoas para um projeto de vacina contra o coronavírus. "Trabalhar em algo útil enquanto o mundo está paralisado pode ser uma bênção", afirmou ela.

Por mais que a BioNTech destacasse funcionários para a equipe do Lightspeed, havia um limite do que era possível fazer internamente. A empresa só tinha talentos e recursos suficientes para concluir os primeiros passos desse projeto ambicioso. Tinha experiência na realização de ensaios clínicos em humanos de Fase 1 e Fase 2 para medicamentos contra o câncer e havia desenvolvido um vínculo sólido com fornecedores que a ajudaram a conduzir esses estudos. Mas, apesar da complexidade da organização de ensaios clínicos com pessoas com um tipo específico de câncer em estágio avançado, o número de voluntários saudáveis envolvidos nos ensaios para uma vacina preventiva seria de uma ordem de grandeza maior do que a soma de todos os estudos feitos pela BioNTech até então. Desde 2012, a empresa tinha ministrado seus medicamentos de mRNA a pouco mais de quatrocentas pessoas. Seria necessário testar a vacina contra o coronavírus em *dezenas de milhares* de indivíduos.

A empresa também precisaria solicitar autorização comercial em diversos países. Essa tarefa gigantesca envolvia a preparação de cadeias de suprimentos e redes de distribuição, a criação de uma força de vendas, a produção de literatura para pacientes e profissionais de saúde e muitos mais. Antes de o coronavírus atingir o planeta, a BioNTech ainda estava a anos de produzir um medicamento licenciado e, no total, dispunha de um único funcionário responsável pela comercialização. A companhia não tinha qualquer experiência em venda, marketing ou relacionamento com a imprensa.

Por um momento, o conselho considerou desenvolver essas capacidades. Afinal, o objetivo a longo prazo da empresa era se tornar uma biofarmacêutica totalmente integrada, que realizasse todo o processo das pesquisas de ponta e também levasse as inovações para o mercado. Porém, "entendemos que não conseguiríamos fazer isso sozinhos", contou Sean. Seria muito demorado, e a rapidez era fundamental. O Projeto Lightspeed precisava da ajuda de uma empresa maior.

Ao longo dos anos, a BioNTech tinha firmado diversas parcerias de pesquisa e desenvolvimento, inclusive com as gigantes europeias Sanofi e Roche. Mas apenas uma das colaborações consolidadas se concentrava em doenças infecciosas: a do desenvolvimento de uma vacina de mRNA contra a gripe, que a BioNTech acordara com a Pfizer em 2018. A empresa norte-americana tinha demonstrado forte interesse na evolução da tecnologia e talvez ficasse tentada a unir forças em um projeto sobre o coronavírus, nem que fosse para descobrir se essa nova classe de medicamentos seria útil em futuras pandemias. Sem dúvida, a Pfizer era a óbvia escolha número um.

Depois de fomentar o Projeto Lightspeed na segunda-feira, 27 de janeiro, Ugur abordou sem muito alarde Holger Kissel, um biólogo molecular que havia ingressado no setor de desenvolvimento de negócios na BioNTech após passar a maior parte da carreira em Nova York. Holger participara das negociações que levaram à parceria com a Pfizer no projeto relacionado à gripe e cultivara uma relação com a gestão da empresa. Ugur perguntou se ele poderia marcar uma conversa por telefone com o vice-presidente da Pfizer, Phil Dormitzer, também diretor científico de vacinas virais do grupo norte-americano, com o objetivo de verificar o interesse dele em uma nova colaboração.

Logo depois, Holger enviou um e-mail para transmitir a solicitação. O assunto da mensagem era: "Coronavírus de Wuhan".

*

Às 15h30 da terça-feira, logo após a reunião do conselho, Ugur atendeu à ligação que Holger havia agendado com Phil. Depois de trocarem gentilezas, o executivo norte-americano entrou no assunto em questão. Holger se lembra de Phil ter dito: "Gente, isso não vai dar certo." Veterano do setor, Phil já trabalhara para a Novartis, chegando a liderar a resposta do grupo suíço às pandemias de influenza, e participara de debates sobre a criação de vacinas para os vírus da SARS e da MERS. Ambos os patógenos foram contidos por medidas de saúde pública antes que qualquer projeto desse tipo decolasse, e Phil acreditava que isso também ocorreria com o SARS-CoV-2. "Eu trabalhava com a hipótese de que o vírus seria controlado", afirma. Além disso, aprendera com a experiência que as vacinas *sempre* chegam tarde demais, mesmo com tecnologias estabelecidas. Especialista em RNA ("Um dos motivos pelos quais a Pfizer me contratou", conta), Phil foi uma das forças motrizes por trás do acordo com a BioNTech relacionado à gripe e estava familiarizado com as ferramentas que a empresa tinha à disposição — e também com suas limitações. Ele ressaltou que as plataformas de mRNA da empresa nunca tinham sido usadas em ensaios clínicos para doenças infecciosas e que não havia evidências sugerindo que, no contexto de uma pandemia, isso pudesse ser realizado a tempo. Ugur relatou os argumentos que apresentara a outros profissionais da empresa nas 48 horas anteriores. Sempre muito educado, Phil concordou em pensar sobre a questão. No entanto, poucas horas depois, enviou um e-mail para informar que havia discutido a proposta com outros colegas da Pfizer, os quais concordavam que a tecnologia da BioNTech simplesmente não estava desenvolvida o suficiente para enfrentar o desafio.

Mais de um ano depois, indago a Ugur como ele lidou com essa recusa poucas horas após o lançamento do projeto mais importante da sua vida profissional. "Eu não falaria em decepção", diz ele, "a avaliação do Phil foi totalmente racional, dada a experiência dele, e compreendi que não havia nada que pudéssemos fazer para convencer a Pfizer naquele momento." As lições aprendidas ao observar o pai, Ihsan, ajustando aparelhos de rádio nos anos 1970 ecoaram em sua mente. Ugur achava que seria apenas "questão de tempo" até a grande empresa farmacêutica, confrontada com uma crise global de saúde, mudar de opinião. Na juventude, Ugur aprendera com Karl Popper que, no fim das contas, vence a realidade. Ele continuava convencido de que o surto em Wuhan preenchia todos os critérios para ser considerado uma pandemia.

*

Sem se deixar abater pela recusa da Pfizer, Ugur começou a se concentrar na próxima tarefa da lista: lidar com os reguladores.

Ele conseguiu mobilizar uma equipe para iniciar os trabalhos com vários constructos ao mesmo tempo, acelerando a única parte do processo de desenvolvimento da vacina que estava inteiramente sob o controle da BioNTech: a fase pré-clínica. Até então, já havia tentado, sem sucesso, persuadir um grande parceiro empresarial a ajudar na fase final: os ensaios clínicos em grande escala e o licenciamento do medicamento. Mas isso poderia ficar para depois. O problema mais urgente era a preparação para o estágio intermediário: administrar a seres humanos uma vacina ainda sem nenhuma comprovação científica.

Para que o Projeto Lightspeed desse o pontapé inicial, era necessário que os órgãos reguladores estivessem de acordo desde o primeiro momento. Eles precisariam trabalhar com a BioNTech para compilar uma lista dos requisitos de segurança para os ensaios clínicos que a equipe do Lightspeed poderia cumprir antes de a primeira agulha ser injetada no braço de um voluntário saudável.

A regulamentação dos medicamentos de mRNA tinha evoluído a passos lentos desde que Ugur e Özlem passaram a se dedicar à molécula. No fim da década de 1990, os medicamentos de ácido nucleico — baseados em DNA ou RNA — ainda eram encarados como "terapias genéticas" pela agência de medicamentos e alimentos dos Estados Unidos (FDA) e pela Agência Europeia de Medicamentos (EMA, na sigla em inglês). Essa categoria se tornou alvo de comentários exaltados de movimentos antivacina, que às vezes comparavam as novas terapias à criação do monstro fictício de Frankenstein. Após análises de vacinas baseadas em DNA mostrarem que, apesar de não terem causado danos, algumas de fato acabaram modificando o genoma existente, não faltaram histórias assustadoras sobre experimentos de engenharia genética que deixavam marcas permanentes nos pacientes.

Na verdade, o RNA mensageiro — que, após cumprir a sua função, é degradado minutos depois pelo corpo — não tem como causar esse tipo de dano. A molécula só entra em contato com o perímetro externo das células humanas, e é altamente improvável que altere o DNA. As entidades reguladoras, inclusive o Instituto Paul Ehrlich (PEI, na sigla em inglês), da Alemanha, estavam cientes dessas características. Desde 2012, quando a equipe da BioNTech tratou pela primeira vez um paciente de câncer com um medicamento de mRNA de primeira geração, Ugur e Özlem vinham dedicando centenas de horas explicando o método ao PEI e às autoridades de vários países.

Graças às estreitas colaborações com essas agências, os ensaios da empresa se expandiram em pouco tempo, e pessoas com doenças graves receberam terapias da BioNTech em estudos na Europa, na América do Norte e na Austrália.

Em 2020, quando o casal resolveu se dedicar a uma vacina contra o coronavírus, ainda não existia um conjunto de requisitos acordados em âmbito internacional para a aprovação de medicamentos de mRNA. Mas, nos Estados Unidos e, em particular, na Alemanha, já havia base estabelecida para isso.

No fim dos anos 2000, a agência reguladora nacional da Alemanha, o Instituto Paul Ehrlich, sem querer se viu no centro de um conjunto de pesquisas sobre mRNA. A organização, que leva o nome do ganhador do Prêmio Nobel pioneiro nas áreas de imunologia e quimioterapia, supervisionava duas empresas iniciantes: a CureVac, fundada em 2000, em Tübingen, no sudoeste da Alemanha, e a BioNTech, criada oito anos depois, em Mainz, estavam na vanguarda da pesquisa sobre mRNA em todo o mundo e ansiavam por testar essas tecnologias em seres humanos. Apesar de ter a reputação de ser mais cauteloso e conservador do que o órgão estadunidense equivalente, o PEI foi fundamental no desenvolvimento de uma estrutura regulatória para vacinas de mRNA. Ao longo dos anos, trabalhou com as start-ups para garantir que a molécula fosse segura para ser administrada a humanos. Profissionais do instituto chegaram a ser coautores de artigos científicos[28] com pioneiros da pesquisa sobre mRNA, incluindo Ugur e Özlem. O casal participou de "retiros de pesquisa" preparados pelo órgão regulador — na essência, eram workshops nos quais se debatia em detalhes os limites da pesquisa médica. Inovadores e reguladores aprenderam juntos sobre novas tecnologias como o mRNA.

Embora os obstáculos burocráticos para iniciar os ensaios clínicos fossem maiores em seu país natal do que em outras nações — também por conta de comitês de ética rigorosos e descentralizados —, a BioNTech continuou a realizar uma parcela significativa dos ensaios sobre câncer na Alemanha, em grande parte devido à relação profissional que mantinha com o PEI. A entidade reguladora conhecia o contexto de pesquisa sobre mRNA e dava credibilidade aos avanços súbitos nessa área. Ugur havia desenvolvido uma relação de coleguismo com o presidente do PEI, o bioquímico Klaus Cichutek.

Naquela terça-feira, logo após o encontro do conselho da BioNTech, quando ainda não tinha falado com a Pfizer, Ugur pegou o telefone e ligou diretamente para Klaus. O pesquisador precisava marcar com urgência uma reunião de parecer científico com o painel de especialistas do PEI para que, juntos, alinhassem uma estratégia de desenvolvimento de vacinas e montassem uma lista das exigências a serem cumpridas pela equipe do Lightspeed nas semanas seguintes. Isso consistia em requisitos considerados essenciais pelo PEI para a autorização de ensaios clínicos, incluindo o modo de conduzir os testes de laboratório, os estudos em animais e as medidas de controle de qualidade a serem implementadas para garantir que a fabricação do produto farmacêutico atendesse a um padrão coerente. No geral, levaria pelo menos três meses para conseguir uma reunião para tratar desses temas. Ugur precisava ser o primeiro da fila o quanto antes.

Na conversa com Klaus, enfatizou que estava levando o surto de coronavírus muito a sério e que a BioNTech havia iniciado um projeto de desenvolvimento de vacinas que englobava profissionais de outros projetos. "Queremos fazer isso o mais rápido possível." É o que Ugur se lembra de ter dito. "Mas, primeiro, precisamos de uma avaliação."

O presidente do PEI, que já havia trabalhado com vacinas de DNA e de vetor viral, não se surpreendeu com o pedido. "Foi um desdobramento natural dos trabalhos anteriores", comenta Klaus, a respeito dos planos de vacinas da BioNTech. Um dos primeiros defensores das terapias experimentais, ele prometeu fazer o possível para ajudar e disse que iria "procurar uma data disponível" para uma reunião. "Não se tratou de um favor especial a Ugur", explica. O PEI já prestava aconselhamento de emergência a outros fabricantes de medicamentos e havia cancelado as taxas administrativas para todos os pedidos relacionados ao coronavírus. Ugur não dera a entender que tentaria avançar em um ritmo bem mais acelerado do que Klaus imaginava. O médico disse aos colegas que, com a "boa vontade" dos reguladores, seringas carregadas de uma substância segura e aprovada poderiam ser injetadas no braço de indivíduos ao redor do mundo até o fim do ano. E avisara que isso seria "romper os limites do possível".

Dois dias depois, na quinta-feira, Klaus ligou de volta. Disse que talvez o painel de especialistas do PEI estivesse disponível para uma reunião no fim da semana seguinte, desde que a BioNTech conseguisse enviar, com alguns dias de antecedência, um dossiê detalhado dos planos para a vacina, de modo que os funcionários do instituto tivessem tempo de se debruçar sobre as minúcias.

Em épocas mais tranquilas, compilar o documento exigido por Klaus, o Dossiê para Pareceres Científicos, já era uma tarefa complexa. Envolvia um resumo de todos os aspectos do desenvolvimento de um medicamento em potencial, desde a tecnologia básica, passando pelas matérias-primas e pelos ingredientes ativos a serem utilizados, até o projeto meticuloso de estudos pré-clínicos de segurança em camundongos e primatas. Em geral, seriam necessárias de quatro a seis semanas para finalizar esse documento, mas a BioNTech tinha menos de cinco dias e iria começar do zero. Teria que agir mais rápido do que nunca. Na verdade, em uma velocidade inédita para qualquer empresa do setor.

Apenas uma pessoa na empresa poderia viabilizar essa missão: Corinna Rosenbaum chegara à BioNTech havia menos de dois anos. Era a principal gerente de projetos na parceria com a Pfizer para uma vacina contra a gripe e, em 2019, tinha organizado a apresentação dessa iniciativa para o PEI. Coordenadora de pesquisa e desenvolvimento especializada, Corinna conseguiria escolher as pessoas certas para se unirem aos chefes de equipe que já haviam iniciado o Projeto Lightspeed, garantir a boa comunicação entre todos e ficar de olho no orçamento. Na quinta-feira, 30 de janeiro, Ugur lhe enviou um e-mail: "Pode vir até a minha sala em dez minutos?". Para a sua surpresa, não houve resposta.

Corinna estava em casa, aproveitando seu primeiro dia de folga após ter reduzido em um quinto as horas de trabalho, querendo passar mais tempo com o filho de dois anos. Estava ocupada com a hora da refeição e só soube da mensagem de Ugur quando, horas depois, olhou o celular e se deparou com uma enxurrada de chamadas perdidas e e-mails assinalados como importantes. Quando ligou de volta para saber o que estava acontecendo, disseram-lhe que, devido à sua experiência em apresentar aos reguladores uma vacina profilática, ou preventiva, Ugur queria que ela liderasse a investida da empresa contra o novo coronavírus que se disseminava na China. Corinna mal tinha ouvido falar da existência do patógeno, exceto por uns trechos de notícias e uma matéria ou outra na internet, mas a perspectiva de liderar uma descoberta médica era entusiasmante demais para ser ignorada. "Foi como uma cena de filme, naquela hora em que a música começa a tocar", diz ela. Em poucos minutos, respondeu ao e-mail de Ugur dizendo que estava "preparada para a missão" e que estaria no escritório dele na manhã seguinte.

Às nove da manhã da sexta-feira, Corinna se viu sentada à mesa branca do escritório de Ugur, acompanhada de outros dez gerentes da BioNTech. Ainda usando o equipamento de ciclismo, Ugur deu sua explicação usual da rápida transmissão do coronavírus prevista pelos dados e afirmou que, embora soasse estranho sugerir isso enquanto o público em geral estava despreocupado, era inevitável um número muito alto de mortes. A empresa especializada em câncer na qual Corinna ingressara estava prestes a se transformar em uma gigante na área de doenças infecciosas. Contudo, o primeiro obstáculo era o Instituto Paul Ehrlich, que estava disponível para uma reunião na quinta-feira — dali a seis dias. "Precisamos de um parecer científico em questão de dias", falou Ugur, referindo-se ao dossiê para o painel de especialistas. "Isso tem que ser um trabalho em equipe."

A maioria das pessoas acha que entidades reguladoras são organizações sisudas que impõem um conjunto de regras e diretivas, sem espaço para negociação. Mas, por trás da fachada sem rosto desses órgãos oficiais, há centenas de cientistas cujos anos de experiência lhes ensinaram que o avanço científico não acontece confinado a categorias perfeitamente definidas. Mesmo nas agências mais conservadoras, o processo de petição para a aprovação de um ensaio clínico começa com a abertura de diálogo. Assim como em um tribunal, especialistas como os do PEI sempre têm liberdade para interpretar seu "código de leis", contanto que os argumentos apresentados sejam convincentes e corroborados por dados científicos.

O papel a ser desempenhando por Corinna era semelhante ao de um advogado perante o juiz: ela precisava garantir que a BioNTech apresentasse o melhor caso possível. O documento de cinquenta páginas, aprimorado por Özlem, afirmava que a empresa tinha materiais, tecnologia e experiência para criar um produto farmacêutico seguro e bem-sucedido. Fora isso, era necessário que, no fim do processo, o livreto e as discussões posteriores persuadissem o PEI de que os riscos de seguir adiante com um ensaio clínico para um grupo de constructos de mRNA não testados eram inferiores aos benefícios de uma vacina contra o coronavírus.

Corinna tinha um obstáculo imediato a enfrentar. Para garantir que a preciosa carga molecular da vacina da BioNTech contra o coronavírus chegasse ao seu destino celular, seria preciso encapsular essa carga em um invólucro químico singular. Mas a empresa nunca havia injetado essa formulação em um músculo humano.

Os invólucros eram essenciais para possibilitar a criação das vacinas de mRNA. Na década de 1990, quando Ugur e Özlem realizavam experimentos com essa tecnologia, a principal desvantagem era a vulnerabilidade da molécula a ataques das próprias enzimas do corpo ao ficar fora do seu hábitat celular natural. Filamentos de mRNA sintetizados em laboratório poderiam ser injetados em seres humanos em sua forma "nua", mas a maior parte da carga se degradaria quase que no mesmo instante, e apenas poucos sobreviventes alcançariam as células-alvo. No início dos anos 2000, quando Sebastian Kreiter injetou mRNA diretamente em nódulos linfáticos de camundongos, quase 99% das moléculas foram perdidas. Por conta disso, foi necessário administrar altas doses para induzir uma resposta imunológica. Em 2012, foi conduzido o primeiro ensaio clínico da BioNTech com *naked* RNA, no qual a molécula foi injetada em nódulos linfáticos, em doses de até mil microgramas — trinta vezes mais do que os trinta microgramas que seriam usados na vacina contra o coronavírus.

Não havia dúvida: para se tornarem viáveis, os medicamentos baseados em mRNA precisavam de uma blindagem para viajar pelo corpo até encontrar uma célula. Logo surgiu uma solução. Glóbulos microscópicos de gordura, conhecidos como nanopartículas lipídicas, têm sido usados desde a década de 1990 para inserir DNA em culturas de células. A tecnologia nunca tinha sido usada em humanos, mas os primeiros experimentos revelaram que, com apenas quatro ingredientes simples, os lipídios poderiam, se formulados de modo correto, encapsular o mRNA e proteger a molécula até ela atingir as células que funcionam como os principais comunicadores do sistema imunológico. A ideia é que, com ajuda de uma química meticulosa, os lipídios conseguiriam fazer todo esse trabalho sem provocar um ataque imunológico contra si mesmos.[29]

Ao longo dos anos, a BioNTech desenvolvera suas próprias formulações de lipídios, com modelos genéricos e não patenteados. A equipe de especialistas em lipídios crescia a cada mês na empresa. Em um avanço significativo, conseguiu criar partículas seguras e eficazes para uso em medicamentos intravenosos.

É um pouco complicado projetar os lipídios que entram diretamente na corrente sanguínea. As nanopartículas viajam pelo corpo em instantes e podem desencadear uma reação alérgica que cause choque anafilático. Ainda mais relevante é o fato de essas partículas irem direto para o fígado, uma localização arriscada para se provocar resposta imunológica. Contudo, em 2014, a BioNTech se tornou a primeira instituição do mundo a administrar, por via intravenosa, mRNA encapsulado em lipídios durante um ensaio clínico. A formulação contribuiu para o mRNA entrar no tecido linfático, uma região do corpo na qual os atiradores de elite do sistema imunológico se reúnem em grande número, à espera de ordens para agir. Graças a esse avanço, a dose de cinquenta microgramas era suficiente para obter uma resposta imunológica robusta — uma dose vinte vezes menor do que a do *naked* RNA com o qual a empresa havia realizado experimentos dois anos antes.[30]

O lipídio era útil para tratamentos de câncer em hospitais, nos quais as terapias seriam administradas via gotejamento com soro, mas estava longe de ser ideal para uma vacina profilática contra o coronavírus, destinada a bilhões de pessoas saudáveis em todo o mundo, nos mais variados tipos de espaços improvisados. Para esse propósito, a única opção viável era uma injeção no braço. A BioNTech vinha trabalhando com lipídios intramusculares, mas não eram prioridade e não tinham sido examinados clinicamente. O processo de produção em ambiente controlado ainda não havia sido desenvolvido e demoraria muito para ser implantado. Em vez disso, a equipe de Ugur e Özlem precisava de uma solução mais avançada, um lipídio pronto para ser utilizado e já aprovado pelos reguladores, para apresentar ao Instituto Paul Ehrlich.

Logo depois que o mundo da nanomedicina descobriu o poder protetor dos lipídios, no início dos anos 2000, várias empresas começaram a se dedicar ao aperfeiçoamento da química desses sistemas de distribuição peculiares. A BioNTech tinha trabalhado com muitos desses especialistas e testado as suas formulações uma a uma. Mas uma pequena empresa canadense, com equipe de apenas 25 funcionários, superou as rivais. A Acuitas Therapeutics era comandada por Tom Madden, um cientista britânico que havia trabalhado com fórmulas lipídicas na unidade de química orgânica de uma empresa que eliminou o seu cargo de repente, após uma aquisição. Magoado, Madden procurou desenvolver a sua pesquisa em outro lugar e, em 2009, fundou uma start-up em Vancouver — que já era um centro de inovação em lipídios.

A formulação dessa empresa de biotecnologia era mais potente do que muitas outras: era capaz de entregar o mRNA com segurança e aumentar a quantidade de proteína — no caso da vacina contra o coronavírus, a proteína spike — gerada pelas fábricas celulares. No entanto, ainda mais importante para os órgãos reguladores era o fato de que os lipídios da Acuitas já estavam sendo usados em testes com seres humanos. Os envelopes de gordura não causaram danos aos pacientes nem provocaram efeitos colaterais graves. "Foi uma coincidência incrível", diz Madden. "Tínhamos dados clínicos de fato empolgantes para uma vacina, exatamente na época em que as pessoas começaram a se conscientizar sobre a ameaça que iria se tornar conhecida como Covid-19."

Embora a aquisição de lipídios patenteados tivesse um custo enorme para a BioNTech, comprometer-se a usar esse modelo conhecido sem dúvida traria alívio ao painel de especialistas do PEI. Para uma vacina contra o coronavírus ser aprovada nos estudos clínicos em menos de um ano, uma coisa era certa: a Acuitas tinha que fazer parte do projeto.

Por sorte, a BioNTech já dialogava com a empresa desde 2018 a respeito do uso de seus produtos para uma infinidade de medicamentos de última geração baseados em anticorpos codificados por mRNA, os chamados RiboMABs. Em busca desse objetivo, uma equipe em Mainz já havia verificado os lipídios da Acuitas e tinha em mãos todos os dados de segurança necessários. Além disso, por meio dessas conversas, Ugur e a equipe souberam que os lipídios da Acuitas já estavam nas mãos de um fabricante terceirizado, gerenciado por uma família na Áustria — essa empresa se chamava Polymun, uma das únicas no mundo a ter a especialização necessária para combinar, em pouco tempo, esse precioso produto com o mRNA. Situada nas margens do rio Danúbio, nos arredores de Viena, a empresa ficava a apenas oito horas de carro da sede da BioNTech. Embora a perspectiva de restrições a viagens dentro da União Europeia parecesse absurda na época, Ugur a considerou um cenário bem possível dali a algumas semanas. Se isso acontecesse, a Polymun tinha a vantagem de estar perto o suficiente para que uma van de entrega refrigerada percorresse o caminho de ida e volta, caso os estudos de toxicologia ou a eficácia da vacina demandassem material com urgência.

Na reunião da sexta-feira, Corinna soube que sua equipe teria que convencer a Acuitas a fornecer para a BioNTech grandes quantidades da formulação lipídica pronta para uso em ensaios clínicos, conhecida como ALC-0315, antes que outros fabricantes reservassem todo o produto disponível. Não seria tarefa fácil, já que os clientes de mRNA da empresa se preocupariam, sem dúvida, com o vazamento de propriedade intelectual para a BioNTech. Além disso, era provável que fosse exigido um pagamento inicial bem alto para garantir o estoque. Mas as ordens do chefe eram claras. Naquela mesma noite, um funcionário do

Lightspeed enviou um e-mail para a Acuitas de Tom Madden pedindo para falar com ele com urgência.

No fim de semana, Corinna reuniu dados da equipe recém-criada do Lightspeed para elaborar o dossiê para o PEI, incluindo a análise das plataformas de mRNA, os primeiros detalhes do processo de fabricação em potencial para os ensaios clínicos e o projeto do estudo de toxicologia. Nem todos estavam preparados para a tarefa — funcionários com compromissos familiares ou à beira do esgotamento mental foram recusados, ainda que com toda a educação —, mas o grupo principal foi formado em poucas horas. Özlem trabalhou durante a noite de domingo para fazer a parte dela. A peça que faltava era a Acuitas, que ainda não havia autorizado o uso de seus lipídios. Então, na manhã de segunda-feira, dia 3 de fevereiro, Tom Madden disse que iria ajudar.

Na terça-feira à noite, foi finalizada uma versão preliminar do dossiê. Não houve tempo de arrumar a parte estética, como tamanho de fonte e alinhamento de parágrafo; Corinna e um colega folhearam o documento em busca de erros factuais graves. Por volta das seis horas da tarde, apenas seis dias após Corinna ter recebido a primeira ligação de Ugur, eles enviaram o documento através de um portal seguro no site do Instituto Paul Ehrlich.

*

Na manhã de quinta-feira, dia 6 de fevereiro, um táxi de sete lugares parou em frente à sede da BioNTech para buscar Ugur e Özlem. Corinna já os aguardava no veículo, junto com os executivos da Acuitas, Tom Madden e Chris Barbosa, que tinham chegado em um voo de Vancouver para irem ao encontro e ainda estavam se ajustando ao fuso horário local. O motorista, Parviz Zolgharnian, saiu do táxi para dar um abraço em Ugur, a quem prestava serviços desde a época em que o médico e a esposa trabalharam no hospital universitário em Mainz. Com seus setenta e tantos anos, Parviz era uma presença reconfortante para o casal, pois estivera presente tanto nos momentos de sucesso quanto nos de fracasso. Como tinha levado Ugur e Özlem à sede do PEI dezenas de vezes, o motorista sabia que algo importante estava sendo preparado. Não disse nada, mas deu a ambos uma piscadela incentivadora.

Enquanto o carro acelerava ao longo da rodovia em direção à pacata cidade de Langen — localizada a apenas alguns quilômetros ao sul do aeroporto de Frankfurt —, Ugur pegou o smartphone e pediu aos demais passageiros que se aproximassem para ver a tela. Depois que Özlem o lembrou de usar o cinto de segurança, ele mostrou alguns segundos de um vídeo com imagens angustiantes, filmado por um repórter chinês em um hospital em Wuhan, no qual cadáveres envoltos em lençóis de algodão branco se amontoavam ao longo dos corredores. O vídeo forneceu mais evidências para a sua hipótese: o coronavírus era bem, *bem* pior do que as autoridades chinesas davam a entender.

Às dez horas da manhã, o grupo chegou ao Instituto Paul Ehrlich, sediado em um prédio cinzento, de arquitetura pós-moderna. Passaram por um busto enorme do cientista que emprestava o nome ao instituto, até serem conduzidos a uma sala de reuniões, onde vários chefes de equipe da BioNTech já estavam sentados, todos com trajes formais, ocupando um lado da mesa oval de carvalho. Do outro lado, estavam dez dos principais responsáveis pela tomada de decisões no órgão regulador, cada um especializado em uma área, como toxicidade, farmacologia e fabricação. Alguns rostos eram familiares, pois já tinham trabalhado em estreita colaboração com Ugur e Özlem para que outros produtos fossem testados. "Todos nos cumprimentamos com um aperto de mãos", conta Corinna. "Foi uma das últimas vezes que fizemos isso."

Primeiro, veio a apresentação de Ugur, que excepcionalmente usava uma camisa passada para a ocasião. Ele inseriu um pen-drive no projetor e passou slides — em inglês, contemplando os convidados canadenses — que delineavam a estratégia básica da BioNTech para criar uma vacina contra o coronavírus, a qual envolvia três plataformas de mRNA e várias dosagens. Os especialistas concordaram com o conceito, mas queriam que um conjunto completo de dados de segurança e imunogenicidade fosse gerado para cada vacina candidata. Em seguida, o bioquímico Andreas Kuhn, especialista em fabricação interna da BioNTech, apresentou a estratégia para a produção de mRNA. Os especialistas do PEI, que haviam testemunhado o desenvolvimento das fábricas da empresa ao longo dos anos e supervisionado o estabelecimento de controles de qualidade, aprovaram os planos. Após a apresentação de Tom Madden, eles também ficaram satisfeitos com a formulação de lipídios da Acuitas. Özlem, que vinha trabalhando no planejamento para os estudos clínicos, não tivera muito tempo para preparar sua apresentação. A equipe da BioNTech observou com nervosismo enquanto ela segurava o controle remoto, mas suas explicações também foram bem recebidas pelo painel. Apesar de ter sido preparada em tempo recorde, a reunião se encaminhava para ser um sucesso total. Entretanto, faltava resolver um ponto de discordância. Não tinha a ver com a concepção dos ensaios clínicos, e sim com as precauções de segurança que deveriam ser cumpridas.

O elemento mais demorado nos estágios iniciais do desenvolvimento de uma vacina era o estudo de toxicologia, no qual se testava um medicamento em dezenas de mamíferos — em geral, camundongos ou ratos — para verificar se era prejudicial. O relatório final desse estudo era imprescindível para o início de qualquer ensaio clínico em humanos.

O processo costumava levar pelo menos cinco meses, e essa era a etapa que Ugur estava desesperado para acelerar. Dias antes de se sentar para ler o artigo do *Lancet*, em janeiro, a norte-americana Moderna, empresa especializada em mRNA mais famosa do mundo, anunciou que havia se associado ao Instituto Nacional de Alergia e Doenças Infecciosas, uma agência governamental dos Estados Unidos comandada por Anthony Fauci, com o objetivo de desenvolver uma vacina contra o coronavírus. Pelo que Ugur tinha ouvido de amigos, a Moderna não seria obrigada pelos reguladores dos Estados Unidos a realizar um estudo de toxicologia porque já havia testado a mesma formulação para outra vacina em 2019. A empresa de biotecnologia poderia prosseguir direto para os ensaios clínicos.

Por outro lado, a BioNTech não tinha os dados sobre a combinação de mRNA e lipídios que pretendia usar em uma vacina contra o coronavírus. Embora os componentes individuais tivessem sido testados isoladamente em outros ensaios, não tinham sido analisados em um constructo completo. Em casos assim, a praxe é os órgãos reguladores demandarem que as empresas concluam um novo estudo de toxicologia com a vacina candidata a ser injetada em seres humanos, mas Ugur e Özlem sabiam que o PEI estava aberto a discutir a questão. Se recebesse uma proposta convincente, talvez o instituto apenas pendesse para a leniência.

*

Como todos os órgãos reguladores, o PEI tinha uma missão primordial, que guiara os seus funcionários durante a maior parte dos últimos cem anos, com exceção de um período sombrio durante o qual os nazistas tentaram apagar o legado do fundador do instituto, que era judeu. Este princípio era: "Não cause danos."

Nem sempre foi assim. Após a criação das primeiras vacinas no século XVIII, os cientistas tinham liberdade para criar e administrar de imediato tratamentos experimentais com quase nenhuma supervisão. Então, após uma série de campanhas de vacinação desastrosas no início do século XX, nas quais injeções foram acidentalmente contaminadas com outros vírus, os governos de países ocidentais começaram a licenciar e controlar o desenvolvimento e a produção de vacinas. Os regulamentos foram ainda mais reforçados após o infame "Incidente Cutter", em 1955, quando um lote de vacinas contra a poliomielite acabou causando a doença em quarenta mil crianças nos Estados Unidos. Aos poucos, o tempo necessário para lançar um medicamento no mercado aumentou de meses para anos.[31]

A principal agência da Alemanha carregava o peso de uma história ainda mais perturbadora, lembrada pelo memorial próximo à entrada da sua sede. O horror da experimentação médica realizada em prisioneiros no Holocausto levou, em1947, à implementação do Código de Nuremberg, determinando que ensaios clínicos em humanos seriam sempre completamente voluntários, com base em dados de segurança reunidos após testes em animais, e que os riscos para os pacientes nunca deveriam exceder os possíveis benefícios. Essas diretrizes foram desenvolvidas em declarações internacionais posteriores. Entre outros pontos, decretavam que os ensaios clínicos fossem randomizados e que os participantes não soubessem se haviam recebido placebo ou não.

Essas convenções sustentaram a abordagem cautelosa adotada pelo PEI, pela FDA e por outras entidades no fim do século XX e atraíram atenções durante a epidemia de Aids das décadas de 1980 e 1990. Ativistas em prol do acesso a tratamentos experimentais argumentavam que esse princípio de "não causar danos" também deveria abranger o dano causado pelo bloqueio do acesso a possíveis medicamentos que poderiam salvar vidas.[32] Esse debate ressurgiria alguns meses após o começo da pandemia do coronavírus, quando medicamentos como a dexametasona, usada para tratar Donald Trump quando ele foi infectado, mostraram-se promissores nos primeiros estudos, mas não foram disponibilizados de imediato para os pacientes.

As entidades reguladoras atuais, incluindo o Instituto Paul Ehrlich, deixaram de considerar que o seu papel se limitaria a garantir que os riscos do desenvolvimento de medicamentos fossem reduzidos tanto quanto possível. Na verdade, elas faziam uma série de "julgamentos de valor" com o objetivo de encontrar um equilíbrio entre risco e recompensa. Alguns eram bastantes fáceis: por exemplo, provavelmente valia a pena pagar o preço da perda permanente de cabelo em troca de um tratamento de câncer bem-sucedido. Na maioria das vezes, porém, esse tipo de avaliação era bem mais complexo. Já foram feitas várias tentativas de formalizar a metodologia por trás dessas decisões, contudo, no fim das contas, tudo se resume a um grupo de especialistas em uma sala, avaliando as opções.

O processo não era infalível. Em 2006, um tratamento contra o câncer foi desenvolvido por uma empresa alemã, a TeGenero, originada na Universidade de Wurzburg, a apenas 145 quilômetros a leste da sede da BioNTech, em Mainz. O medicamento não mostrou nenhuma indicação de toxicidade nos estudos com animais,[33] mas causou doenças graves horas após a administração às pessoas que participaram dos ensaios clínicos — e, em alguns casos, causou falência permanente dos órgãos.[34]

Dez anos mais tarde, um medicamento para o tratamento de ansiedade e dor crônica, testado em Rennes, na França, para uma empresa portuguesa de biotecnologia, provocou a morte de um voluntário e a hospitalização de outros seis. O produto, que funcionava pela quebra de neurotransmissores, também não apresentou efeitos adversos nos testes com animais.[35]

Ambos os medicamentos experimentais interferiram em processos biológicos. As vacinas, sobretudo as baseadas em mRNA, não fazem esse tipo de interferência, pois elas funcionam ao simular uma infecção natural. Mas o que os órgãos reguladores aprenderam com as catástrofes foi que os estudos de toxicologia não proporcionavam um panorama completo. Logo depois, foi introduzido o protocolo de Nível Mínimo de Efeito Biológico Antecipado, o MABEL. Em vez de iniciar ensaios clínicos em seres humanos com a dose mais alta considerada segura, as empresas que testam uma classe de medicamentos novos ou arriscados seriam obrigadas a começar com a dose mais baixa com comprovação de induzir resposta, baseando-se em cálculos dos estudos *in vitro* e em animais. Todos esses ensaios começariam com um único voluntário, que atuaria como "sentinela" e seria monitorado antes de outros receberem a substância.

Ugur e Özlem acreditavam que era baixa a probabilidade de um estudo toxicológico para a vacina da BioNTech contra o coronavírus suscitar preocupações sérias. A maioria dos componentes individuais — inclusive os lipídios — fora bem tolerada por humanos em outros ensaios. É verdade que os medicamentos de mRNA da empresa nunca tinham sido administrados por injeção intramuscular, mas já tinham sido aplicados diretamente na corrente sanguínea dos pacientes, um processo para o qual os padrões de segurança são bem mais elevados.

Özlem argumentou, diante do painel do PEI, que um estudo de Fase 1 projetado com cautela poderia reduzir a probabilidade de danos a voluntários humanos. De acordo com ela, "para mitigar qualquer risco potencial", o ensaio clínico começaria com uma dose muito baixa, em um único indivíduo. O indivíduo vacinado passaria a noite no local para ser monitorado quanto aos possíveis efeitos colaterais. A administração de doses mais altas ou a inclusão de mais voluntários precisariam ser liberadas pelo comitê de segurança depois da revisão de todos os dados disponíveis em cada etapa do processo. Um estudo de toxicologia até poderia ser realizado em paralelo ao ensaio de Fase 1, que seria interrompido ao primeiro sinal de anomalias no comportamento dos animais.

O painel do Instituto Paul Ehrlich ouviu tudo com atenção e não parou de fazer anotações. "Houve muita abertura para mudar a sequência do estudo [toxicológico]", diz Isabelle Bekeredjian-Ding, especialista em microbiologia do PEI, presente naquela reunião. Mas os especialistas não concordaram em permitir que as equipes de Ugur e Özlem deixassem de lado os procedimentos normais para esse estudo. Queriam mais dados.

Profissional que já tinha testemunhado um bocado de surtos virais, Klaus admite que, na época, o PEI "ainda não tinha certeza" se haveria uma pandemia ou não. "Àquela altura, não sabíamos se esse [surto] seria algo de grandes proporções, que envolveria todas as regiões do mundo, ou se iria... apenas desaparecer", diz ele, ao citar a pandemia de gripe suína de 2009, que "acabou em pouco tempo". Também era incerto o nível de ameaça do coronavírus, disse ele. Mas nada disso influenciou a decisão sobre o estudo de toxicologia, ressalta Klaus. "Ficou claro que tínhamos que insistir em estudos cruciais", afirma; em especial, aqueles que averiguariam se os constructos da vacina de mRNA causavam danos aos órgãos.

De forma geral, Ugur e Özlem entenderam a posição dos especialistas do PEI, mas a preocupação era que a medida causasse um atraso de meses no início dos ensaios clínicos. "Nós também estávamos totalmente comprometidos em garantir a segurança", diz Özlem. "No entanto, dada a nossa experiência clínica anterior com vacinas de mRNA, achávamos que o estudo de toxicologia em animais não nos traria muitas informações novas."

Em última análise, a discordância entre os especialistas do PEI e a BioNTech não era sobre os riscos de um processo acelerado, mas sobre os *benefícios*. Os olhares questionadores vindos do outro lado da mesa mostravam que a equipe do instituto acreditava que o vírus — que parecia ser bem menos mortal do que o Ebola — provavelmente seria contido. "A BioNTech identificava o mesmo risco que eles para o indivíduo", diz Ugur, "mas o considerávamos aceitável naquelas circunstâncias, caso realizássemos um ensaio de Fase 1 cauteloso. A equação do PEI era diferente. Eles ainda não tinham testemunhado o descontrole da pandemia."

Na visão de Ugur, a posição do PEI mudaria assim que governos e entidades reguladoras entendessem a verdadeira escala da devastação que seria causada pelo novo coronavírus. Entretanto, esperar que o instituto concordasse com sua maneira de pensar, com a mesma paciência que desenvolvera ao observar a tentativa do pai de consertar rádios, era bastante arriscado.

Durante a pandemia de influenza de 1957, por exemplo, uma vacina já existente foi ajustada meses após o surto, o que salvara milhões de vidas. Entretanto, uma década depois, quando uma nova cepa da gripe surgiu em Hong Kong, a ciência demorou tempo demais. A pandemia de 1968 acabou ceifando quatro milhões de vidas.

Um surto bem mais recente proporcionou uma lição valiosa sobre a importância da velocidade. Em abril de 2009, um projeto de vacina contra a gripe suína foi criado pelo governo de Obama. A vacina chegou aos braços da população seis meses depois e evitou cerca de 1,5 milhão de casos, de acordo com estimativas de órgãos de saúde pública dos Estados Unidos. Mas um relatório publicado anos depois pelos Centros de Controle e Prevenção de Doenças continha uma estatística contundente. Segundo o documento, caso a vacina tivesse sido lançada apenas uma semana antes, o número de casos evitados seria quase 30% maior. Se tivesse sido duas semanas antes, esse número seria 60% maior. Se o projeto tivesse começado *oito* semanas antes, teria evitado milhões de infecções.[36]

Ugur não tinha conhecimento desse relatório quando deliberou com o painel do PEI, mas lera o suficiente naquele fim de semana de janeiro para entender o conceito geral. Ele afirmou que "essas poucas semanas seriam decisivas" na pandemia iminente. A BioNTech tinha uma pequena janela de tempo para se preparar antes que a Alemanha também fosse atingida pelo coronavírus. "Tenho medo de que a avaliação risco/benefício mude em pouco tempo", disse ele.

Enquanto falava, o primeiro caso nos Estados Unidos do que ainda era chamado de 2019-nCoV foi identificado no estado de Washington, em um homem que retornara de Wuhan uma semana antes. O vírus já tinha se espalhado por todos os cantos, e uma vacina era a única ferramenta que restava. Sentado na sala de reuniões do PEI, Ugur se perguntava se o surto seria mortal a ponto de todos os ensaios clínicos serem cancelados e uma vacina não testada ser administrada em massa para evitar que parte significativa da população global fosse exterminada.

Ele preferiu guardar essas suposições para si mesmo.

A discussão com o painel do PEI — que em nenhum momento ficou acalorada ou perdeu o caráter científico — teve duas horas de duração. Logo as garrafas de café e os pratos com biscoitos em embalagens individuais ficaram vazios. À medida que a reunião se aproximava do fim, os especialistas do Instituto Paul Ehrlich disseram que manteriam contato com entidades reguladoras na Europa, nos Estados Unidos e na Ásia e acompanhariam a situação de perto. Em seguida, indagaram quando a BioNTech faria um pedido oficial para iniciar os ensaios clínicos. A maneira com que a pergunta foi formulada deixou Ugur e Özlem apreensivos. "A BioNTech", questionou o painel, "faria o pedido até o fim do ano?"

Ficou bastante claro que o PEI ainda esperava trabalhar com uma vacina a ser desenvolvida dentro dos prazos tradicionais. O casal teve a impressão de que o painel não acreditava na capacidade da BioNTech de acelerar a clonagem de constructos e a produção de material para ensaios clínicos a ponto de as dificuldades regulatórias se tornarem o fator limitante. Sem querer chocar os especialistas, os dois trocaram um olhar de entendimento e deram uma suavizada na resposta. Özlem prometeu entrar em contato de novo quando a equipe tivesse "uma ideia melhor do cronograma". O que ela *não* disse foi que a BioNTech estaria pronta em semanas, e não em meses.

Ugur ainda não queria perder as esperanças de conseguir ajustar a duração do estudo de toxicologia. Antes de deixar a sala de reuniões do PEI, ele disse aos participantes que a BioNTech daria continuidade aos trabalhos com uma análise detalhada da segurança dos constructos propostos pela empresa e do perigo que uma pandemia de coronavírus representava.

Na infância, não era um problema para Ugur ter que esperar até o pai descobrir o melhor jeito de consertar um rádio. Na verdade, conta ele, "a relação melhorou" quando percebeu que deixar Ihsan tomar a decisão certa sozinho era a única tática eficaz. Mas, naquele momento em que os riscos estavam nas alturas, essa estratégia deixava muito a desejar. Karl Popper estava certo: uma hora, a realidade — neste caso, a realidade da crise do coronavírus — acabaria atingindo a todos, inclusive o painel do PEI. Em meados de março, quando houvesse mais de duzentos mil casos confirmados em todo o mundo, órgãos reguladores de diversos países dispensariam a exigência de um estudo toxicológico completo para algumas tecnologias de vacinas. Mas, a essa altura, com o mundo em lockdown, semanas preciosas já estariam perdidas. No táxi, ao voltar de Langen para casa, Ugur colocou o "Plano B" em ação.

"Corinna, agende o estudo toxicológico", pediu ele.

CAPÍTULO 3

O DESCONHECIDO

Quando Ugur voltou ao polo em Mainz construído especialmente para sediar a BioNTech, seus pensamentos vagueavam entre o rápido desenvolvimento de uma vacina contra o novo coronavírus e um problema de natureza mais doméstica. A família estava com um voo marcado para as Ilhas Canárias dali a duas semanas, uma viagem de férias que o casal tinha prometido à filha adolescente em 2019, quando a abertura de capital da empresa consumia boa parte do tempo livre dos dois. Convencê-la tão de última hora de que precisavam ficar na Alemanha, com aquele clima cinzento e sombrio, por causa da ameaça de uma doença que parecia tão distante, seria uma missão quase impossível.

Deixar o país, porém, não era algo simples. Alguns membros da equipe da BioNTech, precisando trabalhar localmente, já tinham cancelado as próprias férias. Sebastian Kreiter, um dos cientistas mais experientes da empresa e um triatleta entusiasta que participava de três a quatro competições por ano, tinha cancelado sua participação em um campeonato, afim de se concentrar na orientação da pequena equipe do Projeto Lightspeed, e Ugur havia elogiado sua dedicação em uma reunião prévia.

Mas Ugur sabia que era bem provável que, quando o planejamento estivesse a todo vapor, ele e Özlem teriam poucos e preciosos momentos em família, e aquelas férias curtas teriam de suprir o casal e a filha adolescente ao longo dos meses turbulentos que teriam pela frente. De qualquer forma, as três férias que tiravam por ano não ofereciam uma grande mudança de cenário; Ugur e Özlem sempre aproveitavam a folga para colocar o trabalho em dia e entrar ainda mais em forma com uma rotina rigorosa de exercícios físicos, intercalando a esteira e a piscina do hotel com idas ocasionais à praia, para desanuviar. "A verdade é que transformamos qualquer viagem em um verdadeiro campo de treinamento", diz Özlem, e o casal esperava fazer o mesmo daquela vez, na Espanha. A lista de coisas a fazer incluía muitas leituras e revisões de artigos científicos, ligações e respostas a e-mails, e tudo isso poderia ser feito enquanto aproveitavam um pouco do sol de fim de inverno. Ugur sempre insistia em pagar pelo excesso de bagagem para levar uma mala adicional lotada de equipamentos eletrônicos, incluindo um laptop e dois monitores grandes, sem os quais achava impossível organizar os pensamentos. A família também levava a própria cafeteira e o moedor de café, assegurando o combustível de que os cientistas precisavam para um trabalho matinal de qualidade. Os funcionários da BioNTech sabiam, com base em experiências anteriores, que Ugur e Özlem entrariam em contato com a equipe, mesmo de férias, e o trabalho continuaria mais ou menos o mesmo, apesar de os chefes estarem em outro país.

Em relação aos riscos envolvidos, Ugur argumentou que, até que os lockdowns começassem a ser instituídos no país, a chance de pegarem a doença era muito maior em um shopping local do que em uma praia em Lanzarote. Então, depois de uma longa conversa, o casal decidiu seguir para o sul, apesar de tudo. Mas, antes de partirem com a montanha de malas da família, havia a reunião semestral de planejamento da BioNTech, uma pequena questão que exigia a atenção do casal.

Em 13 de fevereiro, quase todos os mil e trezentos funcionários da empresa se reuniram em *Altes Postlager*, um antigo depósito postal perto da estação de trem de Mainz que costuma ser usado para shows, feiras gastronômicas ou reuniões da prefeitura. Depois de um almoço leve, o diretor financeiro Sierk Poetting subiu ao palco. Diante de uma parede decorada com grafite, ele começou uma apresentação de slides mostrando os objetivos ambiciosos da ex-start-up para 2020, incluindo a abertura de uma sede nos Estados Unidos e o lançamento de mais nove estudos clínicos, além dos onze que já estavam em andamento.

Graças a esses objetivos, o orçamento de 300 milhões de euros da BioNTech para o ano estava apertado. Na verdade, por causa do aumento das despesas e da contratação de cerca de duzentos novos funcionários em 2020, as finanças logo voltariam ao ponto anterior à abertura do capital da empresa em Nova York. Se não arrecadassem mais dinheiro, disse Sierk, os cofres estariam vazios em meados de 2021. Ele não mencionou o Projeto Lightspeed, que dificultaria ainda mais a situação financeira. Para evitar que a equipe se distraísse com uma chuva de perguntas, a diretoria decidiu manter em segredo os planos para uma vacina contra o novo coronavírus, mesmo na própria BioNTech. A estratégia da empresa sempre tinha sido a de não dar informações demais nos estágios iniciais de qualquer projeto, e Ugur e Özlem preferiram fazer o mesmo em relação ao programa do novo coronavírus. O departamento de comunicações externas da empresa era novo, formado por Jasmina Alatovic, uma profissional de 31 anos, e um recém-contratado, e o casal queria esperar o desenvolvimento de protótipos viáveis da vacina antes de responder às perguntas de repórteres, analistas e investidores.

Sierk concluiu a apresentação e recebeu aplausos educados. Ugur subiu ao palco e, ao fim da música de entrada, fez uma análise dos muitos programas da BioNTech em andamento, desde as terapias com anticorpos e mRNA até produtos que exploravam o poder das células T e das citocinas. Mas, como muitas vezes acontecia, aquela apresentação não fora preparada com antecedência, de forma que os outros não a viram. Nos minutos seguintes, enquanto os funcionários tomavam suas bebidas, Ugur deu com a língua nos dentes. Ele sabia que era uma questão de tempo até os lockdowns começarem e que aquela talvez fosse a última oportunidade de motivar a equipe em um evento presencial. Ugur começou abordando a parte científica, incluindo um diagrama dos quatro elementos estruturais do novo coronavírus: proteínas spike, envelope, membrana e proteínas do nucleocapsídeo. Em seguida, fez um resumo da literatura acerca da doença provocada pelo vírus, que já recebera o nome de Covid-19. Dois dias antes, a Organização Mundial da Saúde anunciara o novo nome em uma tentativa de substituir SARS--CoV-2 no léxico popular, por temer que o termo tivesse "consequências não intencionais, como provocar um medo desnecessário em algumas populações" com lembranças amargas da primeira epidemia de SARS.[37]

Ugur não teve a mesma preocupação durante sua apresentação, que incluía uma avaliação completa das rotas de transporte global e os dados disponíveis sobre a transmissão do vírus. Os funcionários foram informados de que o patógeno tinha a capacidade de matar entre 0,3 e três pessoas a cada cem infectados. O pico de transmissão talvez ocorresse apenas em junho. Na ausência de tratamentos ou vacinas eficazes, uma pandemia com o potencial de provocar até três milhões de mortes estava prestes a acontecer. Considerando o potencial da tecnologia da empresa, Ugur anunciou que acreditava ser dever de todos ali tentar impedir aquela nova ameaça.

Enquanto escrevo, já no segundo semestre de 2021, quando já passamos de quatro milhões de mortos em todo o mundo, mal posso acreditar em como aquele discurso foi assustadoramente profético. Quando Ugur fez aquela previsão, havia apenas 47 mil casos confirmados no mundo, e a doença só tinha sido identificada em 25 países.[38] O principal motivo da preocupação do cientista foi a descoberta de que o vírus era transmitido por pessoas aparentemente saudáveis, embora isso ainda não tivesse sido reconhecido como um fator de risco, pois a OMS dizia que "pessoas assintomáticas raramente são um vetor importante de transmissão da doença".[39] A população de Mainz e da Alemanha como um todo não sentia que estava diante de uma ameaça imediata. Angela Merkel disse que o risco de infecção no país continuava "muito baixo",[40] enquanto o ministro da saúde Jens Spahn achava desnecessária a aferição de temperatura dos passageiros que chegavam pelos aeroportos.[41] Mas o aviso de Ugur estava ali, claro como o dia, enterrado no meio de uma apresentação de 88 slides, com uma pequena marca-d'água de "CONFIDENCIAL" no canto inferior esquerdo e a data do evento no outro lado. Essas informações foram dadas de forma tão natural que a apresentação seguiu adiante com fotos motivacionais dos membros da equipe usando sandálias e meias verdes que mostravam a logomarca da empresa, diante de uma faixa que dizia: BioNTech — *singular como nossos colaboradores!*

Antes de projetar aqueles slides em uma das paredes do centro de convenções, naquela tarde de fevereiro, Ugur tinha explicado de que forma a empresa poderia usar seus recursos para combater a Covid-19. Exibiu diagramas das plataformas de mRNA da BioNTech que acreditava serem as mais promissoras para o desenvolvimento de possíveis vacinas. Também disse que a empresa tinha decidido explorar a possibilidade de usar anticorpos específicos para o coronavírus no tratamento de pacientes já infectados com a doença. Então, apresentou os cientistas que já estavam trabalhando no projeto e os convidou a subir ao palco. "Em algum momento", a voz de Ugur ecoava na parede de tijolos expostos, "a maioria dos funcionários da empresa vão estar trabalhando neste projeto." A fala provocou um burburinho no salão.

Se Ugur e Özlem tivessem sido obrigados a encarar o público geral — e não apenas a própria equipe — em um estágio tão inicial, suas respostas talvez não tivessem inspirado tanta confiança. Ficou cada vez mais claro para o casal que, a não ser que o vírus se espalhasse tão rápido a ponto de infectar dois terços da população mundial em meses, medidas profiláticas seriam a única solução permanente para a crise global que estava por vir. Mas uma pergunta os mantinha acordados à noite: e se uma vacina não fosse capaz de deter o vírus?

Havia muitos motivos para preocupação. A história recente das pesquisas de desenvolvimento de vacinas mostra um catálogo de tentativas fracassadas, e uma das maiores foi a de controlar outro vírus fatal: o HIV. Nas décadas que se seguiram desde seu surgimento, nos anos 1980, algumas terapias avançadas foram capazes de reduzir significativamente a letalidade do patógeno, mas nenhuma das vacinas criadas forneceu proteção suficiente. Como o próprio nome sugere, o vírus da imunodeficiência humana (HIV, na sigla em inglês) tem a capacidade de suprimir o sistema imunológico e neutralizar o exército de unidades de defesa especializada do organismo humano, deixando-o vulnerável à

Aids e a cânceres, entre outras ameaças. Sua taxa de mutação alarmante também frustra os cientistas, pois dificulta a identificação de um antígeno, ou seja, aquele rosto do "cartaz de procura-se" que o exército do sistema imunológico precisa reconhecer. É comum existirem mais cepas do HIV no corpo de um único paciente do que variantes da gripe em todo o mundo.[42] O vírus da hepatite C, que ataca o fígado dos pacientes, é outro que até hoje escapou de todos os esforços de imunização, mesmo que já exista, há anos, uma vacina eficaz contra seu "primo", a hepatite B. O vírus evolui de forma tão rápida que até mesmo pacientes que se recuperam de uma infecção inicial de hepatite C continuam suscetíveis à doença.[43] Além disso, as vacinas contra diversas infecções que atacam o intestino, provocando diarreia aguda e desinteria e matando milhares de crianças em países subdesenvolvidos, apresentam eficácia apenas parcial.[44] Em suma, não existem regras gerais que prevejam se uma vacina para um novo vírus emergente será elaborada com sucesso.

Quando se fala dos vários tipos de coronavírus, a história também não é muito impressionante. Como qualquer pessoa que fica gripada no outono pode atestar, os cientistas falharam em desenvolver uma vacina contra a gripe comum, causada por dezenas de cepas diferentes de coronavírus e rinovírus, e tamanha variação impossibilita que um medicamento imunobiológico dê conta de todas (no entanto, considerando que os sintomas são moderados, não houve um grande esforço para isso). A pesquisa mostrava que os anticorpos poderiam, sim, neutralizar os coronavírus da SARS e da MERS, bem mais perigosos, mas não havia nenhuma evidência clínica concreta de que as vacinas funcionariam dessa forma em seres humanos.

Havia também relatos pessimistas da China e do Japão, sugerindo que pacientes que se recuperaram da Covid-19 e receberam alta hospitalar voltavam semanas depois com sintomas recorrentes. Devido à ausência de um diagnóstico preciso, tais boatos não eram confiáveis,[45] e era impossível afirmar com certeza se era apenas uma recaída da mesma infecção. Mas aquelas histórias tão sombrias indicavam a *possibilidade* de reinfecção e, se fossem confirmadas, seria um golpe enorme contra os esforços pela vacina. Se pacientes convalescentes desenvolvessem pouca ou nenhuma imunidade contra a doença, as chances de induzir artificialmente uma resposta imune durável contra o vírus seriam bem mais baixas. Além disso, os dados iniciais apontavam diferenças significativas na gravidade da doença — algumas pessoas, sobretudo as mais jovens, não apresentavam qualquer sintoma, ao passo que outras evoluíam para uma pneumonia fatal. Seria possível que uma vacina que funcionasse para o primeiro grupo também protegesse aqueles que mais precisavam de proteção?

Ugur e Özlem sabiam que, até mesmo no caso de patógenos contra os quais era possível provocar uma resposta imunológica artificial, havia uma grande variação no nível de eficácia que uma vacina poderia atingir. O vírus da influenza é um inimigo conhecido, e os mecanismos do imunizante voltado para essa doença já são estudados há décadas. Apesar disso, a vacina anual contra a gripe às vezes oferece pouco mais de 40% de eficácia, bem longe da proteção necessária para frear uma pandemia. Seria possível que uma vacina contra o novo coronavírus, cujo *modus operandi* ainda era um mistério para os cientistas, tivesse um resultado melhor?

Até aquele momento, a equipe do Projeto Lightspeed não tinha respostas. Na verdade, a BioNTech passou alguns meses às cegas. Só em junho de 2020 eles confirmaram que o corpo reconhecia e repelia o SARS-CoV-2. Foi apenas quando surgiu o primeiro caso confirmado de reinfecção, em agosto do mesmo ano,[46] com relatos de que um homem de 33 anos em Hong Kong pegara a Covid-19 outra vez 142 dias após o primeiro teste positivo da doença, que enfim ficou claro que tais incidentes não eram tão frequentes a ponto de causar alarde. Algumas semanas depois disso, Ugur e Özlem contariam ao mundo que uma vacina poderia prevenir sintomas graves na grande maioria dos casos. Mas, naquele momento, de acordo com Özlem, o casal "convivia com o desconhecido".

Ainda assim, a questão de *se* a vacina ia funcionar era quase secundária. A BioNTech, quase desconhecida fora do nicho da biotecnologia, estava arriscando a própria reputação em um produto que poderia, se não fosse bem desenvolvido, causar muito mais danos do que benefícios. De novo, havia muitos precedentes de casos que não deram certo.

No fim dos anos 1960, em um estudo clínico importante, crianças de Washington, D.C., receberam uma nova vacina contra o vírus sincicial respiratório (VSR). Na maior parte dos adultos, os sintomas provocados por esse vírus costumam ser leves ou semelhantes aos de uma gripe comum. Mas as crianças infectadas com o VSR — que, assim como o SARS-CoV-2, consiste em uma única fita de RNA — costumam evoluir para uma pneumonia grave que pode ser fatal. Com milhões de bebês hospitalizados todos os anos por causa do vírus, a vacina contra o VSR representava uma descoberta médica significativa. O que se seguiu, porém, foi um dos piores desastres clínicos da história da indústria farmacêutica. Praticamente 80% das pessoas expostas ao VSR após tomarem a vacina desenvolveram doença respiratória grave,[47] e duas crianças morreram logo depois. Em vez de neutralizar o vírus, a vacina parecia aumentar seus efeitos. Os cientistas ficaram perplexos com esse resultado trágico, pois a vacina continha apenas uma cópia inativa do VSR, que era incapaz de se reproduzir. Alguns levantaram a hipótese de que o formaldeído, a substância usada para desativar o vírus sintético, causara as reações adversas; no entanto, ele era usado em diversas outras vacinas, sem impor qualquer questão de segurança. Os cientistas passaram décadas tentando entender o que dera errado e examinaram o tecido pulmonar dos participantes do estudo,[48] comparando os efeitos da vacina em seres humanos com os que foram observados em camundongos.[49] Acabaram descobrindo, em 2009, que os anticorpos produzidos pela resposta imune das crianças à vacina não reconheciam o VSR de forma adequada. Eles se agarravam às partículas perigosas, mas, em vez de neutralizar o vírus, facilitavam sua entrada nas células saudáveis.

Naquele sábado decisivo de janeiro, enquanto analisava centenas de estudos sobre coronavírus, Ugur descobriu, horrorizado, que a tentativa de controlar o vírus original da SARS levara a fracassos semelhantes.[50] Leu que, em 2005, pesquisadores canadenses criaram uma vacina usando um vírus da varíola modificado que expressava a proteína spike, aquela substância nodosa do coronavírus que confere a aparência de "coroa" e se liga aos receptores nas células do pulmão. Os cientistas testaram essa vacina em furões e descobriram que, além de não proteger contra a doença, os animais que contraíam o vírus depois de receber o imunizante apresentavam um quadro *pior* do que os do grupo controle.[51] O mesmo resultado ("doença pulmonar aguda grave") foi confirmado por uma equipe de pesquisadores de Hong Kong que testou a vacina em macacos-rhesus.[52] Estudos em camundongos e coelhos, parte dos esforços para o desenvolvimento de uma vacina contra o vírus sucessor da SARS, que provocava a MERS,[53] também foram catastróficos.

Embora os cientistas não soubessem *ao certo* o que dera errado, tinham uma forte hipótese que acendeu um grande sinal de alerta na cabeça de Ugur. Quando funcionam da maneira adequada, os anticorpos são a arma mais potente contra qualquer doença infecciosa que faz o sistema imunológico entrar em ação. As minúsculas estruturas em forma de Y acabam se unindo ao invasor — no caso dos coronavírus, à proteína spike — e bloqueando a realização da sua principal função: a ligação a receptores específicos de células saudáveis para invadi-las e infectá-las. Mas, se uma horda desses defensores especializados não atingir os alvos de forma correta, suas hastes afiadas acabam ajudando o vírus, fornecendo um mecanismo novo para atravessar a membrana celular. Em vez de dependerem apenas da ligação a um receptor específico, os vírus poderiam atacar as células diretamente, usando as protuberâncias dos anticorpos como via de entrada alternativa. Em outras palavras, se as lanças atiradas errassem o alvo, eram capturadas pelo inimigo e usadas contra o próprio corpo.

Esse fenômeno é conhecido como realce dependente de anticorpos (ADE, na sigla em inglês) e não é novo. As primeiras descrições datam dos anos 1960[54] e constituem uma das principais preocupações dos órgãos reguladores ao avaliar uma nova vacina. Qualquer imperfeição no desenvolvimento de um novo profilático pode se provar fatal. Pesquisadores costumam passar anos tentando superar esse obstáculo por tentativa e erro. Mas, para a BioNTech, esse tempo não estava disponível.

A empresa tinha uma chance de criar uma vacina emergencial antes que o vírus se espalhasse demais para ser controlado.

Em discussões com dois dos seus consultores mais próximos, Sebastian Kreiter e Mustafa Diken, Ugur apresentou três possibilidades. A primeira e mais otimista era que a empresa teria sorte — seu projeto de vacina, ainda que inicial, não causaria o ADE nem qualquer outro efeito adverso. A segunda e mais pessimista era que, não importava o quanto trabalhassem para desenvolver uma vacina contra o SARS-CoV-2, ela acabaria provocando ADE. A terceira, e mais estimulante para os cientistas, era que uma vacina elaborada com cuidado eliminaria o risco. "Vamos investir em diferentes candidatas", disse Ugur, "realizar os testes e esperar para ver o que os dados vão nos dizer".

*

Não havia muita dúvida entre os líderes da BioNTech sobre a melhor forma de desenvolver uma vacina contra o coronavírus que fosse ao mesmo tempo eficaz e segura: teriam que construir uma cópia autêntica da proteína spike. Segundo um estudo de 2009, pequenas saliências na superfície dos coronavírus eram as principais responsáveis por permitir que esses patógenos infectassem seres humanos. Esse estudo também revelou que as respostas imunes do próprio corpo contra o coronavírus SARS tinham como alvo principal essas proteínas, reconhecendo-as como a forma mais eficaz de acabar com a ameaça. "Tivemos sorte", diz Özlem. Diferentemente de muitos outros vírus que se desdobram como um canivete suíço, com diversas formas de se infiltrar em células saudáveis, "este vírus é bastante unidimensional, deixando bem clara a molécula usada para invadir as células pulmonares". A equipe do Projeto Lightspeed só precisava assegurar que as vacinas replicassem tal molécula — na forma de um "cartaz de procura-se" —, para que as tropas do sistema imunológico pudessem reconhecer o vírus e começar a atacá-lo.

Para reduzir as chances de um desastre como o ADE, porém, as defesas do corpo precisariam acertar o alvo na mosca. A proteína spike criada — a configuração que a vacina usaria para treinar as tropas — deveria corresponder à forma *específica* da original.

Isso estava longe de ser uma tarefa simples. Um pouco antes de atacar as células pulmonares, a proteína spike deixa de parecer um espinho e assume uma configuração semelhante a um cálice de haste longa.[55] Ao se prender à célula, a proteína continua a se remodelar até se tornar um canivete afiado com o qual perfura a membrana, fundindo o vírus e a célula saudável e permitindo que o genoma entre e se replique. Para que uma vacina funcionasse bem, o ideal seria que fosse projetada para reproduzir a forma de cálice da proteína spike. As defesas do sistema imunológico estariam prontas para atacar o vírus antes que ele se transformasse na estrutura afiada que usa para penetrar as células. Com sorte, seu potente mecanismo de acoplamento seria interrompido.

Para as farmacêuticas que dependiam de desativar uma versão viva do SARS-CoV-2 em laboratório, havia uma chance de que os métodos usados para neutralizar as capacidades do patógeno, como a aplicação de formaldeído ou calor extremo, o impediriam de replicar perfeitamente a forma de cálice da proteína spike. Para a BioNTech e aqueles que desejavam fazer o *próprio* corpo reproduzir a proteína spike a partir de instruções genéticas, a dificuldade era a instabilidade inerente à estrutura proteica. Havia uma chance de que, quando a sequência da spike — a receita para sua reprodução — fosse entregue pelo mRNA, o corpo humano acabasse produzindo uma estrutura *ligeiramente modificada*, em vez da estrutura *exatamente igual* necessária.

Se as defesas do corpo contra os patógenos não reconhecessem o coronavírus, a vacina se provaria não apenas ineficaz, mas também perigosa. Um cenário semelhante provavelmente provocou a calamidade do VSR na década de 1960 e explicava o fracasso dos protótipos das vacinas contra MERS e SARS.

Por sorte, no seu fim de semana de pesquisa, Ugur descobriu um homem que dedicou a carreira à estabilização de antígenos virais na esperança de que fossem enfim desenvolvidas vacinas eficazes contra o VSR, o HIV e outros vírus. O nome desse cientista é Barney Graham.

Imunologista veterano e virologista dos Institutos Nacionais de Saúde dos Estados Unidos (NIHs, na sigla em inglês), Graham havia crescido em uma fazenda de porcos no Kansas, antes de se formar em matemática e acabar voltando o foco para a biologia. Depois de testemunhar a devastação provocada pela pandemia da Aids na década de 1980, ele se dedicou a compreender o HIV, assim como outros vírus problemáticos, como o VSR. Ao descobrir que as proteínas mudavam de forma e prejudicavam os esforços vacinais por dificultar a definição de um alvo para os soldados do sistema imunológico, ele se propôs a tentar preservar a forma delas. Em 2012, com o uso de técnicas modernas de bioengenharia, desenvolveu um antígeno que mantinha a forma "pré-fusão" da proteína, o que por fim trazia uma nova esperança para a elaboração de uma vacina segura contra o VSR.[56]

Logo depois, Graham tentou fazer o mesmo com o vírus causador da MERS, usando uma amostra de um aluno de doutorado com sintomas similares ao da gripe.[57] Ele tinha acabado de voltar de uma peregrinação à Meca, na Arábia Saudita — país no qual o patógeno foi identificado pela primeira vez. Ao estrategicamente substituir apenas dois dos aminoácidos na sequência genética da protusão, ele estabilizou a proteína spike e *também* provocou uma resposta de anticorpos muito mais forte. E, naquele fim de semana de janeiro, foi esse avanço[58] que despertou a atenção de Ugur, que de imediato identificou sua potencial importância para uma vacina contra o SARS-CoV-2.

Não ficou claro para Ugur se Graham já tinha começado a investigar a Covid-19, mas o código genético do novo coronavírus sequenciado em Xangai mostrava que ele era cerca de 54% idêntico ao vírus da MERS, semelhança suficiente para levantar algumas hipóteses. Ao examinar mais profundamente o genoma de ambos os vírus, Ugur percebeu que era bem provável que o método de Graham também poderia estabilizar a versão de Wuhan. Usando esse projeto, as vacinas da BioNTech não só teriam uma chance muito melhor de funcionar, como também evitariam o horror do ADE.

Como imunologista especializado em tumores, Ugur não conhecia Graham, cuja especialização focava em doenças infecciosas. Em suas pesquisas, descobriu que Graham já estava trabalhando com mRNA para a empresa Moderna, que anunciara, com grande estardalhaço, estar atuando no desenvolvimento de uma vacina contra o novo coronavírus. Mas Ugur diz que isso não o incomodou. "Eu sabia que poderia contar com o senso de responsabilidade de um colega cientista", declarou. Sem hesitar, mandou um e-mail se apresentando a Graham e apelando para sua boa vontade acadêmica.

Felizmente, a resposta de Graham foi rápida, e seguiram-se trocas amigáveis por telefone e e-mail, nas quais os dois discutiram as evidências disponíveis sobre a configuração da proteína spike do SARS-CoV-2. Na verdade, o cientista do NIH já vinha analisando a sequência genética do novo coronavírus desde que havia sido divulgada, em 11 de janeiro. (Aliás, ele foi um dos pesquisadores mais proeminentes a insistir nessa publicação.) Durante as conversas, Graham forneceu tranquilamente todas as informações de que Ugur precisaria: o equivalente molecular da senha que abre um cofre. "Eu logo percebi que Ugur era um grande cientista", disse Graham, com seu cavanhaque grisalho, no escritório todo decorado com modelos 3D de proteínas virais. "Só disse a ele o que faria se estivesse desenvolvendo uma vacina e expliquei que as posições 986 e 987 deviam estabilizar a proteína spike."

Graham também descartou qualquer conflito de patente com a Moderna. "Eu sou um servidor público", diz o pesquisador veterano, já aposentado. "Só estou participando disso para as coisas seguirem da melhor forma e o mais rápido possível." De qualquer maneira, ele explicou que sua colaboração com a empresa de biotecnologia norte-americana foi mais conceitual e que houve algumas discussões no NIH com o chefe da agência de doenças infecciosas, Anthony Fauci, sobre o compartilhamento da expertise de uma agência governamental no sentido de ajudar os esforços mundiais de combate ao novo coronavírus. "Parecia uma crise, e nós tomamos a decisão interna de que não deveríamos nos preocupar muito com questões de propriedade intelectual ou confidencialidade", lembra Graham. As trocas entre a equipe de desenvolvimento da BioNTech e o NIH avançaram, e ambos entraram em acordo em relação a uma colaboração.

Os estudos sobre a proteína spike, porém, estavam longe de terminar. Quanto mais investigava, mais Ugur descobria um racha entre os pesquisadores.

Enquanto muitos defendiam replicar a proteína spike *completa* na vacina, alguns acreditavam que teriam um resultado melhor se reproduzissem apenas *parte* dela, conhecida como domínio de ligação ao receptor (RBD, na sigla em inglês). O RBD é a extremidade do espinho, a parte que possibilita à proteína cumprir sua função de se ligar aos receptores específicos das células pulmonares. Desenvolver uma vacina que reproduzisse apenas o RBD seria, em tese, bem mais fácil para muitos cientistas. Tudo que precisariam fazer era recriar um *fragmento* do rosto do bandido no "cartaz de procura-se", em vez de uma reprodução perfeita da proteína spike *completa*. Os defensores do RBD argumentavam que a vacina seria mais simples e teria menos "lixo genético", pois conteria apenas cerca de duzentos aminoácidos, ou blocos de construção de proteína, em vez dos 1.200 da proteína spike completa. Além disso, considerando o alvo menor, o risco de ocorrer um ADE diminuiria significativamente. O resto da proteína spike ficaria intocado pela resposta dos anticorpos, minimizando a chance de nossos forcados em forma de Y se tornarem cúmplices do vírus. Ademais, quanto mais concentrada a resposta, maior a chance de os anticorpos neutralizarem todas as 25-40 proteínas spike individuais em cada partícula invasora.[59] Mirar no RBD impediria que as tropas do sistema imunológico se distraíssem com partes menos importantes do vírus e as estimularia a se concentrar no mais importante de tudo: neutralizar a ponta da arma que os bandidos usavam para abrir caminho até as células saudáveis.

Havia cientistas de peso entre os defensores da abordagem do RBD, como George Fu Gao, chefe do Centro de Prevenção e Controle de Doenças da China — um imunologista formado em Oxford e Harvard. Gao e Graham eram velhos amigos e conversaram por semanas sobre diversas abordagens. Embora o americano acreditasse que seu projeto — o uso da proteína spike completa e estabilizada — ainda fosse melhor, tentou convencer Ugur a desenvolver uma vacina centrada no RBD. "Eu estava tentando ajudar George Gao", diz ele. A Moderna estava apostando na proteína spike completa, e ele argumentou que seria melhor para o mundo se outra empresa tentasse a alternativa, para o caso de ela se provar melhor. Mal sabia ele que a BioNTech estaria cobrindo todas as bases.

Ugur ficou indeciso em relação ao argumento de Graham, pois sabia que o domínio de ligação ao receptor era um "ponto provável de mutações". Se, como em geral acontece, começassem a surgir variantes do vírus, era bem provável que uma vacina que tivesse como alvo a proteína spike completa fosse eficaz por mais tempo. No mundo da ciência, porém, a intuição não é suficiente. Embora projetos focados tanto no RBD quanto na proteína spike completa tivessem sido estudados em testes pré-clínicos contra o vírus da SARS e da MERS, nunca tinham passado por avaliações comparativas. A bibliografia que amparava os dois lados do debate era bastante convincente, mas, na questão de Graham *versus* Gao, só havia um jeito de escolher um vencedor. A equipe do Projeto Lightspeed exploraria ambos os métodos e seguiria as evidências, no estilo do empirismo de Karl Popper, a quem Ugur admirava.

Considerando a pressão do tempo, a estratégia poderia ser considerada quase temerária. A maioria das outras instituições que estavam desenvolvendo uma vacina contra a Covid-19 já tinha escolhido um caminho. Assim como a Moderna, a Universidade de Oxford e os cientistas russos e chineses também tinham escolhido criar sua candidata usando a proteína spike completa. Mas Ugur e Özlem acreditavam que, com o novo coronavírus, comparar diferentes antígenos ou alvos vacinais poderia representar a diferença entre o sucesso e o fracasso.

Eles sabiam que doenças respiratórias são extremamente difíceis de combater. A única chance que o exército do sistema imunológico tem para emboscar as partículas transportadas pelo ar ocorre durante a jornada, milímetro a milímetro, desde o pouso no revestimento das células do nariz, da boca ou dos pulmões, até a infiltração. Se uma pessoa entra em contato com uma alta carga de coronavírus e os anticorpos não agem rápido, o patógeno invade a membrana e se prolifera nas células, criando dezenas de milhares, ou até mesmo milhões de cópias. As primeiras publicações sobre o SARS-CoV-2 indicaram que a proteína spike se liga ao receptor com velocidade e força alarmantes, como velcro, atrapalhando ainda mais o trabalho dos anticorpos de neutralizar o vírus a tempo. Era *crucial* que as defesas, fortalecidas pela vacina, interceptassem o bandido antes que ele passasse pelas barreiras.

Para superar esse obstáculo, a vacina precisava induzir uma resposta particularmente forte dos anticorpos. Özlem e Ugur previram ser provável que fossem necessárias duas doses da vacina para proteger a maioria das pessoas da doença. Mas o imunizante precisava fazer mais do que apenas induzir a ação dos anticorpos. A fim de lutar contra o novo coronavírus e evitar infecções repetidas, o antígeno da vacina — fosse ela codificada considerando o domínio de ligação ao receptor ou a proteína spike completa — precisaria convocar *todas* as forças do sistema imunológico.

Os atiradores de elite que o corpo envia para lutar contra vírus específicos podem ser classificados em duas categorias. A primeira linha de defesa, conhecida como imunidade humoral, consiste em anticorpos que atacam objetos estranhos na nossa corrente sanguínea antes que tenham a chance de invadir as células. A segunda onda, a imunidade celular, se concentra em objetos estranhos que passaram pela rede de defesa. Essa força especial, composta pelas chamadas células T, ataca e destrói as células que *já* sucumbiram à infecção.

Para alguns dos patógenos mais difundidos, essas equipes da SWAT excedem os requisitos. Os anticorpos são suficientes para derrotar a raiva, por exemplo.[60] Mas, para um combate eficaz a patógenos como o da tuberculose, o HIV e a malária, que podem invadir e infectar as células antes que os anticorpos tenham a chance de neutralizar o vírus, as células T são vitais. De acordo com estudos iniciais sobre pacientes curados da SARS, essas forças precisaram entrar em ação, sugerindo que o arsenal imunológico completo também é necessário para derrotar esse novo vírus.

A equipe da BioNTech aperfeiçoou a indução dessas respostas em tratamentos contra o câncer, nos quais as células T são ainda mais importantes. Os pesquisadores trabalharam incansavelmente para ativar a ação de dois tipos de células T, cada qual com seus poderes específicos. As células T CD4, também conhecidas como células auxiliares, atuam como iniciadoras e orquestradoras precoces da resposta imune. Elas ajudam as outras células do sistema imunológico a continuar ativas, tendo inclusive memória de longo prazo, o que lhes permite reconhecer um patógeno meses ou até anos depois do confronto contra tal ameaça. As células T CD8, também chamadas células T citotóxicas (CTLs), têm a incrível capacidade de detectar células infectadas mesmo quando o vírus está oculto atrás da membrana externa da célula. As CTLs reconhecem pequenos fragmentos presentes nas células infectadas, uma habilidade que dá às tropas de patrulhamento CD8 uma "visão de raio x" que as ajuda a encontrar e matar o inimigo, mesmo camuflado.

Em janeiro, ao revisar a bibliografia disponível sobre os diferentes coronavírus, Ugur encontrou um estudo publicado quinze anos antes que demonstrava que as células T CD8 tornavam o vírus da SARS menos letal. Considerando a semelhança daquele coronavírus com o SARS-CoV-2, as evidências do artigo sugeriam que uma resposta poderosa das células T também poderia ser fundamental para evitar mortes causadas pelo novo coronavírus.

No entanto, quando um número excessivo de células T entra em combate, isso também pode ser perigoso. Assim como os anticorpos podiam provocar o ADE, havia a possibilidade de que aquelas forças desencadeassem uma "tempestade de citocinas", provocando uma sobrecarga do sistema imunológico[61] e resultando em doença. Quando usadas de forma precisa, as células T salvam vidas, mas, se chegam ao campo de batalha tarde demais, quando um vírus já se instalou nos órgãos, atacar o "inimigo" pode causar danos colaterais e destruir tecidos saudáveis. Em alguns casos, a reação pode ser fatal. Ugur conta que essas perspectivas aterrorizantes o enlouqueciam. Ele compara desenvolver uma vacina com orientar uma unidade das forças especiais do exército: se as tropas são bem treinadas, podem entrar em prédios sitiados, mantendo as mortes de civis a um nível mínimo. No entanto, se foram mal direcionadas ou usadas quando o inimigo já se infiltrou, toda a cidade pode ser destruída no fogo cruzado.

O recrutamento e o treinamento bem-sucedidos dessas forças dependem muito da escolha do antígeno — ou do alvo da vacina — e de como manejar e distribuir o mRNA da vacina. Com isso em mente, o casal de cientistas passou dias fazendo conexões entre o que sabiam sobre o comportamento das diferentes unidades do sistema imunológico e as informações disponíveis sobre vírus causadores da SARS. Esse tipo de trabalho investigativo está praticamente gravado no DNA de Ugur e Özlem. No mundo altamente politizado da pesquisa médica, em que acadêmicos protegem suas teorias de estimação e guardam rancor de quem as menospreza, o casal permaneceu estritamente agnóstico, acreditando apenas em dados sólidos. Nesse ponto, eles avaliariam diversas vacinas, alternando o uso da proteína spike estabilizada de Barney Graham e os antígenos de domínio de ligação ao receptor de Gao. Mas, a cada nova elaboração, o Projeto Lightspeed se tornava mais complexo, e a BioNTech precisava se apressar.

Ugur já pedira a vinte dos funcionários mais experientes da empresa que criassem um planejamento para o desenvolvimento mais rápido possível de diversas vacinas em preparação para testes em humanos. Ao contrário do que ocorrera em sua reunião com funcionários, em janeiro, agora havia mais evidências da ameaça que surgia. O cruzeiro *Diamond Princess* estava em quarentena no litoral do Japão com centenas de pessoas que testaram positivo para o SARS-CoV-2, o que constituía mais uma prova da transmissibilidade do vírus. As máscaras de proteção estavam desaparecendo das farmácias na Alemanha.[62]

Ainda assim, Ugur percebia que muitos peritos da BioNTech ainda estavam cautelosos com seu sentido de urgência, e seus temores viraram realidade alguns dias antes da tão planejada viagem de férias. Ugur marcara uma reunião com a equipe para discutir o cronograma, mas horas antes recebeu uma mensagem de um dos gerentes da empresa: "Só para avisar, estão dizendo que é impossível começar os estudos clínicos antes de setembro."

Naquela tarde, quando Ugur entrou no escritório, mais de vinte pessoas esperavam por ele, e a tensão era palpável. Visivelmente nervosos, os chefes de departamento explicaram que levariam meses até estarem prontos para começar a Fase 1 do estudo. Cada um deles mencionou os passos necessários para preparar diversas vacinas contra o coronavírus a serem administradas em seres humanos, incluindo a pesquisa de mais dados sobre as plataformas de mRNA propostas, a comparação entre cada candidata, os estudos de toxicologia com duração de vários meses e a produção de vacina suficiente para os voluntários.

Ugur respondeu que entendia, mas insistiu que precisavam acelerar. Então, pediu que cada um dissesse *por que* não era possível adiantar cada uma das partes do processo: "Se conseguirem me explicar que isso não é factível com base nas leis da física, eu vou aceitar." Os cientistas presentes ficaram um pouco irritados ao verem seus fluxos de trabalho serem questionados. Stephanie Hein, responsável pela clonagem das sequências genéticas dos antígenos usando bactérias, disse: "Ele falava 'mas era assim que eu fazia no meu doutorado', e nós argumentávamos que ainda precisávamos esperar a e-*coli* crescer!"

Como resposta, Ugur sugeriu uma alternativa mais rápida e que levaria apenas algumas horas. Mas, de novo, sua mensagem era clara: se quisessem uma vacina com chances de vencer o vírus, a equipe do Projeto Lightspeed *precisava* executar as tarefas em paralelo. O mantra do projeto era "primeiro o mais rápido, depois o melhor", disse ele, pois a BioNTech não esperava um construto perfeito. Tudo que a empresa precisava fazer era assegurar qual antígeno e qual plataforma de mRNA funcionava melhor e levar a vacina vencedora para o mundo. "Quando estivermos em posição de ajudar a conter a situação de emergência com uma vacina que proteja as pessoas e seja segura, nós poderemos, se necessário, desenvolver uma segunda geração ainda melhor", sugeriu a todos. A prioridade era descobrir o que não se sabia, ou seja, se a vacina ia *funcionar* ou se ia *prejudicar*.

Enquanto a discussão continuava, ficou óbvio que responder a essas perguntas por meio de um processo acelerado era possível no âmbito técnico, mesmo que apenas poucos dos presentes acreditassem ser possível no mundo real. Ugur afirmava que, para desenvolver localmente o máximo de insumos para vacina, com testes em laboratório e em animais, as instalações que costumavam ser usadas para produzir pequenos lotes de medicamentos contra o câncer teriam de estar a pleno vapor 24 horas por dia, embora ele reconhecesse que seria difícil fazer com que todos os fornecedores externos trabalhassem na mesma velocidade. Sua meta para o início da pesquisa clínica, porém, era clara: "Precisamos começar em abril."

Deixando essas instruções, Ugur, Özlem e a filha adolescente seguiram para Lanzarote, levando os monitores e a cafeteira e fazendo o esforço consciente de evitar aglomerações. Quando chegaram ao destino ensolarado, as notícias das primeiras mortes a bordo do *Diamond Princess* começaram a chegar, pouco a pouco despertando a inquietação das pessoas.

Como os cientistas esperavam, porém, seus dias foram consumidos pelo Projeto Lightspeed, com intervalos curtos e agendados para corridas, natação e ginástica ou algum treino de alta intensidade. A orientação das equipes em Mainz no decorrer do processo de criação da vacina e a negociação de uma proposta de parceria com a Fosun, uma gigante farmacêutica chinesa de capital aberto que começou a ganhar velocidade de repente, exigiam toda a atenção do casal. O conglomerado, que administrava dois hospitais em Wuhan e testemunhara em primeira mão a epidemia do coronavírus, entrou em contato com o diretor de estratégia da BioNTech, Ryan Richardson, logo depois da reunião de janeiro na qual Ugur revelara seu plano de vencer o novo patógeno. O representante chinês foi direto: "Vocês estão trabalhando em uma vacina contra o coronavírus? Em caso positivo, posso conversar com vocês a respeito?"

Mal sabia Fosun que estava batendo em uma porta aberta. A diretoria da BioNTech tinha preocupações em relação aos estudos clínicos, que precisavam ser realizados em algum lugar no qual o vírus fosse prevalente; ou seja, era necessário que alguns dos participantes pudessem entrar em contato com o vírus para que obtivessem resultados válidos.

"Nós sabíamos que precisaríamos de parceiros na China", conta Ryan, que imediatamente informou Ugur sobre a abordagem. Então, em 29 de janeiro, Ugur conversou com Aimin Hui, executivo da filial da Fosun em Boston e também oncologista, e descobriu que ele estava muito bem informado sobre a capacidade da BioNTech, incluindo os resultados de seus estudos clínicos de medicamentos contra o câncer. "Notei que eles apresentam algumas vantagens em relação a outras empresas de ponta que lidam com mRNA", disse Aimin. "O mais importante para mim foi ver que tinham uma plataforma diversificada, o que aumentava em muito as chances de serem bem-sucedidos." Havia também um tom de urgência na voz de Aimin. Algumas semanas antes, sua esposa quase ficara presa na China por causa do surto da doença, e ela descreveu o caos em que estava o país. Ao contrário de muitas pessoas responsáveis pela tomada de decisão na Europa com quem Ugur conversava, Aimin não precisava ser convencido da ameaça que o mundo enfrentava.

Ocorreram algumas conversas preliminares com outros grupos chineses, conta Ryan, que passou muito tempo na Ásia tentando avançar com o projeto no continente para a BioNTech, mas o interesse da Fosun "veio de cima". Então, apenas duas semanas depois da primeira conversa telefônica com Aimin, Ugur fez uma visita rápida a Boston para conhecer o executivo pessoalmente. O encontro só deveria durar umas duas horas, durante um jantar leve, mas "no fim das contas, nós conversamos por quase três horas", conta Aimin, "e nos esquecemos de comer". Eles esboçaram em um guardanapo um plano para a realização de estudos clínicos na China — o epicentro do que, bizarramente, ainda estava sendo classificado como uma simples epidemia. Dias depois, as duas empresas fecharam um acordo confidencial que possibilitaria uma troca inicial de dados. Enquanto Ugur e Özlem estavam nas Ilhas Canárias, um plano de pesquisa e desenvolvimento mais abrangente foi esquematizado, e a Fosun abordou a agência regulatória da China, o Centro de Avaliação de Medicamentos (CDE, na sigla em inglês).

Às cinco horas da manhã do dia 22 de fevereiro, um sábado, o casal cansado estava diante dos monitores que Ugur montara na pequena cozinha da suíte do hotel para fazer uma videoconferência com o CDE, durante a qual deveriam apresentar o Projeto Lightspeed. Com a ajuda de uma equipe formada por Aimin, os cientistas haviam ensaiado a apresentação horas antes, enquanto a filha lia um livro à beira da piscina. Os documentos básicos que a BioNTech usara para dar entrada no Instituto Paul Ehrlich, na Alemanha, tinham sido adaptados e atualizados em Mainz, traduzidos pela equipe da Fosun do dia para a noite e enviados para a agência reguladora chinesa. Olhando para os monitores, estavam doze membros do CDE em uma grande sala de conferência em Pequim, esperando para ouvir mais detalhes. O cenário que Ugur e Özlem tinham diante de si não era nada familiar aos olhos europeus. Os especialistas estavam praticando o distanciamento social e todos usavam máscaras. Os pesquisadores logo perceberam que não havia espaço para a complacência entre os que testemunharam os efeitos devastadores do vírus em primeira mão.

Na videoconferência com o CDE, Ugur, de camisa social e bermuda praiana, explicou as tecnologias baseadas em RNA com que a empresa trabalhava, pausando a cada dois minutos para permitir que um intérprete traduzisse suas falas. Andreas Kuhn, na Alemanha, explicou para os especialistas o processo de fabricação. Quando chegou sua vez, Özlem ficou um pouco nervosa ao explicar a estratégia do estudo clínico. “Eu não tinha como ler meus próprios slides, porque estavam em chinês”, conta ela, “a não ser por um ‘BioNTech’ que aparecia às vezes”. Mas a chuva de perguntas que se seguiu, as quais foram vertidas para o inglês, indicava que ela e os demais palestrantes tinham sido muito bem compreendidos. A reunião deveria ter durado duas horas, mas “se alongou por mais de quatro”, diz Aimin, e a equipe do Projeto Lightspeed precisou prometer dar um retorno sobre uma lista de dúvidas que ainda restaram.

No dia seguinte, ficou cada vez mais claro que o cenário apocalíptico que tinham visto na China ia se tornar uma visão comum na Europa. Depois da terceira morte confirmada, as autoridades italianas implementaram medidas draconianas para controlar o surto no norte do país, fechando escolas e supermercados e cancelando partidas de futebol.[63]

Então, enquanto Ugur e Özlem estavam no apartamento na Espanha, relatos sombrios chegavam de Tenerife,[64] a ilha vizinha. Mil hóspedes e funcionários de um hotel tinham sido forçados a uma quarentena depois que o teste de um médico italiano e sua esposa deu positivo para o novo coronavírus. Preocupados com a possibilidade de que os sistemas de saúde entrassem em colapso, obrigando os infectados a ficarem em casa e colocando familiares em risco, Ugur começou a comprar suprimentos de emergência. "Meu pai comprou um monte de coisas na Amazon por impulso", conta a filha adolescente do casal. Ele encomendou luvas e trajes de proteção de corpo inteiro, em tamanho adulto e infantil, para serem entregues em Mainz.

A ansiedade da família ficou ainda maior quando ventos surpreendentemente fortes do Saara atingiram as Ilhas Canárias, provocando a pior tempestade de areia em décadas e obrigando os aeroportos a fecharem. O trio deveria voltar para casa dali a dois dias, mas tudo que viam pela janela era um nevoeiro alaranjado. Para grande alívio da família, o tempo melhorou, e o voo marcado de volta para a Alemanha ocorreu conforme o planejado. Ao chegarem em casa, foram ao supermercado fazer um estoque de mantimentos. Antes de pagar, a filha de Ugur e Özlem pediu que tirassem uma selfie para mostrar o novo acessório de moda. Todos os três estavam de máscara.

CAPÍTULO 4

OS BIOHACKERS DO MRNA

Sierk Poetting estava esquiando nos Alpes austríacos quando recebeu a ligação de um funcionário do RH da BioNTech. Uma voz que lhe pareceu um pouco nervosa disse que um trem regional cortando o sudoeste da Alemanha tinha sido parado por um comboio de viaturas da polícia e uma ambulância na fronteira de uma pequena cidade medieval.[65] Os paramédicos, usando trajes completos de biossegurança, subiram a bordo do vagão central e saíram carregando um homem que parecia estar passando muito mal. Horas antes, de acordo com os relatos de uma agência de notícias que o funcionário lia para Sierk pelo telefone, o passageiro chegara de avião da Itália e tinha passado por Milão. Na viagem de trem do aeroporto de Frankfurt, enquanto seguia as margens do rio Nahe, ele começou a manifestar sintomas de gripe e, temendo o pior, ligou para a central telefônica criada exclusivamente para tratar de casos do novo coronavírus. A equipe de emergência foi até o local e pegou as informações de contato de todos os passageiros, para a eventualidade de precisarem acompanhar um caso confirmado.

O incidente não causou muito alarde. Apareceu nos noticiários do estado de Renânia-Palatinado, mas não recebeu muita cobertura em outros lugares. Era 26 de fevereiro, e, embora os casos viessem aumentando depressa, havia apenas quatrocentos confirmados na Itália. As chances de o homem do trem ter contraído Covid-19 eram extremamente baixas. Mas o local do incidente, que a maioria dos alemães teria dificuldades de localizar em um mapa, deixou Sierk com os pelos da nuca bronzeada arrepiados. Em Idar-Oberstein, mais conhecida por ser a cidade natal do ator Bruce Willis, localizava-se a sede do maior centro de produção da BioNTech, no qual se fabricava todo o material necessário para realizar estudos clínicos de câncer. A equipe já estava analisando se as instalações poderiam ser adaptadas para criar os primeiros lotes de uma vacina contra o novo coronavírus. A epidemia estava cada vez mais próxima da empresa.

"Então, é isso", disse Sierk, desligando o telefone. Ao perceber que aquilo provavelmente significaria o fim de suas férias, tirou os óculos de proteção e as luvas de frio, e, no celular, digitou um curto e-mail para os membros de um comitê de crise que tinha criado assim que a diretoria da BioNTech discutira o novo coronavírus em janeiro. "Precisamos nos reunir o mais rápido possível", escreveu.

Embora fosse o diretor financeiro da empresa, Sierk também era responsável pelo departamento de recursos humanos. Até aquele momento, todas as medidas de saúde que tinha implementado na BioNTech se resumiam a um vídeo disponível na intranet da empresa (com o curioso nome *InteRNA*), demonstrando a lavagem correta das mãos ao som de "Parabéns para você", além da disponibilização de frascos de álcool em gel nos corredores. Um dia antes de receber a notícia do passageiro do trem, o executivo jovial também sugeriu que testassem programas de videoconferência, para a surpresa de alguns gestores. A BioNTech estava finalizando a compra da Neon Therapeutics, uma pequena empresa de medicamentos para o tratamento de câncer sediada em Boston, nos Estados Unidos, e Sierk acreditava que em breve uma viagem entre os dois países ficaria impossível. "Mas achei que ainda teria alguns dias", contou ele.

Depois de discutir a notícia de Idar-Oberstein com o comitê de crises, Sierk estava pronto para ir além. Feiras comerciais e eventos esportivos estavam sendo cancelados por toda a Europa, e itens como papel higiênico e macarrão desapareciam das prateleiras dos supermercados. Se um passageiro em um trem local bastara para provocar o caos, a infecção de um único funcionário da força de trabalho itinerante e internacional da BioNTech obrigaria a empresa a fechar por semanas.

Enquanto sua esposa e os quatro filhos deslizavam pelas encostas nevadas, ele começou a redigir diretrizes rígidas. Qualquer um que retornasse de um local com casos confirmados de Covid-19 ou morasse com alguém que tivesse viajado para tal local não poderia voltar para as instalações da companhia por duas semanas.

Ugur e Özlem foram completamente a favor dessas novas regras. Já estavam preocupados porque, enquanto a equipe do Projeto Lightspeed trabalhava dia e noite para desenvolver uma vacina contra a Covid-19, muitos outros funcionários participaram de um evento com grande potencial de disseminação do vírus: o carnaval de Mainz. O festival anual, que fazia o casal de cientistas fugir da cidade, era tão popular que tinha cobertura nacional da imprensa. Fotos de carros alegóricos enormes, muitas vezes apresentando caricaturas grosseiras de políticos, apareciam nas primeiras páginas dos jornais, assim como imagens de centenas de milhares de foliões desfilando pelas ruas. Era um evento que poucos moradores gostariam de perder. "Eu fui fantasiado, como faço todos os anos", conta François Perrineau, gerente dos laboratórios da BioNTech. "Estava lotado." Depois do evento, François teve o que achava ser "uma gripe". Até hoje, ele não sabe mensurar o risco que correu de se tornar o "Paciente Zero" em um surto da doença em toda a empresa.

Em um nível mais pessoal, a paranoia de Ugur não tinha diminuído. Logo após retornarem das Ilhas Canárias, no fim de fevereiro, a filha do casal estava lendo em casa quando recebeu uma ligação da mãe, que estava com Ugur e, para a surpresa da adolescente saudável, disse bem alto: "Querida, que pena que está se sentindo tão mal." A adolescente logo percebeu que os pais estavam tentando uma estratégia de fuga de algum evento que tinha mais gente que o esperado. "Não se preocupe, filha", continuou Özlem, com um toque dramático, "já estamos voltando para casa e vamos cuidar de você." Um pouco depois, Ugur entrou em casa e seguiu direto para o banheiro a fim de lavar o rosto e as mãos com muito sabão.

Em sua corrida matinal, Özlem gostava de ouvir o novo podcast de um virologista do hospital Charité de Berlim chamado Christian Drosten, que logo ficaria conhecido em todo o país. O primeiro episódio foi ao ar no mesmo dia do incidente do trem que passava por

Idar-Oberstein. Na época, a Alemanha só tinha registrado alguns casos e ainda enviava equipamento de proteção individual e desinfetantes para a China.[66] Drosten, que fazia parte da equipe que descobriu o primeiro vírus da SARS e trabalhou com a MERS, estava tranquilo em relação ao trânsito de pessoas indo e vindo da Itália.[67] Mas enfatizou que, sem a realização de testes em larga escala para detectar a Covid-19, seria impossível fazer uma avaliação precisa, e era bem provável que o número de infectados fosse muito maior do que os dados sugeriam. Ele também deixou uma coisa bem clara: *Nós estamos em uma pandemia.*[68]

Özlem parou de ouvir o podcast e colocou para tocar uma *playlist* com músicas dos anos 1980 que sempre a estimulavam a correr enquanto pensava na declaração de Drosten. Quando se tratava do novo coronavírus, a BioNTech estava muitos metros atrás da linha de partida. Produtores tradicionais de vacinas, que dependiam de métodos lentos e trabalhosos, contavam com algumas vantagens importantes. Suas plataformas já tinham sido examinadas e testadas, e suas vacinas já haviam sido aplicadas em centenas de milhões de pessoas com toda a segurança. Também contavam com instalações completas e funcionários a postos para produzir bilhões de doses. Em comparação com tudo isso, nunca nenhum produto farmacêutico baseado em mRNA tinha sido aprovado para uso geral.

Ao contrário da Moderna, que também trabalhava com mRNA, a BioNTech não tinha dados clínicos sobre a combinação específica das suas plataformas de mRNA nem sobre o invólucro lipídico específico que usariam para injeção intramuscular. Em experimentos de laboratório, os mecanismos complexos que sustentavam suas inovações tinham se provado confiáveis. Mas era impossível prever como funcionariam em humanos, ainda mais contra um patógeno que ainda não havia sido amplamente estudado. De muitas formas, a empresa era a que menos tinha chances de criar uma vacina comercialmente viável contra o novo coronavírus.

Ainda assim, Özlem sabia que a BioNTech tinha uma vantagem única. Décadas de pesquisa fizeram com que sua equipe e a de Ugur atingissem o ponto em que a criação de uma vacina eficaz seria possível em questão de semanas. As estrelas estavam alinhadas no manto do céu noturno. O novo coronavírus parecia ser um oponente superável: sua proteína spike tinha uma definição clara e não era tão difícil desarmá-la. O momento também era fortuito; nos últimos dois anos, a empresa finalmente registrara suas ferramentas imunológicas baseadas em plataformas de mRNA que poderiam conceder superpoderes a moléculas simples. Além disso, as equipes tinham desenvolvido uma combinação de formulações especiais de ácidos graxos que protegeriam o mRNA frágil até que se infiltrasse nas células humanas. Se o novo coronavírus tivesse passado de animais para seres humanos um pouco antes, nenhuma dessas tecnologias estaria pronta para ser usada em estudo clínico. Agora, durante a pior crise de saúde pública em mais de um século, a BioNTech estava na sua forma ideal para possibilitar um grande avanço da medicina.

*

Para compreender a montanha que a BioNTech já tinha escalado e as ferramentas que ajudariam a equipe do Projeto Lightspeed a ir ainda mais longe em 2020, é necessário voltarmos para 1796, quando Edward Jenner inoculou com varíola bovina o filho do jardineiro, pavimentando o caminho para a vacinação moderna.

O método usado pelo inglês, em princípio, continuou mais ou menos inalterado séculos depois. Ao notar que era raro uma ordenhadora de leite exposta à varíola bovina apresentar a versão humana semelhante, mas mais letal, Jenner expôs o menino deliberadamente a uma versão viva da doença bovina para protegê-lo da doença humana. Isso estimulou seu sistema imunológico a entrar em ação. Desse modo, quando se deparassem com o inimigo na sua forma mais perigosa — a varíola humana —, as defesas do corpo dele se lembrariam da ameaça e responderiam com maior força. O conceito por trás disso, embora profundo no seu impacto, é tecnicamente simples. Se fizermos uma analogia entre o sistema imunológico e um acampamento do exército, a vacina é uma sentinela que passa pelos portões carregando um combatente capturado e comandando as tropas para eliminar aquele inimigo e qualquer um que se pareça com ele, *custe o que custar*.

É claro que Jenner e seus contemporâneos não faziam a mínima ideia dos mecanismos moleculares subjacentes ao procedimento. Os campos da virologia e da imunologia ainda seriam criados, e só foi possível analisar um vírus a partir da invenção do microscópio eletrônico, na década de 1930.[69] Mas a técnica básica continua sendo o cerne da maioria das vacinas aplicadas hoje em dia, mesmo que contenham cópias enfraquecidas ou totalmente inativas de um vírus ou bactéria, e não versões vivas. Isso ajudou o mundo a erradicar a varíola, que matou mais de trezentos milhões de pessoas só no século XX,[70] e a praticamente erradicar a poliomielite e o sarampo.

As inoculações tradicionais, porém, sempre tiveram suas dificuldades. Na época de Jenner, o único jeito de passar varíola bovina de uma pessoa para outra era colher o pus infectado de doentes e administrá-lo em outras pessoas. Embora eficazes, essas técnicas repulsivas, geralmente envolvendo órfãos, às vezes ajudavam a espalhar outras doenças, como a sífilis. Posteriormente, os médicos começaram a usar o pus da pele de animais, o que, apesar de ser mais prático, não reduzia tanto os riscos.

Hoje em dia, as vacinas contam com uma versão dos vírus que pode ser apresentada aos soldados rasos do sistema imunológico de forma muito mais segura. Mas, para vacinar parte considerável de uma população, é necessário produzir milhões de cópias do vírus-alvo, ou ao menos uma versão muito semelhante. É um processo longo e delicado, com a ameaça constante de contaminação.[71] Em alguns casos, isso é feito usando frascos ou placas de Petri, posteriormente colocados em incubadoras a fim de criar o ambiente perfeito para a proliferação do vírus em uma temperatura constante de 37 graus Celsius e um nível de umidade preciso. Na maioria das vezes, porém, as vacinas com as quais contamos para erradicar patógenos persistentes não são criadas a partir de culturas celulares em laboratório, mas, sim, de ovos de galinha.

Vamos considerar a vacina da gripe. Todos os anos, os técnicos de grandes farmacêuticas recebem frascos da Organização Mundial da Saúde com amostras das cepas de influenza sazonal que a agência acredita que serão as mais dominantes no inverno seguinte. Com o intuito de criar material suficiente para milhões de vacinas, os fabricantes precisam replicar esses vírus milhões de vezes, e é aí que o ovo entra. Um vírus é injetado em cada gema fertilizada, onde se reproduz antes de ser purificado e inativado pelos cientistas, em geral usando calor extremo ou desinfetante. O processo, que envolve muitos cuidados, nem sempre é bem-sucedido. Os vírus podem passar por mutações enquanto estão crescendo nos ovos; quando isso acontece, não correspondem perfeitamente às cepas em circulação, o que limita o número de doses disponíveis.

Além da chance de erro, o sistema de ovos tem outra limitação óbvia, que preocupou o presidente americano Gerald Ford em 1976, quando convocou seu gabinete em resposta a um surto de gripe suína. Sua principal preocupação era que o país não tivesse ovos suficientes para desenvolver a quantidade necessária de vacinas. Dizem que o ministro da Agricultura da época assegurou ao presidente que "os galos dos Estados Unidos estavam prontos para cumprir sua obrigação", mas, desde então, o país passou a manter milhões de ovos à disposição em locais secretos, de modo que estejam preparados para uma demanda repentina em caso de pandemia,[72] o que também foi feito por muitos outros países desenvolvidos.

Isso não ajudou a acelerar a produção de vacinas contra a gripe. Em 2009, quando o governo Obama tentava conter a nova cepa da gripe suína, não se podia ir mais depressa do que o sistema reprodutivo das galinhas. "Não adianta gritar para elas se reproduzirem mais rápido", disse Thomas Frieden, então diretor dos Centros de Controle e Prevenção de Doenças, em resposta aos jornalistas,[73] referindo-se à falta de ovos. Os Estados Unidos gastaram bilhões de dólares no desenvolvimento de plataformas alternativas de vacina, mas nenhuma se provou robusta o suficiente. Embora os cientistas da NASA estivessem testando um novo telescópio que mapeava o céu inteiro a cada três horas e fornecia informações sem precedentes sobre a matéria escura,

Frieden admitiu que, quando o assunto era uma pandemia na Terra, “as ferramentas que temos não são tão modernas nem tão rápidas quanto gostaríamos”. Levou quase seis meses para que as vacinas contra a gripe suína chegassem às prateleiras das farmácias, perdendo o segundo pico da doença.[74]

A produção de vacinas a partir do método descrito se tornou mais barata nas últimas décadas, e o processo foi refinado para atingir o máximo de eficiência. Alguns pesquisadores também alteraram a técnica ao criar uma vacina de “subunidade proteica recombinante”, que não precisa de ovos. Em vez de reproduzir o vírus inteiro, apresenta-se às tropas do sistema imunológico um fragmento do patógeno, cultivado em grandes biorreatores de aço. Mas nem todos os fragmentos são adequados para essa abordagem (adotada pela Novavax e Sanofi, entre outras farmacêuticas, em vacinas contra a Covid-19), e, muitas vezes, são necessários vários meses para que se descubra quais proteínas podem ser replicáveis em uma vacina.

Os cientistas têm se concentrado cada vez mais em tecnologias mais promissoras. Depois que James Watson e Francis Crick descobriram, no início dos anos 1950, a estrutura molecular complexa do DNA — a hélice dupla semelhante a uma escada que aparece em todos os livros escolares de ciências —, o entusiasmo com relação à molécula ajudou as vacinas a cruzarem uma nova fronteira. Em vez de introduzir no corpo um vírus vivo ou cultivado em laboratório, o material genético poderia, em tese, transformar nossas células em fábricas e orientá-las para que criassem, elas mesmas, a proteína. A sentinela que adentra uma reunião estratégica não precisa mais arrastar um criminoso algemado. Basta apenas apresentar um conjunto de instruções, na forma de DNA, para as células produzirem milhões de réplicas semelhantes ao invasor — o “cartaz de procura-se” da nossa analogia anterior —, que então seriam usadas pelas tropas em um treino de tiro ao alvo.

As vacinas que usam DNA, porém, foram um grande fracasso, e a empolgação inicial resultou apenas em algumas poucas vacinas para animais. Diversas técnicas alternativas foram exploradas, tais como envolver instruções genéticas em um vírus bem conhecido, destituído da capacidade de provocar uma doença e com habilidade limitada de replicação. Esses cavalos de Troia, também chamados de vetores virais, foram usados pela primeira vez nas vacinas inovadoras contra o Ebola e depois foram usados novamente, com níveis variados de sucesso, por equipes de desenvolvimento de vacinas contra a Covid-19 em 2020, tais como a Oxford/AstraZeneca e a Johnson & Johnson, assim como a Sputnik, da Rússia, e a CanSino, da China.

Porém, quando Ugur e Özlem voltaram sua atenção ao novo coronavírus, detinham o que acreditavam ser uma solução muito mais elegante, versátil e eficaz, a qual prometia ser um dos grandes avanços da ciência desde o experimento de fundo de quintal de Jenner. Essa solução era o resultado de décadas de dedicação a avanços incrementais com um único objetivo: melhorar o resultado do tratamento de pacientes com câncer.

*

O interesse do casal em imunologia não começou diretamente com doenças infecciosas. Quando eram jovens médicos, nos anos 1990, os dois acreditavam que uma compreensão ampla do sistema imunológico talvez lhes permitisse aplicar o poder sofisticado desse sistema contra os tumores malignos que tiravam a vida de seus pacientes.

Eles não foram os únicos a ter essa ideia. O novo campo de estudos da "imunoterapia" surgiu, e muitos pesquisadores dedicados tentaram (e quase sempre fracassaram) atingir o mesmo objetivo. Mas, quando Ugur e Özlem começaram a trabalhar juntos, no início do namoro, uma revolução no campo da imunologia ressuscitou a promessa desse tipo de tratamento. As formas impressionantes como o sistema imunológico se organiza começaram a ser reveladas em detalhes fascinantes. Os avanços aconteciam em um ritmo rápido e constante. Quase duzentos anos depois dos experimentos de Jenner, os cientistas começavam a entender *como* as vacinas funcionavam.

Estava ficando cada vez mais claro que, ao longo de milhões de anos, o sistema imunológico tinha desenvolvido armas especializadas, na forma de moléculas, e tropas especializadas e treinadas, na forma de células, para proteger e defender os seres humanos dos patógenos. Durante esse período, tais forças se depararam com vírus que aplicavam todo tipo de truques para escapar, mas, mesmo assim, o corpo encontrava maneiras de superar tais invasores capciosos. A nova compreensão dessas táticas abriu um mundo de possibilidades. Ugur e Özlem perceberam que *no próprio corpo dos pacientes* havia um arsenal completo e forças militares bem treinadas que poderiam ser adaptados e redirecionados contra as células cancerígenas.

O sistema imunológico ignora o câncer, possibilitando seu crescimento em um corpo saudável, pois não o reconhece como um perigo. Uma vez que não se pode prever a aparência dos tumores antes que surjam no corpo, é impossível impedir que comecem a crescer usando sua imagem no "cartaz de procura-se", por meio de uma vacina profilática. Assim, a solução, para o casal e para uma pequena comunidade de imunologistas especializados em tumores em todo o mundo, seria preparar o sistema imunológico de modo a desenvolver *terapias* contra o câncer que treinassem o próprio corpo a reconhecer tumores como uma ameaça e a organizar suas forças para atacá-los e diminuir o seu tamanho. Esses medicamentos tentariam explorar os mesmos mecanismos das vacinas (e, nos círculos científicos, eles são de fato conhecidos como vacinas contra o câncer), mas, para isso, Ugur e Özlem precisavam decifrar a complexa linguagem do sistema imunológico.

Por quase um século, cientistas fizeram descobertas ocasionais que foram aumentando nossa compreensão do sistema imunológico. Descobriram, por exemplo, que existem duas forças de defesa no corpo. A primeira, chamada imunidade inata, consiste em regimentos com múltiplas finalidades, presentes em todo o corpo, desde a pele, passando pelas mucosas, até os órgãos, que enfrentam quaisquer substâncias estranhas que encontram. Na nossa metáfora militar, essas são as tropas de infantaria, responsáveis por matar os germes que se acumulam depressa em um corte, por exemplo, e destruir bactérias. A segunda, conhecida como imunidade adaptativa, contém atiradores de elite sofisticados, aqueles que os desenvolvedores de vacinas pretendem treinar para atirar em uma ameaça específica e com extrema precisão, como os anticorpos e as células T. Já está claro há muito tempo que essas forças não funcionam em silos. Assim como no exército, os atiradores de elite trabalham com a infantaria para coordenar os ataques.[75] Mas, enquanto Ugur e Özlem trabalhavam como médicos em Hamburgo, os pesquisadores estavam finalmente começando a entender — em uma série de descobertas rápidas — *como* essas unidades se comunicavam.

Uma das chaves para essa nova compreensão foi uma estrutura interessante com aparência de polvo, detectada pela primeira vez na década de 1970 por um imunologista canadense chamado Ralph Steinman. No seu laboratório no Upper East Side, em Manhattan, Steinman olhou através de um microscópio especializado e identificou "células dendríticas", assim chamadas por causa de suas estruturas semelhantes a galhos. Essa descoberta, que o laureou com o Nobel em 2011,[76] era, para os cientistas, o elo perdido acerca do sistema imunológico. Nas décadas seguintes, ficou claro que as células dendríticas executam diversas funções. Como "sentinelas", seu posto é na pele e nos tecidos, e elas patrulham o corpo em busca de invasores estranhos, como bactérias e vírus. Quando capturam um invasor com seus tentáculos, elas o transportam para regiões do corpo nas quais os atiradores de elite, como as células T, estão polindo suas armas, esperando serem convocadas, enquanto as células B, que formam os anticorpos, estão prontas para o combate. Essas "sentinelas" são a ponte entre a infantaria do sistema imunológico inato e as unidades sofisticadas do sistema imunológico adaptativo.

Na imaginação do casal, as células dendríticas são os generais de alta patente do exército imunológico que coletam e processam as informações do ambiente e das outras células e as usam a fim de alocar as tropas em postos estratégicos. Com grande fascínio, Ugur e Özlem começaram a estudar as células dendríticas, assistir a conferências sobre essas estruturas (incluindo as palestras ministradas pelo próprio Steinman) e acompanhar a pesquisa de colegas cientistas sobre o papel essencial dessas "sentinelas" nas respostas do sistema imunológico.

Munidos com uma nova e mais profunda compreensão sobre como o sistema imunológico se comunica, os imunologistas especializados em câncer iniciaram vários estudos clínicos. Inscreveram pacientes que tinham exaurido todas as opções-padrão de tratamento e distribuíram "cartazes de procura-se", mostrando as características recém-identificadas e únicas dos tumores dos voluntários por meio de peptídeos, proteínas e vetores virais. Segundo artigos acadêmicos publicados, alguns desses métodos realmente provocaram respostas das células T nos participantes do estudo, o que motivou o casal a continuar a pesquisa.

Mas Ugur e Özlem sabiam que a euforia que cercava esses resultados iniciais era precipitada. O que muitos pesquisadores pareciam não compreender era a natureza intratável do oponente. Ao contrário dos patógenos, os tumores são inimigos internos que surgem em células saudáveis. Quando o medicamento é administrado, já se espalharam pelo corpo, dificultando que os atiradores de elite do sistema imunológico distingam amigos de inimigos.

O tamanho das fileiras inimigas também é proibitivo. Mesmo um tumor pequeno, com um diâmetro de, por exemplo, um centímetro, consiste em até um bilhão de células cancerosas. Um tumor de cinco centímetros tem 125 bilhões de células em um incontrolável processo de divisão, se multiplicando a cada dia. Convocar as células T para a batalha não era suficiente. "Nós calculamos que as respostas do sistema imunológico geradas com as tecnologias da vacina contra o câncer disponíveis na época eram baixas demais em um fator de cem para mil", conta Ugur. "As tropas do sistema imunológico ou não entravam em ação, apesar da vacina contra o câncer, ou não tinham a menor chance diante do número impressionantemente superior de células cancerosas."

Os médicos compreenderam que seriam necessários enormes exércitos de células T para um combate "corpo a corpo" com um adversário tão poderoso. "Sabíamos que precisávamos de outro tipo de vacina", diz Ugur. "A vacina tinha de ser mais forte e mais potente se quiséssemos ser bem-sucedidos."

Houve ainda outro motivo para buscar uma tecnologia melhor. À medida que a pesquisa de Ugur e Özlem avançava, ficava cada vez mais claro para os acadêmicos em todo o mundo que o câncer diferia de um paciente para outro — diferia demais para ser tratado com um medicamento que servisse para todos. Apesar da animação inicial com a perspectiva de desenvolver vacinas contra o câncer, a comunidade de pesquisadores de imunologia precisou aceitar a realidade de que combater tumores dessa forma não seria tão fácil quanto esperavam. Por causa dos resultados decepcionantes, um crescente número de cientistas voltou a atenção para outros assuntos, mas, em seu laboratório em Saarland, Ugur e Özlem aprofundaram os estudos, perguntando-se: "Se cada câncer é diferente, por que não desenvolvemos uma tecnologia vacinal que possa ser adaptada para o tumor específico de cada paciente?"

Para fazer isso, o casal precisava de duas coisas. "A primeira era encontrar uma forma versátil de se comunicar com as tropas do sistema imunológico para informá-las sobre as propriedades moleculares específicas do inimigo", explica Ugur. "A segunda era soar o alarme, reforçando que essa informação era de alta prioridade e exigia ação imediata." Em termos práticos, precisavam encontrar um jeito de entregar uma mensagem diretamente para as células dendríticas — os generais —, com informações detalhadas acerca do inimigo que se aproximava, para que elas convocassem um grande número de tropas do sistema imunológico.

Um dos primeiros portos de escala que Ugur e Özlem pensaram em usar foi o DNA.

Diferentemente das vacinas que surgiram antes, uma vacinação direta com DNA significava não ser mais necessário que as proteínas — as partes usadas como "cartazes de procura-se" — fossem produzidas em culturas celulares ou em ovos, e então introduzidas no corpo. De fato, essa tecnologia permitiria que os médicos entregassem apenas informações genéticas — um conjunto de *instruções* para fabricar proteínas. Se essas instruções fossem levadas a sério, as células dendríticas fariam com que o corpo produzisse seus próprios "cartazes de procura-se" na forma de proteínas que seriam usadas no tiro ao alvo das células T, as quais são particularmente importantes na batalha contra o câncer. Ugur e Özlem testaram vacinas de DNA em camundongos e ficaram animados com alguns resultados positivos. No entanto, quando tentaram replicar os experimentos com células dendríticas humanas, ficaram decepcionados.

Como o DNA é a chamada "réplica" da informação genética, costuma estar nas profundezas do núcleo celular — na parte central. Em roedores, quando a divisão celular ocorre, as fitas de DNA estrangeiro entram no espaço aberto pelo processo. No entanto, as células humanas não são tão hospitaleiras assim. A captação das fitas de DNA pelas células dendríticas humanas é irregular e inadequada.

O casal logo identificou uma forma de superar isso, tomando como base o dogma central da biologia molecular postulado pela primeira vez por Francis Crick: *o DNA produz o RNA, e o RNA produz proteína.* Em outras palavras: o DNA, que contém uma réplica das informações genéticas, passa as instruções para a produção de proteínas ao RNA, que as leva às linhas de produção celular. A produção de RNA sintético era fácil e segura, até onde os cientistas sabiam. Então, em vez de introduzir o DNA em um paciente com o intuito de produzir o RNA a ser enviado ao comando para as fábricas celulares produzirem uma proteína, ou o "cartaz de procura-se", eles poderiam simplesmente retirar o intermediário de cena e usar o próprio RNA.

Melhor ainda: usar o RNA mensageiro, ou seja, a forma do RNA que *transporta* as instruções do DNA para as linhas de produção celular. O mRNA tem uma tarefa simples e executa a maior parte dela no citoplasma, uma área grande da célula onde ocorre a produção de proteínas, um pouco abaixo da membrana plasmática, ou externa. A hipótese de Ugur e Özlem era que enviar o mRNA a essa parte da célula seria muito mais fácil do que fazer um DNA estrangeiro *penetrar e atravessar toda a célula* até chegar ao núcleo inóspito.

Os experimentos com mRNA haviam começado vinte anos antes, na década de 1970,[77] com a missão inicial de descobrir informações que dessem aos cientistas uma compreensão mais clara do funcionamento do mecanismo celular. Em 1990, Jon Wolff, cientista americano pioneiro em terapia genética, descobriu que o mRNA injetado nos músculos de camundongos era absorvido e que as proteínas codificadas nele eram produzidas.[78] Ele afirmou que essa poderia ser uma "abordagem alternativa para o desenvolvimento de vacinas."[79] Logo depois, pesquisadores franceses da região de Lyon obtiveram resultados positivos em um experimento semelhante.[80] No entanto, esse grupo heterogêneo de entusiastas do mRNA não estava nem perto das principais tendências de pesquisa da ciência médica, e Ugur diz que, "mesmo nessa pequena comunidade, nós ignorávamos uns aos outros na maior parte do tempo". Para que as descobertas desses cientistas fossem desconsideradas, precisariam ter sido levadas a sério, mas eles eram quase totalmente ignorados, e muitos acabaram indo para outras disciplinas. Imunologistas experientes nem mesmo *consideravam* o mRNA uma classe de vacina viável. E por um bom motivo.

Apesar de todas as suas desvantagens, o DNA pode ser mantido em uma prateleira por semanas e é bastante robusto. Os técnicos precisam usar luvas, jaleco e máscara estéreis quando manipulam a molécula, mas essas medidas costumam ser suficientes. É por isso que é fácil para os detetives encontrar amostras de DNA em cenas de crime sem muitos problemas. O mRNA, por outro lado, embora seja quimicamente estável e capaz de resistir a altas temperaturas, é destruído instantaneamente por enzimas chamadas "RNAses", que ficam espalhadas por todo o corpo: nos cabelos e pelos, no ar da respiração e na pele. Quando Ugur e Özlem começaram a trabalhar com mRNA em Hamburgo, foi necessário que tomassem medidas extremas para proteger a substância vulnerável. Deixar uma impressão digital que fosse, mesmo em um único frasco, poderia pôr todo o estudo a perder. "Nós aquecíamos os frascos de vidro a mais de trezentos graus", explica Özlem, "e desenvolvemos pipetas especiais." Sebastian Kreiter, que se juntou à equipe do casal posteriormente, se lembra de ser um pouco paranoico no início dos experimentos. "Eu enfiava o antebraço inteiro em sacolas plásticas e desinfetava todas as superfícies", disse ele, que usava um tipo caro de água livre de RNAses e equipamento especializado de limpeza. "Eu vivia com medo."

Para piorar a situação, o mRNA continua instável depois de entrar nas células, onde normalmente é destruído antes que as fábricas celulares produzam uma quantidade razoável de proteínas. Mas, enquanto o resto do mundo considerava a fragilidade do mRNA um obstáculo intransponível, Ugur, Özlem e diversos pesquisadores independentes que se comprometeram com a tecnologia acreditavam que isso era, na verdade, o "ovo de ouro".

Em primeiro lugar, essa característica significava que a molécula se desintegraria naturalmente depois de cumprir sua função, diminuindo muito as chances de causar algum mal. Mais importante, porém, é que o impulso evolucionário que leva as enzimas a eliminarem o mRNA é, na verdade, vantajoso para as terapias contra o câncer que estão em desenvolvimento.

Uma das descobertas dos cientistas nos anos 1990 foi o "segredinho sujo" que contribuiu para que vacinas como a de Jenner funcionassem. Desde os primórdios da produção de vacinas, os cientistas notaram que as doses combinadas com bactérias inativadas são mais eficazes. Como consequência, alguns desenvolvedores acrescentavam deliberadamente substâncias estranhas — como alumínio — nas vacinas, para aumentar sua potência. No fim do século XX, ficou claro por que esses métodos davam certo.[81] Três pesquisadores (Jules Hoffmann,[82] Bruce Beutler[83] e Charles Janeway[84]) descobriram, cada um em suas pesquisas independentes, que as células do sistema imunológico, como as dendríticas, são revestidas com sensores especializados que se ativam ao entrar em contato com certas substâncias que costumam ser encontradas em patógenos perigosos. Eles logo perceberam que não era suficiente que os generais apenas coletassem informações; também precisavam entrar em estado de alerta ao detectar um componente do invasor, para então acionar o alarme e convocar as tropas. Assim como no mundo real, esses generais não convocam todas as tropas para todas as batalhas — eles avaliam as ameaças e tomam decisões com base nos níveis de prontidão de defesa. As bactérias inativadas usadas nas primeiras vacinas constituíam um modo rudimentar de alertar as células dendríticas sobre a presença de uma substância problemática. No entanto, a melhor forma de fazer isso era acrescentar um "adjuvante" (do latim *adjuvare*, que significa "ajudar"), uma substância capaz de pressionar aqueles botões de alarme recém-descobertos e ajudar a estimular o sistema imunológico.[85]

Uma das belezas do mRNA como plataforma vacinal é que ele age como um adjuvante *natural*. O motivo é simples: as ameaças mais antigas conhecidas pela humanidade eram vírus feitos de RNA, exatamente como os coronavírus descobertos no século XXI. Há cerca de cinquenta mil anos, os Neandertais passaram suas defesas genéticas contra os vírus de RNA para nossos ancestrais,[86] e desde então essas sentinelas se mantêm em guarda nos portões da nossa anatomia. Sua única missão é impedir qualquer ameaça de RNA — que inclui vírus perigosos como os de gripe, HIV, Zika, Ebola e hepatite C. É por isso que as RNAses evoluíram — para evitar que o RNA estrangeiro passe pela pele ou entre pelos orifícios do corpo.

As células do corpo — que esperam que o mRNA saia do núcleo celular, e não que seja inserido de forma repentina desde o mundo exterior — desenvolveram ainda mais defesas contra esse tipo de invasor. Ao se depararem com um mRNA estranho, os sensores disparam um alarme que envia as tropas para desarmarem as moléculas. É a chamada "função adjuvante intrínseca", e Ugur e Özlem acreditavam que ela seria enormemente útil no desenvolvimento de vacinas. No entanto, apesar de serem promissores, os imunizantes de mRNA ainda eram diamantes brutos, e lapidá-los até se tornarem eficazes era difícil. Criar pânico demais também não era desejável, pois poderia causar efeitos colaterais graves. O casal e sua equipe precisavam descobrir como assegurar que as tropas imunológicas recebessem a informação adequada *e* desencadeassem a resposta adequada. Precisavam calibrar o mRNA e descobrir uma forma eficaz de levá-lo às partes certas do corpo.

Um exemplo perfeito dos obstáculos que a tecnologia de mRNA ainda precisava superar foi demonstrado por um estudo com o qual Ugur e Özlem se depararam logo no início da pesquisa. Smita Nair, uma pesquisadora com pós-doutorado nos Estados Unidos, se dedicava ao estudo de vacinas contra o câncer baseadas em células. Em um dia fatídico de 1995, seu colega (e futuro marido), David Boczkowski, lhe entregou um tubo com o rótulo "a cura",[87] contendo o mRNA extraído das células de um tumor. Em vez de injetar o *naked* mRNA diretamente na corrente sanguínea, onde ele teria que lutar pela própria sobrevivência, a dupla de cientistas introduziu o mRNA em células dendríticas saudáveis extraídas de camundongos e, em seguida, administrou-as de volta nos mesmos roedores. Em um artigo publicado no ano seguinte, eles explicaram que isso provocou uma forte resposta imunológica e, consequentemente, os camundongos ficaram protegidos contra alguns tipos de câncer.[88] Eli Gilboa, o líder da pesquisa do laboratório de Nair e Boczkowski, ficou tão animado com a descoberta que logo fundou uma empresa de mRNA.

A descoberta principal foi positiva — era possível que terapias baseadas em mRNA obtivessem respostas razoáveis das células T com o uso de células dendríticas —, mas a abordagem adotada por Boczkowski, Nair e sua equipe era cara e complexa. Se fosse replicada como um medicamento contra o câncer no mundo real, tal método implicaria a coleta de sangue de um paciente, o cultivo e isolamento de células saudáveis (um processo que demanda cerca de duas semanas), a obtenção de uma amostra do tumor por meio de biópsia (podendo ser necessária mais de uma tentativa para coleta de material suficiente), a extração do RNA, a introdução em células saudáveis e posterior administração das células de volta ao paciente. Além disso, existia um alto risco de contaminação a cada etapa, e o processo só poderia ser feito em hospitais bem equipados. O conceito era lindo, mas a técnica não era muito mais eficiente do que a de Jenner. "A elegância e a simplicidade do mRNA se perdiam", contou Ugur. "Tinha que existir um jeito mais simples."

Em 1999, a busca implacável de Ugur e Özlem por uma solução mais simples os levou à Universidade Johannes Gutenberg, em Mainz, que recebeu esse nome em homenagem ao cidadão mais famoso da cidade, o inventor da imprensa. A universidade os convidou para formar um grupo de pesquisa independente, financiado pela Fundação Alemã de Pesquisa e supervisionado pelo oncologista austríaco Christoph

Huber. O casal logo percebeu que tinha encontrado uma alma gêmea. Christoph fizera parte dos estudos de uma imunoterapia precoce que tentava fazer o corpo matar as células cancerosas ao desencadear uma resposta imunológica generalizada, mas o medicamento não foi bem-sucedido, e os participantes sofreram graves efeitos colaterais. Assim como Ugur e Özlem, ele acreditava que a solução estava em se certificar de que o sistema imunológico fosse ativado de um jeito *muito específico*, e com esse objetivo criou um ambiente que permitia aos pesquisadores testar suas ideias.

Antes de se mudar para Mainz, porém, Ugur tirou um ano para aprimorar suas habilidades no renomado departamento de imunologia do hospital universitário de Zurique.[89] Enquanto Özlem recrutava o grupo de pesquisa, Ugur passava a semana na Suíça e voltava de trem para a Alemanha nos fins de semana. As viagens constantes compensaram. Na cidade suíça, Ugur tornou-se amigo de Thomas Kündig, um médico que fizera experimentos com vacinas de DNA e descobrira que injetá-las no baço de camundongos era melhor do que qualquer outra rota para desencadear uma resposta imunológica. O que Ugur aprendeu foi que o local onde uma vacina distribui o "cartaz de procura-se" realmente importa.

A equipe do casal em Mainz descobriu que isso se deve ao fato de que nem todas as células dendríticas, ou generais, são criadas da mesma forma. As que residem nos linfonodos — sendo o baço o maior deles — são particularmente suscetíveis a capturar o mRNA e se certificar de que suas instruções sejam seguidas. Os linfonodos, esses órgãos em formato de rim, localizados nas axilas, nas virilhas e em vários outros locais do corpo, são as centrais de informações do sistema imunológico. Eles funcionam como pontos de encontro das nossas tropas de elite — um centro de inteligência biológico onde as informações colhidas pelas células dendríticas são processadas e transformadas em instruções para o exército.

Experimentos subsequentes revelaram que as células dendríticas nessas centrais de defesa executavam suas missões com diligência surpreendente. Como era esperado, as RNAses destruíam o mRNA injetado nos linfonodos em questão de minutos, mas as células dendríticas residentes trabalhavam depressa para absorver uma grande quantidade desse mRNA. Também produziam grandes quantidades das proteínas codificadas nas moléculas para agirem como os "cartazes de procura-se" que alertam as forças do sistema imunológico. As células dendríticas evoluíram constantemente na busca por RNA estrangeiro, uma característica que pode ser explorada pelos imunologistas. O mecanismo especializado, chamado macropinocitose,[90] foi posteriormente definido pelo grupo de Mainz.

Por ironia, foram justamente as células dendríticas que fizeram Ugur e Özlem abandonarem suas primeiras tentativas de desenvolver uma vacina baseada em DNA, quando descobriram que as células não ingeriam a molécula muito bem. No entanto, em relação ao "filho feio" e esquecido do DNA, o mRNA, as células dendríticas não eram uma barreira — na verdade, eram a chave para convocar os soldados ociosos das bases do exército do sistema imunológico.

Descobrir como o sistema imunológico funciona e o que uma vacina precisaria fazer para explorar esse funcionamento era apenas metade do caminho. A outra era usar esse conhecimento para aprimorar o mRNA, a plataforma de escolha, a fim de que fosse traduzido em medicamentos eficazes para os pacientes. Ugur e Özlem dedicaram as duas décadas seguintes a essas tarefas.

Logo depois da chegada a Mainz, a missão dupla dos cientistas deu o que falar, chamando a atenção de outros cientistas interessados em assuntos semelhantes. O primeiro foi Sebastian Kreiter, médico experiente que fizera o doutorado, em meados da década de 1990, com Ugur e Özlem na Universidade Saarland, em Hamburgo, mas com quem o casal tinha perdido o contato. Por acaso, Sebastian também morava em Mainz e estava trabalhando na equipe de Christoph Huber, embora sentisse que estava chegando a um beco sem saída na academia. Ele estava prestes a desistir da pesquisa e voltar a atender pacientes em algum hospital, mas, antes disso, pediu o conselho da recém-chegada Özlem, que ainda estava mobiliando o espaço de noventa metros quadrados que ela e Ugur tinham recebido para criar um laboratório. Eles se acomodaram nas duas únicas cadeiras do cômodo vazio e conversaram por quase uma hora. Sebastian conta que a colega sugeriu diversas opções de carreira para o velho amigo e, por fim, disse: "Mas é claro que você também poderia vir trabalhar no *nosso* laboratório."

Após tirar uma folga para se casar, Sebastian voltou ao laboratório no verão de 2001, esperando trabalhar em medicamentos de vetor viral, pois fora com esse propósito que recebera a autorização dos seus superiores para abandonar a pesquisa anterior. Mas, assim que chegou, Ugur disse: "Esqueça isso. Nós vamos trabalhar com mRNA."

A dois mil quilômetros de distância, Mustafa Diken estudava biologia molecular e genética em Ancara, Turquia. No início dos anos 2000, ele fizera um estágio de verão em uma empresa de Istambul que usava uma das primeiras invenções de Ugur e Özlem: uma tecnologia chamada SEREX, que ajudava os cientistas a descobrirem antígenos para tumores. Intrigado com essa ferramenta inovadora, Diken resolveu pesquisar os artigos científicos que a embasavam e logo notou o nome dos autores. "Que interessante, cientistas turcos na Alemanha", pensou, e resolveu escrever para eles. Com a esperança de despertar afinidade, Mustafa pediu para trabalhar no laboratório dos dois como estudante de doutorado. Não teve resposta, mas continuou insistindo, até que um dia recebeu um e-mail de Özlem, dizendo que estava com uma viagem marcada à Turquia para visitar a família e gostaria de agendar um horário para encontrá-lo.

O encontro aconteceu em um café lotado no centro da capital turca e foi ótimo. Mustafa explicou que se interessava por medicina translacional, e seu misto de determinação e humildade tocou Özlem, que lhe entregou uma lista de artigos sobre mRNA e sugeriu que ele se familiarizasse com o assunto. Ela disse que, se conseguissem acertar tudo com as autoridades alemãs, seria um candidato perfeito para o programa de pesquisa em Mainz. Alguns meses depois, Mustafa pegou um avião para Frankfurt, onde foi recebido por Ugur com um sorriso, e passou sua primeira noite naquele país estrangeiro, no sofá da casa do casal.

Com outros quinze cientistas, Sebastian e Mustafa formaram o núcleo de uma equipe muito unida que, com a orientação gentil de Ugur e

Özlem, construiu a ponte entre a inovação científica e o desenvolvimento farmacêutico. Com discrição, estavam refinando a tecnologia que se tornaria o suporte principal da caixa de ferramentas da BioNTech, uma caixa que foi aberta no início de 2020 para enfrentar a Covid-19.

*

Em um dia da primavera de 2002, Ugur e Özlem tiraram uma folga da pesquisa científica para se casarem. Não fizeram grandes planos para a cerimônia nem alugaram um salão de festas. Na verdade, nenhum dos dois deu muita atenção aos detalhes. Helma Heinen, a assistente pessoal do casal, contou: "Na véspera do casamento, eles pediram que eu e um colega fôssemos testemunhas." Helma saiu correndo para comprar flores e, na manhã seguinte, encontrou os patrões no cartório de Mainz. Depois de uma cerimônia rápida, o grupo voltou ao trabalho, e os recém-casados seguiram direto para o laboratório. "Eu nem estranhei muito", conta Helma. "Com eles, tudo sempre gira em torno do trabalho."

*

O principal objetivo do trabalho era aprimorar profundamente a potência do mRNA que chegava às células dendríticas. Isso era particularmente importante para as terapias contra o câncer propostas pelo casal, as quais precisavam desencadear uma resposta incrivelmente forte para serem bem-sucedidas no ataque a bilhões de células tumorosas. Desse modo, a equipe de Mainz precisava que as células dendríticas produzissem uma grande quantidade da proteína codificada no mRNA sintético — diversos "cartazes de procura-se" a colar em todo o acampamento dos soldados do sistema imunológico — e fazer isso por tempo suficiente para que os atiradores de elite do sistema imunológico pudessem receber o treinamento adequado.

O problema, porém, era que o mRNA que vem *de fora* do corpo compete com o mRNA que já reside nas células hospedeiras e trabalha na linha de produção de proteínas. Os vírus e as bactérias são perigosos porque costumam vencer essa competição usando métodos hostis: invadem uma célula e bloqueiam a tradução do mRNA existente, assegurando a própria replicação. Em princípio, Ugur e Özlem acreditavam que poderiam fazer o mRNA sintético aprender com os vírus agressivos. Havia também uma estratégia alternativa, que consistia em descobrir por que alguns do próprio corpo eram particularmente bem-sucedidos na produção de uma grande quantidade de proteína, ao passo que outros, os mRNAs mais comuns no corpo, produziam menos. Se os mensageiros moleculares dos medicamentos criados pelo casal fossem capazes de assegurar sua prioridade nas linhas de produção celular, poderiam terminar no topo da lista de afazeres das células dendríticas e se manter lá por um tempo. Para conseguir isso, os cientistas e a equipe recém-formada se transformaram em um esquadrão de biohackers.

Todo mRNA compartilha a mesma anatomia básica: uma única fita contendo vários milhares de cadeias de fosfato e um açúcar chamado ribose. Ligada a cada cadeia desse açúcar está uma entre quatro bases, designadas pelas letras G, A, U e C. A sequência dessas letras determina a informação genética carregada pelo mRNA.

No centro da fita de mRNA há um segmento maior de codificação marcado com um sinal universal de início e de parada, o qual contém o plano de construção para a proteína que a molécula incita as células a produzir. As seções da fita à esquerda e à direita dessa região de codificação, a chamada "espinha dorsal", não é traduzida em proteína, mas cada uma tem um papel especial. Juntas, elas executam diversas funções, incluindo a garantia de que a fita seja inserida na linha de produção da célula de maneira legível e que permaneça lá por tempo suficiente para fazer várias cópias da proteína codificada, em vez de ser expulsa por mRNAs celulares existentes.

O grupo se concentrou em cada um desses componentes por vez. Durante anos, a equipe avaliou otimizações diferentes de maneira sistemática para dar ao mRNA sintético o equivalente a um "ingresso VIP", de modo que a sua mensagem não fosse ignorada pelos generais e tivesse prioridade nas linhas de produção de proteínas.

*

A dedicação do grupo valeu a pena. Em uma manhã de dezembro de 2004, a equipe se reuniu em volta de um analisador de citometria de fluxo — um dispositivo muito parecido com as odiosas impressoras de jato de tinta de antigamente, mas que conta e categoriza as células. Setenta e duas horas antes, Raouf Selmi, o membro da equipe com a mão mais firme, fez um corte meticuloso na axila de um camundongo, usando um bisturi do tamanho de uma lixa de unha, expondo o linfonodo minúsculo. Depois de posar para uma foto a fim de registrar aquele momento histórico, ele injetou com a máxima precisão certa quantidade de mRNA otimizado.

Os resultados definitivos começaram a chegar à tela do computador. Não apenas o mRNA tinha sido absorvido pelas células dendríticas, mas as criaturas semelhantes a um polvo também expressaram uma quantidade suficiente da proteína que o mRNA tinha codificado para estimular a convocação em massa dos atiradores de elite do sistema imunológico. O mapeamento mostrava o linfonodo como uma massa azulada, coberto por milhões de pontinhos roxos, como se tivesse sido tomado por uma alergia grave. Esses pontinhos representavam as armas especializadas que Ugur e Özlem passaram décadas tentando colocar em ação: as células T. Os biohackers tinham conseguido manipular os alvos. Uma nova geração de medicamentos contra o câncer, com base em uma molécula subestimada, de repente parecia viável.

Por volta de 2006, após uma combinação de vários ajustes na estrutura de um mRNA, o casal e a sua equipe aumentaram cinco mil vezes a resposta imunológica com uma fita de mRNA. Ugur apresentou os dados desse grande avanço em uma competição nacional organizada pelo ministério alemão de pesquisa e foi um dos vencedores. O prêmio consistia em 6 milhões de euros em financiamento concedidos com a condição de serem usados para fundar uma empresa em até dois anos. Essa foi a pedra fundamental da BioNTech.

A milhares de quilômetros dali, outra biohacker experiente também trabalhava para superar os obstáculos impostos pelo mRNA.

Katalin Karikó conheceu a molécula em 1976, em uma palestra em Szeged, uma cidade ao sul da Hungria, seu país natal. Intrigada, começou imediatamente a se planejar para um doutorado no assunto e a fazer experimentos nos laboratórios cheios de fumaça de cigarro da instituição. Na época, a pesquisa a ajudou a sair do país comunista, após um convite para continuar os estudos na Temple University, na Pensilvânia. Como o regime comunista não permitia que ela levasse mais do que o equivalente a 50 dólares em moeda estrangeira, Karikó vendeu o carro da família por 900 dólares, pegou a pensão do marido e recheou o ursinho de pelúcia da filha com mais de mil dólares[91] antes de seguir para os Estados Unidos.

Nas duas décadas seguintes, no entanto, ela se deparou com vários obstáculos. Quando tentou injetar uma fita de mRNA em camundongos, Katalin relata que alguns morreram, talvez por causa da inflamação provocada pela resposta do sistema imunológico às doses enormes. Além disso, a bioquímica se deparou com problemas bem parecidos com os enfrentados por Ugur e Özlem quando as instruções do mRNA não eram traduzidas pelas células de forma eficiente. Com o tempo, a universidade se cansou de financiar o projeto e a obrigou a escolher entre o rebaixamento ou uma transferência para uma nova área de pesquisa.

Katalin escolheu a primeira opção e acabou tendo sorte ao conhecer Drew Weissman, um imunologista que tinha acabado de chegar à Filadélfia depois de trabalhar no NIH com o próprio Anthony Fauci. Eles se conheceram em 1998, enquanto tentavam usar a fotocopiadora, um equipamento muito demandado antes de os periódicos científicos se tornarem disponíveis na internet, e começaram a conversar sobre suas frustrações com o mRNA. Juntos, encontraram uma forma de estabilizar a molécula a ponto de desencadear uma produção robusta ao ser introduzida nas células.

A dupla percebeu que, ao substituir o U (referente à uridina) no código do mRNA por uma alternativa de ocorrência natural, como a metilpseudouridina, a molécula entraria "furtivamente", sem ser detectada pelos receptores inatos do sistema imunológico, que evoluíram para reagir ao mRNA estrangeiro. A molécula passaria quase despercebida.

Apesar desse avanço, patenteado em 2006, Katalin continuou a sofrer humilhações profissionais. Em 2013, ao voltar de uma conferência no Japão, encontrou sua cadeira no corredor e seu escritório vazio, pronto para receber outro pesquisador. No mesmo ano, foi à Europa para assistir a uma competição da filha, que estava na equipe olímpica de remo. Então, aproveitou para viajar e conhecer a BioNTech e Ugur. Katalin já tinha visitado a CureVac, que demonstrara interesse nas suas inovações, e ficou aliviada ao conversar com colegas e entusiastas do mRNA. "Foi a primeira vez na minha vida que não precisei explicar que o RNA é útil, porque as pessoas de lá já acreditavam nisso", contou ela, que ficou encantada com sua recepção em Mainz. Após horas de conversa com Ugur, comparando observações sobre a paixão que compartilhavam, foi convidada a trabalhar lá. Alguns meses depois, a BioNTech anunciou que Katalin entraria para a equipe como vice-presidente. "Meu chefe riu de mim", lembrou-se. "Ele disse: 'Essa empresa nem tem site na internet!'"

De fato, a BioNTech mantinha a discrição, mas as equipes de Ugur e Özlem não estavam sem trabalho. Em 2012, o grupo de Mainz deixou os experimentos em camundongos e começou a testar seus construtos em seres humanos. Após a aprovação do órgão regulador da Alemanha, eles injetaram *naked* mRNA com uridina nos linfonodos da virilha de pacientes com melanoma avançado. O processo não era simples; os médicos tiveram de usar aparelhos de ultrassonografia e gel, do tipo usado para fazer exames em bebês, de modo a assegurar que a agulha chegasse ao órgão em forma de feijão. Os resultados, porém, valeram o esforço. Dezenas de pacientes apresentaram respostas robustas das células T contra os antígenos codificados para o câncer, isto é, os alvos. "Nós provamos que, ao injetar um pouco de mRNA em um simples linfonodo, o corpo faz o resto do trabalho", diz Sebastian Kreiter. Ficou claro que as células dendríticas humanas, principalmente as reunidas nos centros de defesa do corpo, logo absorviam o mRNA e agiam de acordo com as suas instruções.

O mecanismo talvez já estivesse claro, mas o modo de administração — na virilha — não era ideal. Além disso, considerando que a injeção em dois linfonodos no alto das pernas teve um efeito tão forte,

Ugur pensou: "Imagine só como a resposta imunológica seria substancial se a vacina fosse capaz de alcançar todos os tecidos linfáticos do corpo, convocando *todas* as células dendríticas residentes para entrar em ação?"

Ugur, Özlem e sua equipe voltaram para o laboratório. Sabiam que a injeção intravenosa era a forma mais eficiente de obter a maior distribuição sistêmica de um medicamento no corpo. No entanto, devido à presença das forças destruidoras de RNA, o mRNA precisaria de algum tipo de proteção na jornada pela corrente sanguínea até os linfonodos. Havia várias tecnologias sofisticadas que poderiam ser usadas para isso, mas o grupo optou pela mais simples: formulações lipídicas. Uma delas, contendo glóbulos microscópicos de gordura, se tornaria, anos depois, parte crucial dos planos da BioNTech para uma vacina contra o coronavírus. Os lipídios protegeriam o mRNA das enzimas de patrulha e impediriam que a molécula ficasse presa no fígado ou no pulmão na trajetória até o seu destino.

Nos anos 2010, o casal de cientistas e a sua equipe pesquisaram dezenas de lipídios, todos com ligeiras alterações nos elementos químicos, até encontrarem a correspondência perfeita para suas plataformas de mRNA. "No início, foi uma questão de tentativa e erro", conta Özlem, "mas, então, começamos a aprender." O grupo compreendeu que não eram apenas os lipídios que importavam, mas também a proporção na combinação com o mRNA. Após centenas de experimentos, descobriram que nanopartículas de um tamanho específico e com um mRNA bem definido para a razão lipídica funcionavam bem.

A mensagem codificada no mRNA e enviada pela corrente sanguínea chegava aos generais nas centrais de defesa do corpo, e o seu conteúdo bastava para alertar e treinar as tropas. A resposta imunológica das vacinas contendo os componentes estruturais de mRNA, criados pelo grupo de biohackers de Mainz e envolvidos por esses lipídios, foi excelente. Os "cartazes de procura-se" foram colados por todo o acampamento das forças imunológicas.

Sentindo que estavam perto de atingir o objetivo original de criar vacinas potentes de mRNA contra o câncer que pudessem ser administradas por injeção intravenosa, Ugur e Özlem implementaram essas descobertas no consultório. Em 2014, a BioNTech deu início a um novo estudo clínico e tratou o primeiro paciente com a recém-inventada vacina de mRNA envolvida em uma camada lipídica.[92] Esse grande avanço científico foi publicado em um artigo de referência no respeitado periódico *Nature*.[93] Alguns anos depois, em 2017, Ugur estava confiante a ponto de declarar à revista científica que tinha "a mais absoluta convicção" de que a tecnologia de mRNA era o futuro. Em comparação com a decepção das vacinas de DNA, as de mRNA não estavam "na moda", disse ao entrevistador. "Essa plataforma ficara fora do radar por muitos anos e estava madura para cumprir as promessas."[94]

Em outubro de 2018, Ugur acompanhou o estudo de 2014 no qual o mRNA intravenoso tinha sido administrado. O pesquisador apresentou os dados de dezenas de pacientes com melanoma para imunologistas reunidos em um salão no oitavo andar do Marriott Marquis,[95] na Times Square, em Nova York, em um evento chamado "Translating Science into Survival" ("Traduzindo a ciência em sobrevivência"). Um dia antes, James P. Allison — um imunologista especializado em câncer que, com Tasuku Honjo, fora laureado com o Nobel de Medicina por organizar as defesas existentes do corpo para a luta contra tumores avançados[96] — tinha sido recebido calorosamente na conferência. O público acreditava que havia enfim chegado a era da imunoterapia no tratamento do câncer, e Ugur lhes deu ainda mais motivos para comemorar. Enquanto Özlem assistia na plateia, ele relatou que, depois de receber o medicamento da BioNTech com base em mRNA, o tumor de vários pacientes encolhera. Todos desenvolveram fortes respostas de células T,[97] e, em alguns casos, bilhões desses atiradores de elite entraram em ação. O senhor de todos os males finalmente estava diante de um adversário poderoso: todas as armas do arsenal do sistema imunológico haviam sido treinadas e tinham miras a laser contra essa doença odiosa.

Mais de duzentos anos após a criação da primeira vacina, lá estava a perspectiva de haver um sistema eficiente que enfim substituísse a técnica rudimentar de Jenner. Desde que o mRNA otimizado chegasse ao tecido linfoide em um invólucro adequado, as células dendríticas — os generais — a postos nesses órgãos receberiam a mensagem e soariam o alarme para desencadear uma resposta imunológica poderosa.

Mal sabia o casal, porém, que a tecnologia que eles estavam aperfeiçoando seria catapultada para um palco muito maior quinze meses depois e que seu potencial para pôr fim a uma pandemia faria toda a humanidade prender a respiração.

CAPÍTULO 5

OS TESTES

A Covid-19 é uma doença infecciosa, mas, em janeiro de 2020, a BioNTech ainda era basicamente uma empresa voltada para pesquisas de combate ao câncer. Não é que Ugur e Özlem, que de início se uniram por causa do desejo comum de derrotar um dos inimigos mais intratáveis da humanidade, não estivessem interessados em vírus. Eles sempre souberam que o arsenal de tecnologias que desenvolviam para atacar os tumores poderia ser usado para aprimorar vacinas e tratamentos de outras doenças. O modelo de negócios inicial da primeira empresa do casal, a Ganymed, incluía uma tecnologia criada por Ugur capaz de identificar rapidamente a sequência genética de um novo patógeno e desenvolver anticorpos contra ele. "Já naquela época, as epidemias e as pandemias eram muito importantes para nós", conta Özlem.

Como a invenção ainda não tinha uma aplicação médica de interesse comercial para os investidores, a Ganymed acabou se concentrando exclusivamente nas pesquisas sobre o câncer. Mais tarde, na BioNTech, quando ganharam mais autonomia, Ugur e Özlem retomaram a ideia de aplicar suas inovações em vacinas contra doenças infecciosas. Do ponto de vista imunológico, era mais fácil desenvolver esses produtos do que medicamentos contra o câncer. No entanto, o mercado de vacinas contra doenças infecciosas era controlado por algumas empresas grandes e conservadoras, que suspeitariam das novas tecnologias do casal. Conduzir tudo sozinhos também não era uma opção. O desenvolvimento de tais vacinas exigia ensaios clínicos de Fase 3 muito mais longos do que as terapias contra o câncer, o envolvimento de dezenas de milhares de indivíduos e uma rede de distribuição e comercialização global. Seriam necessários também grandes investimentos e a contratação de milhares de funcionários, mas a BioNTech era uma pequena extensão de uma universidade em Mainz.

Ugur e Özlem decidiram se concentrar nas questões de longo prazo. Eles não se importavam em deixar que os outros escolhessem o "caminho mais fácil" das vacinas contra doenças infecciosas comuns, para as quais já existiam medicamentos, por mais imperfeitos que fossem. "Queríamos nos concentrar em nossos pontos fortes, em doenças como as 'três grandes' — Aids, tuberculose e malária —, que, por causa da complexidade ou dificuldade do tratamento, não podem ser abordadas de forma apropriada com tecnologias convencionais", diz Ugur.

Primeiro, porém, o casal teve que escolher um caminho mais fácil e preparar o terreno para montar uma unidade de doenças infecciosas. Com sua equipe, optaram por se concentrar primeiro na gripe — um vírus bem conhecido que havia sido estudado por décadas. Como já existiam muitas vacinas contra a gripe, também seria fácil avaliar se os medicamentos baseados nas tecnologias da caixa de ferramentas de mRNA da BioNTech, que cada vez mais ganhava novos acréscimos, realmente funcionavam em comparação com as vacinas convencionais. Em 2011, a empresa garantiu subsídios do governo alemão para esse programa-piloto, que Ugur e Özlem deliberadamente mantiveram escondido.

A primeira funcionária com conhecimento específico em doenças infecciosas foi contratada dois anos depois. A princípio, Stephanie Erbar percebeu que não era fundamental nas operações da BioNTech. "As pessoas tinham medo de ser infectadas", contou a respeito dos colegas que trabalhavam na área de pesquisa sobre o câncer. "Eu só tinha permissão para trabalhar nos laboratórios à tarde ou à noite, quando ninguém mais estava lá." Sua primeira estação de trabalho ficava na *Tote Taube*, ou sala do "pombo morto", que recebera esse apelido por causa de um pássaro morto que apodrecia lentamente, preso à claraboia.

Tudo começou a melhorar em 2014, quando a BioNTech contratou sua segunda virologista, Annette Vogel, uma jovem especialista em doenças animais. Vinda do sul da Alemanha, ela estudara em Tübingen antes de ingressar em um instituto de pesquisa federal com sede na cidade medieval. Annette já estava no emprego havia alguns anos quando o instituto se mudou para Riems, uma pequena península no mar Báltico, habitada quase exclusivamente por especialistas em doenças infecciosas e seus objetos de pesquisa: algumas dezenas de ovelhas e vacas. Com dificuldade de se adaptar ao local isolado e prestes a desistir do emprego, conversou com uma amiga que trabalhara para a BioNTech. Annette soube que a empresa estava procurando pessoas com suas habilidades, mas, ao buscar a vaga na internet, começou a se perguntar se não tinha caído em uma pegadinha. A pesquisa não gerou resultados correspondentes. Era 2014, e a BioNTech, que em apenas seis anos desenvolveria um dos medicamentos mais importantes da história da medicina, ainda não tinha site.

No entanto, após uma conversa ao telefone com Özlem e uma visita a Mainz, Annette concordou em se juntar à "equipe" de doenças infecciosas. Junto com Stephanie, começou o cauteloso processo de adaptar as tecnologias da BioNTech contra o câncer para uso no combate a vírus, contando com a ajuda de instituições acadêmicas que conheciam as características de patógenos específicos. Para Annette, que talvez não conhecesse o trabalho de base dos seus colegas no desenvolvimento da vacina contra o câncer, parecia que a virologia "ainda era, em grande parte, um *hobby* para a BioNTech".

Em 2015, depois da contratação de um técnico para a equipe, a dupla responsável pelas pesquisas sobre doenças infecciosas passou a ser um trio, que começou a trabalhar em seu primeiro projeto — uma iniciativa europeia liderada pelo Imperial College, de Londres, para desenvolver vacinas preventivas e terapêuticas contra o HIV. Em seguida, vieram as colaborações com a divisão de saúde animal da Bayer na pesquisa de vacinas para animais de fazenda, e com a Universidade da Pensilvânia na investigação de uma infinidade de patógenos.[98] A Fundação Gates passou a investir logo em seguida, e um projeto voltado para a gripe e totalmente desenvolvido em parceria com a Pfizer teve início em 2018. Enquanto outras empresas de desenvolvimento de tecnologia baseada em mRNA — a Moderna e a CureVac — estavam levando suas vacinas contra doenças infecciosas para a prática clínica, os programas semelhantes da BioNTech, que ainda priorizava projetos de combate ao câncer, permaneciam na fase exploratória.

Quando a Covid-19 atingiu a China, o mais perto que a empresa chegara de testar uma vacina contra doenças infecciosas em seres humanos tinha sido por meio de uma aliança frágil com o imunologista-chefe do Imperial College, Robin Shattock. Uma vacina financiada pelo Reino Unido contra o Ebola, o vírus de Marburg e a febre Lassa foi registrada para um estudo de Fase 1 junto à Agência Reguladora de Medicamentos e Produtos de Saúde (MHRA, na sigla em inglês), mas ainda faltavam meses para que se alcançasse algum progresso. Esse projeto e outros semelhantes quase não eram mencionados nas apresentações públicas da BioNTech. No discurso de Ugur na Conferência Anual de Saúde do JP Morgan, em São Francisco, no início de 2020, a unidade de doenças infecciosas da BioNTech foi mencionada pela primeira vez na parte inferior do *slide* 42. Aos olhos do mundo da biotecnologia, a empresa ainda estava focada no câncer. Nos bastidores, havia, é claro, centenas de pessoas em Mainz cujo trabalho contribuiria para o desenvolvimento de vacinas contra os vírus. Mas, quando Ugur lançou o Projeto Lightspeed, a unidade *explicitamente* dedicada às doenças infecciosas, administrada por Annette, contava com apenas quinze pessoas.

Do ponto de vista científico, isso não era um grande obstáculo. Sim, a maior parte do trabalho realizado por Ugur e Özlem ao longo de décadas mergulhados nas profundezas da imunoterapia tinha como foco o câncer. Mas, como essa tarefa consistia em compreender "de que forma redirecionar os mecanismos naturais do sistema imunológico, que foram desenvolvidos para repelir os vírus", explicou Özlem, "foi, na verdade, um passo pequeno reunir todo esse conhecimento e usá-lo para o propósito original, ou seja, a proteção contra os vírus".

A BioNTech tinha acumulado muito conhecimento. Sem alardes, a empresa havia desenvolvido quatro versões de mRNA sintético ao remover, substituir ou reconfigurar blocos de construção individuais para aumentar os poderes naturais da molécula. O primeiro e mais exaustivamente estudado, o mRNA contendo uridina, ou uRNA, tinha a capacidade de provocar respostas particularmente fortes das células T em virtude de sua atividade "adjuvante", que funciona como um alarme de sinalização. Quando envolta pelo invólucro lipídico que a BioNTech criou para a injeção intravenosa, a molécula desencadeava tais respostas mesmo em pacientes com câncer que tinham recebido doses muito baixas. Mas o uRNA ainda não fora combinado com os lipídios intramusculares — aqueles necessários para uma injeção da vacina de Covid-19. Como os lipídios intramusculares têm o próprio "adjuvante" suplementar, uma vacina contendo tanto os lipídios quanto o uRNA poderia ser potente demais, causando sintomas semelhantes aos da gripe.

O segundo formato foi o mRNA modificado, ou modRNA. Essa plataforma incluía, além das melhorias feitas pelo casal, a descoberta patenteada por Katalin Karikó e Drew Weissman, que substituíram uma das quatro letras do código da molécula, colocando-a em "modo furtivo". A descoberta da dupla foi licenciada pela BioNTech[99] e ajudou o modRNA a ser bem tolerado pelos seres humanos, causando poucos efeitos colaterais. No entanto, as modificações no modRNA embotaram fortemente a capacidade "adjuvante" *intrínseca* da molécula de deixar os generais patrulheiros do sistema imunológico em pânico quando introduzida no corpo. Ao contrário do uRNA, o modRNA precisava da ajuda de lipídios intramusculares, com seu efeito "adjuvante", e não estava claro se os glóbulos de gordura compensariam o déficit.

O mRNA de autoamplificação, ou saRNA, e o mRNA de transamplificação, ou taRNA,[100] eram os lançamentos mais recentes da linha da BioNTech, dois novatos com enorme potencial. Conforme os nomes sugerem, eles vêm com sua própria "máquina copiadora", ou capacidade de replicação, aumentando e prolongando drasticamente a produção de um antígeno de vacina, como a proteína spike do coronavírus, nas linhas de produção celular. Mas eram plataformas novas e nunca haviam sido testadas em seres humanos, com ou sem lipídios. Não se sabia se a potência da vacina observada em camundongos que receberam o antígeno com formulações baseadas em saRNA e taRNA poderia ser reproduzida em seres humanos.

Muito antes do surgimento do coronavírus, essas plataformas vinham sendo continuamente aprimoradas por um grupo interdisciplinar que Ugur havia formado em 2013, denominado "Equipe ideal do mRNA".[101] Em reuniões bimestrais, os dados mais recentes dos experimentos com as diferentes tecnologias eram discutidos em detalhes e contestados com rigor científico. Levantavam-se hipóteses, que depois seriam descartadas ou confirmadas. Às vezes, as reuniões animadas pareciam um clube de debate universitário. Todos os participantes, de qualquer nível de experiência, devidamente abastecidos com café e biscoitos, eram estimulados a confrontar e refinar os seus argumentos. Faziam-se apostas sobre quais seriam os resultados das investigações planejadas. Essas discussões não só ajudaram a refinar partes da espinha dorsal do mRNA que poderiam ser ajustadas para tornar as vacinas mais potentes, mas também aprimoraram os métodos de produção e purificação, contribuindo para um rendimento mais elevado e melhorias na atividade do mRNA. Cada uma das descobertas da equipe baseava-se em avanços anteriores. "Nunca se alcança a perfeição; a versão ideal é sempre apenas temporariamente a versão ideal", diz Ugur.

Essas melhorias ainda estavam em andamento em fevereiro de 2020, e os especialistas do Projeto Lightspeed não queriam apostar em um único formato de mRNA sem ter alguns dados clínicos em mãos para prosseguir. Mas a relutância do grupo em escolher apenas uma das inovações da caixa de ferramentas da BioNTech para a vacina contra a Covid-19 não se resumia apenas ao desejo de testar os méritos relativos de cada plataforma de mRNA. Também se devia à falta de evidências em relação a como essas tecnologias funcionariam quando combinadas com certos lipídios. Anos antes, ao otimizar suas vacinas contra o câncer, Ugur e Özlem descobriram que esses invólucros levavam à "multiplicação do impacto do mRNA". Não apenas a composição desses glóbulos de gordura podia ser ajustada para permitir a administração intravenosa ou intramuscular de mRNA, mas também podia regular o destino preciso da molécula, permitindo que os desenvolvedores de vacinas escolhessem os órgãos e os tipos de células que receberiam a carga. Ainda permanecia em aberto a questão de como o lipídio escolhido para o Projeto Lightspeed se comportaria em combinação com cada uma das plataformas de mRNA da empresa.

Desde que Ugur e Özlem aprenderam a arte da formulação de nanopartículas lipídicas (de modo a aplicar vacinas contra o câncer diretamente na corrente sanguínea de pacientes oncológicos, em vez de nos linfonodos da virilha), eles e a equipe escalaram uma curva de aprendizado íngreme. Um grupo cada vez maior de especialistas da BioNTech continuou a testar sistematicamente coquetéis de vários lipídios, para fins variados, como permitir que as vacinas fossem injetadas diretamente no músculo humano.

A missão desses novos lipídios era a mesma daqueles desenvolvidos para vacinas contra o câncer: introduzir o mRNA nas células dendríticas, ou generais, situadas nos maiores linfonodos do corpo, ou o Centro de Inteligência. Mantendo a abordagem neutra característica, as equipes da BioNTech, embora mestres do disfarce molecular, testaram suas próprias composições lipídicas junto àquelas criadas por outras empresas mais especializadas. Entre as melhores que identificaram, estavam as formulações produzidas pela empresa canadense Acuitas.

Para o uso em seres humanos, todos os componentes do medicamento devem ser produzidos de maneira replicável e com controle de qualidade. Quando se trata de formulações de nanopartículas lipídicas, esse processo é particularmente desafiador e leva um ano para ser estabelecido. Antes do fatídico fim de semana de janeiro de 2020, quando Ugur e Özlem decidiram desenvolver uma vacina contra o coronavírus, não havia pressa por parte da BioNTech em produzir medicamentos com aplicação intramuscular. Havia apenas um lipídio intramuscular que poderia ser fabricado de uma hora para outra: uma formulação da Acuitas originalmente destinada a ser testada na vacina contra a gripe da BioNTech em parceria com a Pfizer.

Foi esse o lipídio que o casal e sua equipe apresentaram à agência reguladora alemã na primeira reunião em fevereiro. Mas, embora tivessem certeza de que a formulação era segura, ainda não sabiam se ela tornaria as plataformas de mRNA, nas quais trabalharam por anos, mais ou menos eficazes. A Moderna e a CureVac, que haviam lançado projetos de vacinas contra o coronavírus, tinham muitos dados clínicos sobre os formatos de mRNA e as formulações lipídicas que pretendiam usar. A BioNTech não tinha nenhum.

Ainda havia outro motivo pelo qual a empresa parecia uma das candidatas menos prováveis de desenvolver uma vacina contra a Covid-19, em especial de acordo com o cronograma de Ugur: o final de 2020. Na corrida pela vacina, a BioNTech estava uma volta atrás dos concorrentes. Para compensar o atraso, a equipe do Projeto Lightspeed precisava identificar um construto decisivo, e rápido. Não havia tempo para melhorias iterativas, nem para buscar perfeição. Seria necessário testar pelo menos vinte permutações possíveis de uma vacina contra a Covid-19 em diferentes doses e paralelamente. Vacinas baseadas em modRNA, uRNA, saRNA e taRNA envoltas em invólucros lipídicos da Acuitas e com codificações ligeiramente distintas da proteína spike completa ou do domínio de ligação ao receptor seriam avaliadas *simultaneamente.*

Os técnicos trabalhariam sem parar a fim de acompanhar o grau de sucesso com que cada vacina convocaria as forças combinadas do sistema imunológico — as células T e os anticorpos — e por quanto tempo esse efeito duraria. Enquanto isso, no mesmo andar, equipes de especialistas desenvolveriam experimentos para testar se os construtos seriam seguros em mamíferos. Para economizar tempo mais à frente, desde o primeiro dia os materiais seriam produzidos segundo o alto padrão exigido nos ensaios clínicos.

Toda a experiência científica e empresarial que Ugur e Özlem haviam acumulado desde quando seus olhares se encontraram em uma enfermaria oncológica seria direcionada a essa doença. Por eliminação, a equipe do casal identificaria a candidata que pudesse ser entregue a bilhões de pessoas em todo o mundo. Primeiro, entretanto, havia a questão secundária de como produzir lotes de teste da vacina.

*

Como qualquer outro fabricante de vacinas, a BioNTech foi ajudada pela liberação do código genético do coronavírus — sequenciado graças ao raciocínio rápido de Zhang Yongzhen, professor do Centro Clínico de Saúde Pública de Xangai —, que foi postado em 11 de janeiro de 2020 no site de código aberto Virological.org. Ugur estudara essa estrutura molecular naquele fatídico último fim de semana do mês e o usara para esboçar projetos para diversas vacinas candidatas. Ainda assim, eram apenas fórmulas rascunhadas no papel (ou, mais precisamente, na tela).

O primeiro passo para de fato produzir o material da vacina consistia em criar réplicas de DNA para as candidatas, que seriam então usadas como molde para produzir o RNA. Stephanie Hein, a bióloga molecular responsável por abastecer o "Armazém de RNA" da BioNTech, um repositório físico de antígenos, ou alvos, para as vacinas e terapias da empresa, trabalhou rápido para mapear as sequências genéticas desses moldes. As sequências continham até quatro mil nucleotídeos e tiveram que ser agrupadas como um código perfeito e sem erros a partir da montagem de cinquenta a oitenta blocos menores.[102] Depois de concluídas, as sequências deveriam ser clonadas e verificadas quanto à precisão.

Os procedimentos laboratoriais dessa abordagem, conhecida como síntese de genes, haviam sido estabelecidos na BioNTech anos antes e eram, àquela altura, rotineiros. No entanto, clonar a fita molde de DNA para algumas vacinas candidatas provou-se uma tarefa inesperadamente tortuosa. Por mais que tentassem, Stephanie e a equipe não conseguiam combinar nucleotídeos individuais na ordem certa ou fundir segmentos corretamente. Eles exploraram todas as soluções possíveis, mas, a cada vez que analisavam os moldes clonados, encontravam algo errado na sequência.

Outra equipe já esperava ansiosa para receber o DNA, de modo a preparar a produção das vacinas candidatas, e o atraso ameaçava atrapalhar o ambicioso cronograma de Ugur. Desafios muito maiores estariam por vir, mas, em meados de fevereiro, a equipe do Projeto Lightspeed corria o risco de tropeçar no que deveria ser o menor dos obstáculos.

Ao relembrar esse desafio inesperado, Ugur é filosófico e pondera: "Às vezes, o azar parece tomar conta do laboratório. De repente, os procedimentos diários testados e aprovados param de funcionar, e os erros começam a surgir. Então passamos a tentar solucionar o problema. Você passa a duvidar de tudo. Troca os reagentes, repete cada passo e, ainda assim, tudo dá errado. É como se estivesse em uma partida de futebol, quando um time não consegue trocar passes simples porque a bola está sempre fugindo. Isso mina a autoconfiança. Nessas situações, não se pode pressionar a equipe. Não se pode criticá-la; você tem que encorajá-la e desenvolver a autoconfiança de todos. E então, de repente, a bola começa a rolar de novo, e todos passam a jogar como campeões mundiais."

No início, essa mudança repentina parecia evasiva. Na verdade, Stephanie enfrentou outro contratempo quando uma de suas colegas engravidou. Como a canamicina, um antibiótico usado no processo de clonagem, pode ser tóxica para o feto, a gestante foi imediatamente afastada do laboratório. "De três integrantes, a equipe passou a ter dois, e um deles trabalhava meio período", conta Stephanie, que não teve escolha a não ser vestir o jaleco pela primeira vez em dois anos e pipetar.

Em um dia de fevereiro, dois bioquímicos — Thomas Ziegenhals e Johanna Drögemüller — criaram uma solução alternativa engenhosa. Em vez de esperar que a síntese fosse bem-sucedida, sugeriram que as equipes de produção começassem a planejar os processos usando os moldes de DNA existentes no "Armazém de RNA" da BioNTech. Esses moldes tinham características comparáveis e comprimento semelhante aos necessários para as vacinas contra o coronavírus. A mudança tirou um pouco da pressão sobre Stephanie e sua equipe de síntese de genes, que então puderam se concentrar na correção de erros sabendo que não estavam atrasando todo o projeto. Assim como surgiram de repente, os problemas de clonagem desapareceram. As novas sequências que obtiveram se mostraram corretas. A equipe de Stephanie passou a criar um clone perfeito atrás do outro. O desenvolvimento da primeira vacina foi concluído no fim de fevereiro.

Em 2 de março, o primeiro lote de RNA, que usava o molde de DNA bem-sucedido de Stephanie, foi produzido pelos especialistas responsáveis pela fabricação, que tinham se preparado para esse estágio com a solução de "armazém" de Thomas e Johanna. O material foi transferido para um saco de 50 mL e imediatamente ultracongelado a 70 graus Celsius negativos como medida de precaução para garantir a estabilidade das moléculas. Fora da sede da BioNTech, em Mainz, um carro aguardava para conduzir o conteúdo — a um custo elevado — até a Polymun, a empresa familiar em Viena com a qual a BioNTech estabelecera uma relação e que tinha a expertise necessária para combinar o mRNA com os lipídios da Acuitas. Alguns dias depois, uma pequena caixa de isopor com frascos congelados cheios de vacina atravessaria de volta a fronteira até a BioNTech. A cada viagem, vinte construtos eram transportados. Os e-mails iam e vinham com atualizações constantes como se fossem redigidos por agentes secretos responsáveis por proteger um presidente. Lia-se "O RNA saiu do prédio", ou simplesmente "Em trânsito".

A bola tinha voltado a rolar, e o time jogava com espírito de campeão.

*

Como os primeiros frascos estavam prestes a chegar ao *campus* de Mainz, uma equipe liderada por Annette Vogel começou a organizar um concurso de beleza entre as vacinas para comparar as vinte candidatas. O objetivo era determinar quais concorrentes induziam respostas imunológicas em doses particularmente baixas — uma medida que a equipe do Projeto Lightspeed usaria para escolher os construtos para a realização dos testes clínicos adicionais. Alguns meses mais tarde, esses critérios também embasariam a decisão de qual vacina da BioNTech entraria em um estudo de Fase 3 e possivelmente seria fornecida ao mundo.

O primeiro — e mais simples — teste que a equipe planejou realizar foi o ensaio *in vitro*, ou seja, literalmente em um recipiente de vidro. Dois técnicos fariam a transfecção das células com o mRNA e esperariam para ver se elas produziam réplicas perfeitas da proteína spike do coronavírus. Embora cientificamente não fosse nada espetacular, esses testes seriam cruciais para verificar depois a qualidade dos lotes de vacinas produzidos para uso clínico ou comercial.

Em seguida, vieram os estudos em animais, realizados em um local separado. Nessa fase, as vacinas candidatas seriam administradas a grupos de oito roedores, em três dosagens diferentes: baixa, média e alta. Após a aplicação das doses em todos os camundongos e o monitoramento quanto a sinais de efeitos colaterais, o sangue dos animais foi coletado em intervalos determinados durante seis semanas para serem submetidos a centenas de testes decisivos.

Um grupo liderado por Lena Kranz e Mathias Vormehr usaria as amostras para procurar os dois tipos de células T: as CD4, também conhecidas como células auxiliares, as iniciadoras e orquestradoras da resposta imunológica, e as CD8, com sua "visão de raios X" inata que permite identificar e matar os inimigos camuflados. Apelidados de "Mulder e Scully" da BioNTech (a dupla costumava completar as frases um do outro, assim como os personagens da série *Arquivo X*), Lena e Mathias contribuíram para o desenvolvimento das vacinas de mRNA contra o câncer na empresa quando eram alunos de graduação, e desde então se tornaram os melhores detetives de células T do mundo. Eles seriam capazes de dizer se as células T tinham reagido à proteína spike do coronavírus expressa pelas vacinas candidatas e se desencadeariam a resposta imunológica *desejada* ou uma que teria o potencial de piorar a Covid-19, no caso dos infectados. Mas os testes da dupla eram complexos e demorariam um pouco para ser concluídos.

Enquanto isso, para descobrir se os construtos da vacina induziam anticorpos suficientes em camundongos, a equipe de Annette empregaria uma técnica bem estabelecida usando "ensaio de imunoabsorção enzimática", que carinhosamente recebeu o nome feminino de ELISA.

De modo semelhante aos testes que se tornariam comuns em um momento posterior da pandemia para detectar a disseminação assintomática da Covid-19 e verificar se os pacientes recuperados tinham anticorpos, o ELISA era relativamente simples. Porém, o ensaio não diferenciava os anticorpos que apenas se ligam ao vírus daqueles que se ligam de maneira a *neutralizar* a ameaça, impedindo-a de entrar nas células saudáveis. Para descobrir se os anticorpos estavam surtindo efeito, a equipe de Annette precisava desenvolver um experimento "padrão-ouro" conhecido como teste de neutralização viral (VNT, na sigla em inglês).

A BioNTech tinha a capacidade *técnica* de medir anticorpos neutralizantes. A empresa realizou esses testes nos estágios iniciais da sua colaboração com a Pfizer em uma vacina contra a gripe. As equipes cultivavam o vírus e o introduziam em células saudáveis, com soro contendo anticorpos potencialmente neutralizantes. Após cinco dias, verificava-se se as células tinham morrido — ou se a infecção fora evitada. Tudo isso foi realizado nos laboratórios da BioNTech — o tratamento da gripe estava sujeito a apenas pequenas restrições de *compliance*. No entanto, as agências reguladoras exigiram mais garantias para lidar com um novo vírus altamente contagioso que, no fim de fevereiro de 2020, tinha ceifado a vida de três mil pessoas no mundo todo.[103]

Desde a década de 1970, uma série de medidas de segurança foi introduzida para possibilitar o trabalho com microrganismos perigosos, e um sistema de classificação foi estabelecido. Os experimentos com o Ebola, que, por ter uma taxa de mortalidade de cerca de 90%, foi categorizado como um dos patógenos mais perigosos, tinham de ocorrer em laboratórios especializados de "nível de biossegurança 4 (NB-4)". Aqueles que lidavam com esse vírus eram obrigados a usar trajes de proteção contra materiais perigosos, de corpo inteiro, com respirador acoplado, do tipo visto em filmes de desastre. A gripe, que existe há séculos e para a qual a maioria dos seres humanos tem algum tipo de defesa natural, foi categorizada como "NB-2" no jargão de biossegurança, o que significa que aqueles que trabalham com o vírus influenza devem tomar precauções-padrão, como usar luvas e máscara, mas não precisam tanto de equipamento especializado. Amostras vivas do vírus da Covid-19 foram classificadas no nível intermediário, como NB-3. Isso significava que só poderiam ser manuseadas em uma "cabine de biossegurança", um espaço de trabalho protegido por vidro, com uma pequena abertura através da qual os técnicos podem inserir os braços. O próprio laboratório precisaria ter paredes, tetos e pisos hermeticamente isolados, bem como uma antessala com portas vedáveis e projetada para resistir a terremotos. O fluxo de ar teria de ser controlado de perto, e todos os equipamentos instalados deveriam poder ser submetidos à limpeza regular com produtos químicos industriais.[104]

A BioNTech não tinha laboratórios NB-3. Os testes de anticorpos neutralizantes teriam de ser realizados fora, por uma empresa terceirizada. Isso não apenas seria bastante caro, já que milhares de amostras precisavam ser recebidas e enviadas em contêineres ultracongelados, mas também tornaria o processo mais lento. A empresa, sem dúvida, operaria apenas durante o horário normal de expediente e testaria os construtos de forma sequencial, e não em paralelo. A equipe do Projeto Lightspeed só veria os dados pela primeira vez em três ou quatro semanas, depois que todos tivessem sido reunidos, formulados, verificados e revisados. A avaliação das vacinas sofreria um atraso considerável.

Porém, havia um problema ainda maior. O fornecedor externo mais capacitado para testar anticorpos neutralizantes no curto prazo ficava, por azar, no coração da Toscana, na Itália, região que estava rapidamente se tornando o epicentro da Covid-19. O norte do país estava em lockdown parcial, e o vírus já havia sido identificado em todas as vinte regiões da Itália. Mesmo que o laboratório da empresa terceirizada continuasse a operar e não houvesse infecção em massa da equipe, a entrada e a saída das amostras de soro de camundongos na região provavelmente seriam muito prejudicadas. A BioNTech precisava de uma alternativa, e rápido. Por um milagre, a solução surgiu do mais improvável dos lugares.

Alex Muik, um bioquímico formado na região, não fazia parte da equipe do Projeto Lightspeed. Ele tinha ouvido falar do programa através de colegas que participavam de outras reuniões de departamento e, durante as conversas perto do bebedouro, soube dos problemas que a unidade de Annette enfrentava para realizar os testes. Embora estivesse bastante ocupado e envolvido nas pesquisas da empresa sobre os medicamentos contra o câncer, essa nova informação soou como um sinal de alerta para Alex. Anos antes, no início da sua carreira científica, ele adquirira habilidades específicas que eram de uso limitado em sua empresa atual. Agora, entretanto, sua *expertise* entraria em cena.

Na década anterior à mudança para Mainz, Alex havia trabalhado com vírus oncolíticos — patógenos específicos particularmente eficientes em adentrar as células tumorais e quebrá-las — em busca de uma versão inicial da imunoterapia.[105] Um desses patógenos foi o vírus da estomatite vesicular (EV), uma versão menos perigosa do vírus da raiva, que causa sintomas semelhantes aos da gripe em seres humanos. Em seu doutorado, Alex tinha trabalhado no ajuste do vírus da EV, que prejudicava o sistema nervoso, para torná-lo seguro em pacientes com câncer. Ele fez isso juntando proteínas inofensivas de outros vírus e descobriu que o da EV era passível de ser manipulado. O processo era análogo ao jogo Jenga, o da torre com blocos de madeira: as partes do vírus que causavam doenças graves poderiam ser retiradas com cuidado, sem causar o desmoronamento de toda a estrutura. Assim, Alex reduziu a toxicidade do vírus da EV em um fator de um milhão.

Em 2016, como queria trabalhar com inovações que pudessem ser levadas à prática clínica, candidatou-se a uma vaga na BioNTech e foi contratado. Por mais empolgado que estivesse por ingressar em uma start-up ambiciosa, Alex sabia que deixaria para trás grande parte da sua experiência anterior. Na BioNTech, ele não trabalharia com vírus oncolíticos, mas, sim, com um tipo de imunoterapia que tinha o objetivo de melhorar as respostas das células T contra o câncer. Então veio a Covid-19.

Em 2 de março, após ouvir sobre os problemas dos testes do Projeto Lightspeed, Alex enviou um e-mail para Annette perguntando de maneira educada como ela planejava testar os anticorpos neutralizantes. Na conversa que se seguiu, ele ficou sabendo do plano que envolvia usar uma empresa italiana que logo seria arrebatada por casos de coronavírus. A alternativa — montar um laboratório de nível de biossegurança 3 ou NB-3 na empresa, com todo o equipamento especializado necessário — demoraria muito. Mas Alex tinha uma proposta: *Eu posso desenvolver um teste na própria empresa.*

Ele argumentou que, em vez de usar uma amostra viva do coronavírus, a biofarmacêutica alemã poderia recorrer ao velho conhecido vírus da estomatite vesicular. No início da sua carreira, Alex substituiu os blocos perigosos da torre do vírus da EV por proteínas inofensivas. Dessa vez, ele poderia substituir os elementos nocivos pela proteína spike isolada do SARS-CoV-2, que seria integrada ao envelope genético do vírus e perderia sua capacidade contagiosa. Isso geraria um *pseudovírus*, que continha a parte do coronavírus que a BioNTech esperava que os seus imunizantes atacassem, mas que era incapaz de causar a Covid-19. O construto de Alex não seria nada além de um imitador inofensivo.

Para verificar se os anticorpos implantados pelos construtos das vacinas da BioNTech eram precisos e fortes o suficiente para derrotar a Covid-19, a equipe do Projeto Lightspeed poderia observar se eles eram capazes de desativar a proteína spike, perfeitamente replicada por meio do uso de um invólucro do vírus da EV. Mais importante ainda, o pseudovírus da EV seria classificado como uma substância de nível de biossegurança 1, NB-1, o que significa que poderia ser manipulada nos laboratórios da própria BioNTech. "É apenas uma ideia", escreveu Alex. "O que você acha?"

Annette sabia que esses testes eram usados com frequência para fornecer aos cientistas uma indicação precoce da ação dos anticorpos neutralizantes. A BioNTech, no entanto, nunca precisara usar o método antes, e seria um desafio criar do zero um teste de pseudovírus, em um padrão elevado a ponto de possibilitar o desenvolvimento de medicamentos no mundo real, e não só em pesquisas. Seria necessário identificar e solicitar equipamentos especializados, adquirir reagentes e calibrar todos os elementos para garantir resultados consistentes. Mas Alex estava confiante. Com base na sua experiência anterior, ele disse a Annette que poderia colocar o teste para rodar, e rápido. "Isso seria de fato incrível", respondeu ela. "Mas estou muito assoberbada. Não temos condições e pessoal para apoiar você."

Implacável, Alex seguiu em frente. Antes, porém, precisava obter o vírus da EV, aquele da empresa em que passara a maior parte da carreira de jovem cientista. Especificamente, ele precisava de um plasmídeo — uma molécula com uma fração de DNA que contém o código do patógeno. A BioNTech, que não trabalhava com o vírus da EV, não tinha esse material armazenado, então Alex entrou em contato com velhos amigos. "Preciso de alguns plasmídeos do vírus da EV, e tem que ser agora", implorou. Dias depois, o pesquisador pôs um recipiente de gelo seco no banco de trás de seu Golf branco e foi buscar seu pedido de emergência.

No entanto, ainda faltava um ingrediente-chave. Para que o vírus modificado da EV expressasse a proteína spike, Alex precisava obter o material genético da protrusão em sua forma original — não a versão estabilizada que Stephanie e sua equipe batalharam para produzir nos laboratórios da empresa. Sem o conhecimento de Alex, seu chefe já estava se precavendo. Em 21 de fevereiro, Ugur enviou um e-mail para a gerente de projetos Corinna Rosenbaum informando que a Sino Biological, uma empresa chinesa com uma instalação a oeste de Frankfurt, se oferecia para fornecer a seus clientes o molde de DNA que codifica a sequência completa da proteína spike do coronavírus. Enquanto deixava o filho na creche, Corinna ligou imediatamente para a empresa a fim de saber mais detalhes e, no caminho até a BioNTech, comprou dois cafés. Ansiosa para confirmar se o produto atendia às necessidades de teste do Projeto Lightspeed, ficou esperando na porta do escritório de Stephanie. Sim, estava de acordo com os requisitos, mas o molde de DNA era sintetizado na China, então demoraria semanas para chegar. Corinna passou essas considerações a Ugur, que respondeu: "Eu sei e já fiz o pedido com meu cartão de crédito particular."

Em 5 de março, quando Alex reunia instrumentos e materiais para o teste inventivo, recebeu uma mensagem de Ugur. A boa notícia era que um tubo de ensaio contendo o DNA que codificava a proteína spike tinha chegado a Mainz. A má notícia era que a Sino Biological entregara o pacote para a recepcionista do TRON, um instituto de pesquisa localizado na mesma rua, que Ugur havia fundado dez anos antes com Özlem e o mentor do casal, Christoph Huber. Seguindo as instruções de Sierk Poetting, a equipe do Projeto Lightspeed mantinha um contato mínimo com outras pessoas, de modo a evitar infecções. Pegar o tubo de ensaio pessoalmente parecia arriscado, então Alex combinou um encontro com um funcionário do TRON em frente à sede da BioNTech. Poucos minutos depois, no que para os transeuntes deve ter parecido uma cena de tráfico de drogas em plena rua, dois homens mascarados caminharam até um ponto de ônibus, e a entrega foi realizada.

*

Enquanto Alex trabalhava na replicação do precioso molde de DNA — o primeiro fragmento do coronavírus real a entrar nas instalações da BioNTech —, Annette e sua equipe receberam de Viena o primeiro lote de mRNA encapsulado em uma nanopartícula lipídica. Em 9 de março, após a viagem noturna, um carro preto parou em frente à sede com algumas dezenas de frascos oriundos da Polymun, contendo material suficiente para a realização dos primeiros estudos em animais. Em 11 de março, os imunizantes foram injetados em camundongos. No mesmo dia, a Organização Mundial da Saúde declarou uma pandemia.

Os casos começaram a aumentar depressa. Em 13 de março, a maioria dos estados alemães ordenou o fechamento imediato de escolas e creches. O estado da Renânia-Palatinado, cuja capital é Mainz, não entraria em quarentena, mas Sierk logo enfrentou um problema com os funcionários por causa do sistema federal do país. Muitos integrantes da equipe do Projeto Lightspeed vinham dos estados vizinhos de Baden-Württemberg e Hesse, onde apenas os filhos de trabalhadores dos serviços essenciais ainda podiam frequentar a escola. As autoridades nesses estados nunca tinham ouvido falar da BioNTech, muito menos do programa de vacinas da empresa, e se recusavam a atender os filhos dos funcionários. Uma creche de emergência foi montada na sala de reuniões do *campus* principal da farmacêutica enquanto a equipe de Sierk se virava com as questões burocráticas locais a fim de obter uma carta afirmando que a BioNTech era crucial para a luta contra o coronavírus.

Um problema semelhante impediu a equipe de conseguir um número suficiente de equipamentos de proteção individual. Luvas e capotes eram escassos e reservados para instituições consideradas *relevantes para o sistema.* A BioNTech não tinha esse status, então o gerente do laboratório, François Perrineau, e a diretora de comunicação, Jasmina Alatovic, começaram a ligar para os políticos, explicando o trabalho realizado e perguntando o que a empresa precisava fazer para ter prioridade na compra de produtos de segurança. A escassez de aventais descartáveis e afins já atrapalhava os esforços excepcionais da equipe do Projeto Lightspeed. A farmacêutica chinesa Fosun até enviou máscaras para ajudar a nova parceira. "Chegou a um ponto em que tivemos de reutilizar luvas", revela François. "Foi horrível."

As fronteiras da Alemanha com Áustria, França e Suíça também estavam sendo fechadas, e toques de recolher foram introduzidos em áreas com altas taxas de transmissão do vírus. Até então, Angela Merkel não tinha imposto um lockdown nacional, mas Sierk, que estava comprando pizza para os filhos já em ensino remoto, percebeu a gravidade da situação quando a notícia das restrições crescentes se espalhou. A primeira morte por coronavírus na Alemanha fora confirmada dias antes, e o número de vítimas logo aumentou para oito.[106] Apenas seis semanas após o lançamento do Projeto Lightspeed, depois de consultar seu gabinete de crise, Sierk ordenou que todos os funcionários não essenciais da BioNTech ficassem em casa.

Ugur, cuja preocupação com a infecção atingia novos patamares, estava um passo à frente. Semanas antes, tinha abandonado o hábito de apertar a mão das pessoas no início das reuniões. Relutava até em tocar em papéis que precisavam ser assinados sem lavar as mãos depois. Ele chegou a enviar um e-mail ao departamento de operações da BioNTech perguntando se haveria a possibilidade de adquirir e montar uma tenda no estacionamento, de modo a permitir reuniões mais seguras, mas foi informado de que isso demoraria um pouco e seria impraticável. Muito antes do restante da empresa, Ugur e Özlem, temendo ficar incapacitados pelo vírus no momento em que a equipe mais precisasse de orientação, começaram a trabalhar de casa.

Com apenas dois quartos, uma sala de estar/jantar multifuncional e um anexo compacto, a residência dos Sahin-Türeci parecia pequena antes do surto de coronavírus. Mudar-se para um espaço maior já estava nos planos da família havia muito tempo, mas Ugur, um citadino confesso, não queria ir para o subúrbio, e a tarefa de encontrar um lugar maior perto de casa se provou difícil. Agora, com Ugur, Özlem e a filha em quarentena, o apartamento parecia um tanto claustrofóbico. A adolescente acompanhava as tarefas escolares e via os amigos por chamadas de vídeo, enquanto os pais participavam continuamente de reuniões por Zoom com agências reguladoras, parceiros corporativos e fornecedores. A conexão com a internet era tudo o que ligava o casal ao desenvolvimento da primeira vacina contra a Covid-19 no mundo.

A maioria dos funcionários da BioNTech não precisou de muito convencimento para se ver em um destino semelhante. As instalações em Mainz já eram apertadas, com pouco espaço nas mesas de trabalho e poucas salas de reunião. O escritório de plano aberto adotado para acomodar os novos funcionários tinha quase sido feito sob medida para espalhar doenças. Quando Sierk publicou o decreto, a questão latente para a maioria dos funcionários não era a logística, mas, sim, os cronogramas. "Eles perguntavam: 'Quando isso vai acabar?'", contou Sierk, que apenas respondia: "Não sabemos."

No entanto, mais de quinhentos funcionários ainda precisavam estar presentes na empresa para manter o Projeto Lightspeed a pleno vapor. A BioNTech teria que limitar o risco de infecção ao máximo, mas não tinha experiência na elaboração das diretrizes necessárias. François, o gerente do laboratório, conversou com amigos que trabalham na Airbus, na Bayer e na Beiersdorf, fabricante dos produtos da Nivea. Ele perguntou a respeito do distanciamento social e de medidas semelhantes e incorporou algumas das regras das outras empresas. "Começamos do zero", revelou, mas a empresa logo apresentou um plano para dividir os funcionários essenciais em dois grupos, que trabalhariam em turnos separados.

Além dos cientistas principais, a maioria dos que permaneceram no local trabalhava na operação ou na limpeza dos laboratórios ou cuidava das instalações de produção. A única funcionária do setor administrativo que continuava indo ao prédio era Corinna. Ela montou um gabinete de gestão de risco em uma das poucas salas de reuniões vazias; como tinha uma criança pequena correndo pela casa, decidiu trabalhar no *campus*, mesmo nos fins de semana. Percebendo que ficaria sozinha, presa no escritório, na maior parte do tempo em que estivesse acordada, ela levou uma lembrança de casa e colocou-a na mesa: um pequeno desenho de uma casa, feito pelo filho de dois anos.

*

Enquanto isso, Alex trabalhava no teste de pseudovírus. Em 10 de março, cinco dias após receber o molde de DNA no ponto de ônibus, o protótipo já estava funcionando, embora longe da perfeição. O processo para detectar se os anticorpos induzidos pela vacina neutralizavam o coronavírus era complexo. Células saudáveis, retiradas de macacos-verdes africanos, apresentando o mesmo receptor com o qual o vírus SARS-CoV-2 se ligava às células pulmonares, seriam colocadas em pequenos reservatórios parecidos com uma forma de *muffin*. Em separado, o sangue de camundongos imunizados com os construtos da vacina (e, com sorte, contendo anticorpos neutralizantes) seria misturado ao pseudovírus da EV contendo a proteína spike do coronavírus e uma enzima verde-fluorescente. Depois de mais ou menos uma hora, as duas substâncias seriam combinadas. Se o pseudovírus tivesse êxito em infectar as células — ou seja, se os anticorpos da vacina da BioNTech *não* impedissem a infecção —, as células afetadas ficariam da cor verde-fluorescente quando observadas pelo microscópio especializado. Se os anticorpos no sangue do camundongo tivessem sido *bem-sucedidos* em desarmar a proteína spike do coronavírus, pouquíssimas ou nenhuma das células de macaco seria infectada. Não apareceu o brilho esverdeado.

Porém, o número de células que seriam infectadas na ausência de anticorpos era uma fração muito pequena do total contido nos reservatórios: apenas quinhentas de um universo de quarenta mil. Ao examinar pelo microscópio, era quase impossível diferenciar entre quinhentas e cinquenta células infectadas com o objetivo de descobrir o grau de sucesso das vacinas. Nas semanas seguintes, Alex e sua única colega, Bianca

Sänger, tentaram recorrer à ajuda das máquinas disponíveis. O equipamento de citometria de fluxo estava lento demais e fazia muito barulho ao emitir os dados. Havia também um leitor de microplaca impreciso.

No meio de tudo isso, a equipe da Pfizer, que acabara de embarcar no projeto, enviou um e-mail para Annette pedindo um "POP" — o Procedimento Operacional Padrão — dos experimentos de Alex, para que tentassem replicar o teste em Nova York. O que eles queriam era um guia de várias páginas com o passo a passo do processo, incluindo detalhes de todos os materiais, técnicas e instrumentos envolvidos. Quando Annette encaminhou o pedido, Alex respondeu com um *emoji* sorridente. Não existia tal documento. Para evitar contaminação, os blocos de anotação em geral não entravam nos laboratórios. Como muitos de sua área, Alex rabiscava suas descobertas em papel-toalha. As anotações acabariam se transformando em instruções coerentes, mas até então — apesar de Angela Merkel alertar os alemães de que enfrentavam o maior desafio desde a Segunda Guerra Mundial[107] — tudo o que Alex tinha a oferecer a uma das maiores empresas do mundo eram papéis-toalha empilhados em uma mesa.

O método, entretanto, valeu a pena. Em 27 de março, Alex tirou a sorte grande. Uma máquina de análise de células do tamanho de um forno de micro-ondas, mas com um detector de fluorescência altamente sensível, deu conta do recado. Em questão de minutos, forneceu uma leitura precisa da quantidade de pontos verdes em todos os 96 reservatórios da forma de *muffin*. Em um laptop, Alex converteu esses dados em um gráfico, que mostrou uma curva sigmoide perfeita, com formato de "S" alongado e ascendente. Dois meses depois de Ugur ter lido pela primeira vez sobre a disseminação de um patógeno novo e desconhecido a cerca de 8.500 quilômetros de distância, lá estava a prova de uma vacina de mRNA que despojava o coronavírus da sua arma mais potente. Os anticorpos induzidos pelas candidatas da BioNTech interromperam a infecção tantas vezes fatal.

Os resultados foram enviados por e-mail para Ugur, que parabenizou a equipe pela conquista. Alex e Bianca comemoraram com um *high-five* e imediatamente voltaram ao trabalho.

Dezenas de outras amostras precisavam ser testadas, e o processo ainda era precário. As grandes farmacêuticas têm vários equipamentos de análise de células como os que Alex usava; muitos deles, parados. A BioNTech tinha apenas um. A demanda pelo equipamento já era grande em função dos projetos de câncer. Além disso, era necessário deixar o dispositivo esfriar por pelo menos dez minutos a cada uso. Alex entrou em contato com o fabricante, o grupo Sartorius, e perguntou se rodar lotes consecutivos faria o equipamento pifar. O bioquímico foi aconselhado a seguir em frente e torcer para que não desse defeito. Se o aparelho superaquecesse, era só ligar para eles.

Alex e Bianca passaram a trabalhar em turnos alternados de dez horas, querendo aproveitar ao máximo o tempo limitado do equipamento. A cada dia, eles se aproximavam mais do esgotamento, tanto do ser humano quanto da máquina. Por fim, dois técnicos foram chamados para o laboratório. A equipe, que tivera apenas algumas semanas para testar se décadas de inovação valeriam a pena, passou a ter quatro integrantes.

Contrariando todas as probabilidades, a BioNTech dava mais um passo crucial para a criação de uma vacina viável. Até Annette, que diz não ter tido dúvidas de que chegaria a hora do mRNA, admite ter ficado "arrepiada" quando viu a primeira leitura dos testes de seus estudos em camundongos. "Havia apenas uma pequena saliência na curva, mas tínhamos indícios de que algo estava acontecendo", contou ela. Em uma nova visualização, uma onda não muito diferente das encontradas em um monitor cardíaco indicava que os anticorpos tinham entrado em combate. Ainda não havia dados para confirmar se os construtos da equipe do Projeto Lightspeed provocavam uma resposta das células T; os testes para isso eram mais complicados e demoravam um pouco mais a gerar resultados. A empresa teria de escolher uma vacina candidata para os ensaios clínicos com base nas descobertas de Annette e Alex e nos instintos aguçados de Ugur e Özlem. À sua maneira, Ugur celebrou a ocasião. O gráfico com a pequena onda passou a ser o protetor de tela do seu computador.

CAPÍTULO 6

FORJAR ALIANÇAS

Roshni Bhakta ouviu falar pela primeira vez do acordo com a Pfizer para a vacina contra a Covid-19 quando uma notícia da Reuters, em letras de imprensa garrafais, brotou na tela do seu computador. Para acompanhar o marido alemão, a bióloga molecular norte-americana tinha se mudado para a terra natal dele, onde fora contratada pela BioNTech por ter se tornado, nas palavras dela, "uma mecânica que virou vendedora de carros" ao acumular experiência em patentes e licenciamento. Como cientista, ela entendia bem as tecnologias da companhia e, como operadora comercial perspicaz, sabia a melhor maneira de proteger a propriedade intelectual da empresa. Seu papel vinha se tornando cada vez mais central para o desenvolvimento de negócios da BioNTech à medida que parcerias com empresas de criação de medicamentos eram assinadas a torto e a direito. Por natureza, Ugur tendia a confiar em novos colaboradores, sobretudo se concordasse com a posição dos pesquisadores em questão. Roshni ficava de olho para garantir que ninguém explorasse essa confiança. "Meu trabalho é proteger a empresa", afirma ela. É por isso que, naquela manhã de sexta-feira, dia 13 de março, o alerta que surgiu no computador a deixou chocada.

"PFIZER INC. — EMPRESA COMEÇA A DESENVOLVER POSSÍVEIS TERAPIAS ANTIVIRAIS PRÓPRIAS E FIRMA PARCERIA COM A BioNTech PARA UMA POTENCIAL VACINA DE MRNA CONTRA O CORONAVÍRUS", dizia a notícia. Roshni, segurando a xícara de chá que acabara de preparar, se virou, espantada, para a única colega no escritório naquela manhã, a chefe de comunicação da BioNTech, Jasmina Alatovic. "A gente fez...? A gente fez mesmo um acordo com a Pfizer?", indagou ela. O departamento de Roshni tinha apenas três pessoas, e nenhuma delas havia mencionado qualquer colaboração futura, exceto uma em andamento com a chinesa Fosun. Jasmina também não estava sabendo de nada. Roshni tinha certeza de que essa novidade não era parte da parceria com a Pfizer no projeto contra a gripe, pois o acordo não dava a opção de o grupo norte-americano desenvolver mais medicamentos.

Mas ela não precisou esperar muito para entender o que tinha acontecido. Por volta das nove horas, meia hora após a Reuters ter publicado a matéria, chegou na caixa de entrada de Roshni um e-mail do seu chefe, Sean Marett, diretor comercial da BioNTech. A mensagem continha um link para a reportagem da agência de notícias e uma instrução em uma linha: "Por favor, elabore uma carta de intenções." Esse jargão empresarial significa uma espécie de "lista de desejos" interna para delinear como seria a colaboração com a Pfizer — em quais direitos a BioNTech deveria insistir e o que deveria oferecer à empresa parceira em termos financeiros e científicos. Roshni começou a trabalhar no documento naquele mesmo instante e, quinze horas depois, à 1h30 de sábado, enviou-o para Sean.

Assim que recuperou o fôlego, ela começou a entender a lógica dessa proposta de parceria. Embora o anúncio tenha sido pouco ortodoxo, não se tratava de uma iniciativa totalmente inesperada. Desde que Ugur divulgara seu plano detalhado para uma vacina contra o coronavírus, tinha ficado cada vez mais claro para a gestão e os principais profissionais da BioNTech que, após a pesquisa inicial e os primeiros ensaios, seria inviável para a empresa seguir sozinha. Por um breve período, parecia que organizações internacionais, como a Coalizão para Inovações em Preparação para Epidemias (CEPI, na sigla em inglês) ou a Fundação Gates, talvez se oferecessem para auxiliar pequenas empresas de biotecnologia nos últimos estágios do desenvolvimento de medicamentos, obtendo matérias-primas e aumentando a produção. Contudo, esses planos logo ruíram quando foram confrontados com a realidade: a maioria das companhias queria atuar por conta própria ou firmar parcerias com os seus países de origem. A BioNTech precisaria correr para os braços de algum governo, que teria condições de fazer certas demandas, ou convencer uma gigante farmacêutica a ajudá-la.

O presidente da BioNTech, Helmut Jeggle, era favorável à segunda opção. Na visão dele, para que a população geral aceitasse um produto baseado em mRNA, era necessário o respaldo de um nome de peso entre as grandes farmacêuticas. Além disso, por conta da necessidade de transportar a vacina internacionalmente a temperaturas muito baixas, pelo menos durante a distribuição inicial, a BioNTech precisava do apoio de uma empresa acostumada a lidar com logística complexa. Uma parceria com uma companhia maior também forneceria mais proteção contra disputas judiciais, sobretudo nos Estados Unidos, onde advogados que vivem de caçar comissões com certeza persuadiriam um punhado de pacientes insatisfeitos a contestar na justiça qualquer fabricante de medicamentos novos, em especial aqueles com base em uma tecnologia inédita.

Mas, acima de tudo, Helmut sabia que a BioNTech precisava acelerar o passo. Para que o investimento no Projeto Lightspeed se tornasse compensador, ele achava que a vacina devia estar entre as três primeiras a chegar ao mercado, enquanto a demanda global ainda estivesse alta. Para alcançar o objetivo, a empresa alemã precisaria demonstrar aos órgãos reguladores, em questão de meses, que sua candidata tinha excelentes dados de eficácia e segurança nos grandes ensaios de Fase 3, que envolvia dezenas de milhares de pessoas em diversos países. Apenas cinco fabricantes tinham capacidade para realizar um estudo global sobre vacinas nessa escala e velocidade: Merck, Johnson & Johnson, Sanofi, GSK e Pfizer. Uma delas já trabalhava com a BioNTech.

Parecia óbvio qual caminho deveriam tomar. Porém, para Ugur e Özlem, não foi fácil segui-lo. Experiências desagradáveis lhes ensinaram que esse percurso poderia ser repleto de escolhas complexas.

A independência do casal e, por consequência, da BioNTech, tinha sido uma conquista árdua. A própria existência da empresa se devia à determinação em priorizar excelência científica em detrimento dos lucros a curto prazo. Eles escaparam de cair nas garras das gigantes farmacêuticas por causa de dois bilionários da Baviera que buscavam investir em alguma descoberta que pudessem deixar de legado à família. Ugur e Özlem sempre relutaram em colocar em risco essa posição privilegiada e cair nas mãos de um parceiro oportunista.

As primeiras experiências dos médicos no mundo empresarial foram traumáticas. Após serem rejeitados diversas vezes por grandes desenvolvedores de medicamentos, Özlem conta que Ugur e ela decidiram, "por desespero", criar a própria empresa a partir dos grupos de pesquisa que conduziam em universidades em Mainz e Zurique. Como viam que empresas de biotecnologia norte-americanas com um único produto conceitual desfrutavam de enorme apoio financeiro, a dupla decidiu que precisaria seguir sozinha se quisesse ver as suas diversas inovações chegarem aos pacientes.

Mas isso foi em 2001, e não poderia ter sido um ano pior. A Alemanha estava mal das pernas devido à crise causada pela bolha da internet — um exemplo disso foi o colapso do índice nacional Neuer Markt, criado para competir com o nova-iorquino Nasdaq, focado em tecnologia. Depois de serem persuadidos a financiar um bocado de cobiçadas empresas de tecnologia, os investidores alemães, sempre muito avessos ao risco, perderam fortunas e juraram nunca mais ser influenciados assim. Mesmo em épocas mais otimistas, o continente europeu não era um ambiente muito acolhedor para as empresas de biotecnologia. Somente uns poucos fundos de investimento prestavam atenção no setor, e uma quantidade ainda menor de analistas oferecia cobertura regular para as start-ups relevantes. "Uma hora, entendemos que não tinha outro jeito", diz Özlem. Foi então que o casal começou a procurar patrocinadores interessados em uma empresa que se concentraria em anticorpos monoclonais, uma forma relativamente consolidada de tratamento de câncer. Ugur, que nunca tinha tido vontade de abrir a própria empresa, comparou essa missão à do hobbit Frodo Bolseiro em *O Senhor dos Anéis*, um dos seus filmes de fantasia favoritos. Disse a Özlem que Frodo não escolhera carregar o anel, tampouco ser responsável por destruí-lo, mas tinha sido forçado a assumir essas tarefas.

Não seria fácil achar um interessado. O perfil de Ugur e Özlem não oferecia um atrativo especial para os investidores locais. Na Alemanha, quase não havia empreendedores com relevância que fossem descendentes de imigrantes, e faltava ao casal o verniz de uma passagem por uma universidade norte-americana de prestígio, como Harvard ou Johns Hopkins. Essa era a trajetória típica dos cientistas mais ambiciosos do país, e os investidores de risco tinham mais apreço pelos "*in Amerika gewesen*" (aqueles que estavam sediados nos Estados Unidos) do que pelos que optaram por ficar no país natal. Mas a força das pesquisas do casal e a capacidade de Özlem de explicá-las com eloquência em alemão conquistaram alguns céticos. Por fim, a start-up conseguiu arrecadar sete milhões de marcos (cerca de 3,6 milhões de euros) de um investidor suíço e se tornou a única do país a conseguir esse feito naquele ano. A empresa foi batizada de Ganymed, nome inspirado no verso de um poema de Goethe, que soa como uma expressão turca cujo significado é "conquistado com esforço".

Nos primeiros anos da Ganymed, Ugur e Özlem acharam a jornada bem mais segura do que a vivida pelo hobbit que era sua referência. Então, em 2007, o casal e seu mentor, o oncologista austríaco Christoph Huber, que havia fundado a Ganymed com eles seis anos antes, de repente se viram contra a parede. A start-up já tinha vários êxitos relacionados a estudos pré-clínicos no currículo e se preparava para realizar testes em seres humanos pela primeira vez após duas rodadas de financiamento. Mas agora a Ganymed precisava investir em estudos caros, de grande escala, e o dinheiro acabara. A empresa de capital de risco zuriquense, Nextech, que tinha fornecido o capital inicial, permanecia como o maior investidor da start-up, mas queria deixar o negócio. A Nextech tinha regras rígidas sobre o tempo exato que cada companhia deveria ficar abrigada sob as suas asas e, naquele momento, precisava "ir embora", a fim de recuperar o que fosse possível do investimento.

Nesse meio-tempo, Ugur e Özlem adquiriram certa experiência em negócios e sabiam que isso significava que poderiam acontecer três coisas: ou a Ganymed seria forçada a se fundir com outra empresa de biotecnologia, ou seria vendida com urgência, ou, na pior das hipóteses, precisaria entrar com um pedido de insolvência e, com isso, deixar patentes valiosas nas mãos de liquidantes. Encontrar novos financiadores parecia fora de questão — quem escolheria uma empresa que tinha sido quase que descartada pelos proprietários anteriores? Mas, por sorte, o trio fora apresentado pouco antes a uma dupla de investidores extremamente entusiasmada e nada ortodoxa. Donos de uma fortuna proeminente da venda de uma gigante do setor de medicamentos genéricos, a Hexal, em um acordo de 7,5 bilhões de dólares, esses empreendedores haviam investido uma pequena quantia — alguns milhões de euros — na Ganymed e, pelo que sinalizavam, queriam comprar uma participação maior. Ugur e Özlem perceberam que as únicas pessoas capazes de tirá-los dessa enrascada eram os gêmeos Strüngmann: Thomas e Andreas.

Em setembro de 2007, já quase sem opções, o casal viajou com Christoph Huber para Munique. Lá, em uma sala de conferências no escritório dos Strüngmann, com vista para uma rua movimentada na qual passava uma linha de bonde elétrico, expuseram o dilema. Sentados diante deles estavam Thomas Strüngmann, o mais simpático dos irmãos quase idênticos, e seu assessor, Helmut Jeggle, encarregado dos investimentos da família. Michael Motschmann, chefe de um fundo de investimentos de pequeno porte chamado MIG, estava junto. Ele chamara a atenção de Thomas para a empresa de biotecnologia de Ugur e Özlem alguns meses antes, durante uma partida de golfe nas margens pitorescas do lago Tegernsee, na Baviera.

Durante a conversa em Munique, Helmut revelou que, apesar de o escritório dos Strüngmann ter considerado aumentar a participação na Ganymed, os patrocinadores suíços da empresa e os investidores institucionais como o banco de desenvolvimento do governo alemão, o KfW, indicaram que não autorizariam uma diluição da participação majoritária deles, o que na prática deixou Thomas de mãos atadas. Porém, ele sabia que não fazer nada ameaçava a continuidade do ímpeto empreendedor de Ugur e Özlem. Thomas gostava de dizer que a qualidade das empresas residia no seu pessoal, então estava relutante em deixar que aqueles profissionais, em particular, saíssem da sua órbita. “Eu estava fascinado com eles. Pensei: ‘Este é o casal que vai realizar os nossos sonhos"', conta. Ele perguntou a Ugur e Özlem: "Se a Ganymed implodisse, vocês teriam algo mais na manga?"

Ugur se deteve por um instante. Sem alarde, Özlem e ele vinham trabalhando com um pequeno grupo de cientistas em vários projetos, inclusive os de terapias de mRNA, na universidade de Mainz, e já cogitavam a ideia de abrir uma segunda empresa — a qual seria dedicada à próxima geração de plataformas que poderiam ajudar pacientes com câncer através de medicamentos individualizados para atingir tumores. Mas Ugur e Özlem estavam abalados com o nervosismo da Nextech e com o fato de as participações deles na Ganymed terem sido reduzidas para menos de 1,5% cada. Assim, estavam reticentes em ficar mais uma vez em dívida com desconhecidos. Conforme um executivo do setor farmacêutico os advertira, empresas de biotecnologia estavam destinadas a morrer: elas desapareciam, seja por aquisição ou, como era bem mais comum, por falência. O casal nutria um carinho muito especial pelos seus outros projetos, que tinham recebido o codinome NT, de Novas Tecnologias, e não aceitaria que tivessem esse fim. Ugur acreditava que daria para financiá-los com a venda da Ganymed, somada a auxílios do governo alemão. Esse dinheiro não seria suficiente para a nova empresa lançar um produto no mercado em poucos anos, mas as "NT" conseguiriam avançar apesar das dificuldades — um avanço lento, porém seguro, sem a perturbação das rodadas de financiamento periódicas e das propostas para gestores de fundos.

Relutantes, começaram a apresentar aos investidores no escritório dos Strüngmann seus trabalhos recentes, incluindo as terapias de mRNA contra o câncer, bem como a biblioteca de antígenos específicos contra tumores descoberta quando o casal utilizou uma versão inicial de inteligência artificial que poderia ser usada para atingir células cancerosas. O casal ressaltou que essas inovações estavam em estágio inicial e investir nelas acarretaria um grande risco. "Deixamos claro que levaria dez anos para que essas tecnologias fossem implementadas", reforça Ugur. No encontro, ele revelou os planos que compartilhava com a esposa: montar uma empresa de imunoterapia diferente das demais, que pesquisasse de tudo, desde mRNA e terapias celulares e genéticas até anticorpos bioespecíficos e imunomoduladores. Eles não podiam e não iam se comprometer com cronogramas para os ensaios clínicos. O que fariam seria testar as inovações em seres humanos assim que *eles* as considerassem prontas, e não de modo a se adequarem aos ciclos de financiamento dos investidores.

Apesar dessas condições, Thomas estava ficando interessado. Formado em economia, ele tinha noções mais avançadas sobre ciência por causa do pai, fundador de uma empresa farmacêutica, e do irmão médico, Andreas. Tinha uma vaga ideia do ceticismo em torno das plataformas de mRNA, mas era da sua natureza ficar do lado do patinho feio, sobretudo se o investimento necessário fosse modesto em relação à riqueza recém-conquistada pela família. Ele havia ganhado dinheiro suficiente para cometer alguns erros e podia se dar ao luxo de confiar, ao menos em parte, nos próprios instintos. "Eu não entendia muito disso naquela época", admite de cara, "mas tive um pressentimento."

Assim que Ugur e Özlem concluíram a apresentação, Thomas se dirigiu a eles usando seus sobrenomes, devido à falta de intimidade. "Professor Sahin, dra. Türeci, de quanto dinheiro vocês precisam para fazer isso?", perguntou, com naturalidade. Pegos de surpresa, os médicos calcularam na hora quanto custaria para que alcançassem, em cinco anos, os ensaios clínicos de Fase 2. Responderam que seriam necessários cerca de 150 milhões de euros. Thomas se levantou no mesmo instante e pediu licença para sair da sala e dar um telefonema.

Ele voltou poucos minutos depois, após ligar para o irmão, Andreas. "Bom, vocês já têm o dinheiro", anunciou. Perplexos, Ugur e Özlem se entreolharam e, em seguida, encararam Christoph e Michael, que também estavam surpresos. Eles sabiam que apoiar um empreendimento totalmente novo era bastante incomum para o veículo de investimento dos Strüngmann, conhecido pelo nome comercial, Athos. O fundo não tinha o costume de oferecer capital inicial, preferia investir em empresas jovens com estrutura já estabelecida. Além disso, caso Özlem e Ugur deixassem a Ganymed para se concentrar em um novo negócio, os irmãos temiam que a empresa na qual já haviam investido perdesse o rumo por completo e rendesse ainda menos em uma venda relâmpago. Entretanto, Thomas ficou entusiasmado com aquela apresentação improvisada e estava convencido de que faltavam poucos anos para a dupla revolucionar o mundo farmacêutico. Para enfatizar o compromisso, ele lhes disse que o Athos asseguraria que os médicos focassem exclusivamente o novo empreendimento durante cinco anos, sem terem que se preocupar com saldos bancários. Thomas e Helmut acreditavam que, após esse período, a empresa de Ugur e Özlem teria gerado valor suficiente para arrecadar muito mais dinheiro. Até lá, com uma pequena contribuição do MIG, os Strüngmann depositariam os 150 milhões de euros. Eles queriam mergulhar de cabeça.

No entanto, Özlem, Ugur e Christoph ainda não estavam comemorando. Estavam irredutíveis quanto a um ponto: a empresa que viria a ser conhecida como BioNTech — incorporando o projeto NT no nome — deveria ser construída nos termos deles. A situação havia mudado: foi a vez do Athos tentar convencer os três empreendedores saturados. "Eu lhes disse que éramos uma empresa familiar e que não monitorávamos a todo instante o retorno do investimento", relata Helmut Jeggle. Ao perceber que o casal permanecia cético, Thomas Strüngmann fez uma oferta irrecusável. Concordaria em assinar uma cláusula de "não fazer perguntas"; o que significava que os irmãos não interfeririam nos negócios da empresa por pelo menos dois anos, e o trio ficaria livre para seguir a direção que quisesse. A pedido de Ugur, e também para demonstrar um compromisso de longo prazo, o Athos aceitou ainda abrir mão, até 2023, do "direito de forçar uma venda" — isso dava à BioNTech quinze anos de estabilidade, uma folga para respirar que superava os desejos mais ousados da maioria dos fundadores de empresas.

Nas semanas seguintes, entretanto, a criação da nova empresa se complicou pelo fato de a Nextech ter enfim concordado em se desfazer da participação na Ganymed. Os Strüngmann ficaram divididos: deveriam investir na Ganymed e, ao mesmo tempo, financiar a BioNTech? O casal conseguiria dar conta das duas empresas? Thomas era a favor da opção mais ousada: comprar a parte dos então investidores da Ganymed, colocar Özlem no cargo de executiva-chefe da empresa e injetar dinheiro suficiente para torná-la um ativo atraente para compradores em potencial. "Se falarmos para o Thomas que vai esquentar bastante se formos um pouco mais ao sul, é para lá que ele vai", comenta Helmut Jeggle. Já Andreas estava menos convicto e, em abril, Ugur também ficou na dúvida.

Para melhorar o clima, os irmãos promoveram um encontro em um retiro particular em Taunus, uma região montanhosa de ares bucólicos ao norte de Frankfurt, onde moram vários ricaços da cidade. A Villa Rothschild foi construída em 1888 como residência de verão para Wilhelm Carl von Rothschild, herdeiro da famosa dinastia de banqueiros de Frankfurt, que a usara para receber a nobreza do mundo todo. Nos 120 anos seguintes, a propriedade reuniu grandes pensadores e líderes, sobretudo no fim da década de 1940, quando trechos da constituição alemã foram redigidos no local. O significado histórico daquele ambiente não passou batido por Ugur e Özlem quando eles se sentaram com Thomas, Michael e Helmut no saguão do prédio neobaronial. Conforme tomavam chá e observavam as exuberantes colinas ondulantes através das janelas panorâmicas do hotel, ficava mais fácil entender o motivo de tantas pessoas importantes terem sido atraídas para aquela altitude. Enquanto examinavam, linha por linha, o esboço do acordo para a criação da BioNTech, pensaram consigo mesmos que talvez negócios bem mais significativos tivessem sido discutidos em detalhes naquela mesma sala e fechados com o tilintar de taças de xerez.

Esse cenário ainda não estava ao alcance dos dois cientistas. Embora tivessem acordado com os Strüngmann quase todas as questões pendentes, os benfeitores do casal recusaram a avaliação sugerida por Ugur para a BioNTech, no valor de 70 milhões de euros, assim como a exigência de que Özlem e ele retivessem 25% da empresa. Diante desse impasse, Helmut sugeriu uma caminhada.

Enquanto caminhavam pelos jardins da propriedade, Ugur e Helmut se esforçaram bastante para não falar de negócios. Sem jeito, conversaram sobre os arredores e sobre as famílias, o tempo todo cientes de que, caso voltassem para o hotel sem um acordo, seria o provável fim da parceria. Ambos sabiam que o tempo era crucial. Sem esperar pelo dinheiro dos Strüngmann, Ugur já havia contratado alguns cientistas para a empresa, que ainda não se chamava BioNTech, e estava pagando o salário deles do próprio bolso. Como logo ficaria sem dinheiro, confessou a Helmut que, dali a quatro semanas, não conseguiria mais pagar os funcionários essenciais.

Quando chegaram a um laguinho que formava a peça central dos jardins, Helmut estava pronto para fazer uma proposta. Parado em uma ponte, ele disse a Ugur: "Vamos lá, vamos fechar um acordo. Nós lhe damos 20% e reservamos 5%. Se tudo correr bem após cinco anos, Thomas vai lhe dar esses 5%." E estendeu a mão. Ugur a apertou, mas fez uma contraproposta: "Vamos inverter: eu fico com os 25% e, se fracassarmos, devolvo os 5%." Sem conseguir disfarçar a admiração pelo recém-descoberto tino para negócios de Ugur, Helmut sorriu e prometeu fazer o possível para convencer os patrões.

Quando voltaram para o hotel, a dupla parou diante da pintura a óleo que retratava alguns dos arquitetos da Lei Básica da Alemanha, os quais se reuniram na Villa Rothschild após a Segunda Guerra Mundial na esperança de conduzir o país a um caminho de renovação. Como ainda estavam se conhecendo, nem Ugur nem Helmut ousaram expressar seus pensamentos em voz alta. Levados pela emoção, imaginaram que, talvez, um dia, outra obra de arte estaria pendurada ao lado daquela e retrataria o surgimento da BioNTech.

*

Em 2 de junho de 2008, a BioNTech foi fundada em Mainz, sem qualquer pompa. Poucas semanas depois, o Lehman Brothers entrou em colapso, e o mundo mergulhou em uma crise financeira.

Mesmo assim, graças ao investimento inicial dos Strüngmann, a BioNTech foi capaz de seguir em frente. Quase dois meses após ter assinado o acordo com os irmãos bávaros, a empresa concordou em comprar um fabricante de peptídeos de Berlim por 3 milhões de euros, facilitando o acesso a matérias-primas essenciais e diminuindo a dependência em relação a outros fabricantes. Após um ano, por conta de uma série de aquisições, a empresa incipiente de Ugur e Özlem já empregava trezentos funcionários.

Ao mesmo tempo, a BioNTech permanecia, de propósito, quase anônima. "Construímos a empresa de acordo com a nossa visão, tijolo por tijolo", explica Ugur. "Para outros, o que queríamos fazer parecia ficção científica. Especialistas experientes do setor farmacêutico nos ridicularizavam por causa da ideia de querer desenvolver imunoterapias individualizadas, e não tínhamos nenhum motivo para divulgar os nossos conceitos." A BioNTech não participaria de conferências sobre biotecnologia nos cinco anos seguintes. Seu site só mostrava um banner solitário, com os dizeres: "Em construção."

O foco era dar continuidade às pesquisas e aos desenvolvimentos de ponta com o mínimo de interrupções. Ugur e Özlem continuaram a buscar uma grande diversidade de tecnologias inovadoras e acumularam experiência em fabricação. Mas houve contratempos ao longo do caminho. Em 2011, Ugur disse ao conselho fiscal da empresa que precisariam fazer uma escolha. A equipe oriunda do laboratório dele e de Özlem desenvolvera melhorias consideráveis na potência do mRNA, e eles tinham um tratamento contra o câncer pronto para seguir para a etapa clínica, o qual acreditavam que seria aprovado pela entidade reguladora. Mas Ugur achava que, com mais dois anos de trabalho, as respostas imunológicas desencadeadas pela molécula poderiam ser aumentadas por um fator de cem. Ele só queria um pouco mais de tempo.

Mais uma vez, os Strüngmann deram a sua aprovação e, em várias ocasiões posteriores, optaram por aguardar um avanço tecnológico em vez de monetizar os protótipos perfeitamente aceitáveis que a BioNTech já havia desenvolvido. Thomas se lembra do período como uma curva de aprendizado acentuada. Ele descobrira que investir em biotecnologia em um estágio inicial "é sempre bem mais custoso do que o planejado e mais demorado do que se pensa". Fundadores de um instituto de neurociência em memória do pai, os Strüngmann acabariam dobrando o investimento na BioNTech a fim de financiar ciclos reiterados de melhorias. Sem esse dinheiro, a empresa não teria tido tempo para desenvolver plataformas de mRNA maduras, o que, vários anos depois, possibilitou a criação, em questão de semanas, de vinte vacinas candidatas contra a Covid-19.

No entanto, em 2013, cinco anos após a fundação da BioNTech, ainda não tinham qualquer sombra dos estudos de Fase 2 que Ugur e Özlem haviam prometido aos Strüngmann. Outros executivos da indústria farmacêutica passaram a persuadir Helmut a retirar os recursos do Athos — um deles chegou a alertar que a empresa iria "só torrar dinheiro". Os maiores concorrentes da BioNTech começavam a ultrapassar os cientistas de Mainz, ou assim parecia para quem analisava de fora. Em março de 2013, a gigante farmacêutica AstraZeneca, de origem anglo-sueca, anunciou um acordo com a Moderna, uma empresa de mRNA. O acordo incluía um pagamento adiantado de 240 milhões de dólares. Meses depois, a companhia de biotecnologia recebeu mais 25 milhões de dólares da DARPA, uma ramificação do Departamento de Defesa dos Estados Unidos. Mais perto de casa, a alemã CureVac havia assinado acordos com a Johnson & Johnson, a francesa Sanofi e a Fundação Gates.

Os investidores da BioNTech estavam ansiosos para fechar negócios como esses. Simplesmente faltava dinheiro para financiar todas as ideias de Ugur e Özlem até que chegassem à fase clínica. Logo seria necessário recorrer a fundos externos, e eles queriam ter uma noção do quanto as inovações da empresa valiam para o mercado. Com relutância, Ugur concordou em autorizar que uma análise da situação fosse realizada por Sean Marett, cujas habilidades como vendedor tinham sido aprimoradas no setor de biotecnologia do Reino Unido, bem como na gigante farmacêutica GlaxoSmithKline.

Mas acontece que, aos poucos, a indústria biofarmacêutica estava começando a reconhecer o valor das tecnologias exclusivas da BioNTech. Após participar de todas as conferências de medicina que o aceitaram, do Japão à Europa, passando pelos Estados Unidos, Sean enfim selou o primeiro acordo da empresa em 2015 — uma parceria com a Eli Lilly, de Indianápolis. A empresa americana concordou em investir um total de 60 milhões de dólares[108] em troca da permissão para licenciar possíveis medicamentos para imunoterapias contra o câncer.

Em seguida, foram fechados negócios de maior porte e cada vez mais lucrativos: um com a Genmab, da Dinamarca, e depois com a Sanofi. Dessa vez, contudo, conforme o pedido de Ugur, as parcerias eram meio a meio. Ele insistiu que a BioNTech não desistiria fácil da própria independência, e o conselho administrativo rejeitou de imediato as tentativas pontuais de aquisição através de bancos.

Essa estratégia causou espanto entre os veteranos do setor. Em 2015, o então CEO da Merck, Roger Perlmutter, que também já tinha criado uma start-up pequena, ficou surpreso quando ouviu de Sean os planos da BioNTech. Ele alertou que ter autonomia seria mais trabalhoso do que Sean imaginava. Contudo, após algumas semanas, a BioNTech começou a negociar com a mais bem-sucedida de todas as empresas de biotecnologia: a Genentech, com sede em São Francisco, considerada quase uma divindade nos círculos sociais do Vale do Silício. Adquirida pela suíça Roche, a empresa concordou, em setembro de 2016, em pagar 310 milhões de dólares adiantados para garantir uma parceria igualitária com a BioNTech. Apesar do desdém que sentia pelas grandes farmacêuticas, Ugur viu isso como uma oportunidade. Ele já conhecia Ira Mellman, um imunologista muito respeitado que trabalhava na Genentech, com quem concordava em muitas questões científicas. Por conta dessa relação, Ugur estava aberto a avaliar se a BioNTech conseguiria aproveitar a rede clínica global da Roche para levar ao mercado, com rapidez, tratamentos para salvar vidas e, além disso, aprender ao observar esse processo. Fundamentalmente, a empresa também se beneficiaria da necessidade de desenvolver a parte comercial, pois no futuro poderia usar isso para limitar o número de colaborações firmadas.

Enquanto isso, Özlem, fundadora da BioNTech ao lado de Ugur e Christoph Huber, já havia ajudado de modo informal em todas as etapas, mas não ocupava nenhum cargo oficial na empresa. Seus talentos únicos eram requisitados em outro lugar, em específico na primeira empresa do trio, a Ganymed, que atingira um estágio crítico no ciclo de vida típico de uma companhia de biotecnologia. Em breve, a companhia colocaria à prova os seus conceitos fundamentais em um ensaio clínico randomizado com seres humanos, com o objetivo de comparar o desempenho do seu produto e o de outros tratamentos contra o câncer. Como metade da equipe de gestão tinha ido embora quando Ugur passou para a BioNTech, a empresa ficou reduzida a somente duas pessoas: Özlem — a única pessoa com a experiência científica *e* comercial necessária para fazer a Ganymed ir além — atuava como executiva-chefe e diretora médica; Dirk Sebastian, que estava na start-up desde o começo, era responsável pelas finanças. Apesar de ter pouca gente remando o barco, o primeiro estudo de Fase 2 da Ganymed apresentou resultados mais impressionantes do que Ugur e Özlem jamais ousaram sonhar. "Foi um divisor de águas porque, com isso, fomos validados como inovadores clínicos", explica Özlem. Em participantes com certo tipo de câncer estomacal, a combinação da quimioterapia-padrão com o novo tratamento de anticorpos da Ganymed conseguiu reduzir os tumores e evitar que voltassem a crescer. A chance de sobrevivência dos pacientes quase dobrou.

Esses dados encorajadores lançaram a Ganymed ao centro das atenções internacionais. A empresa foi apresentada com destaque na ASCO, a maior conferência mundial sobre câncer, e os principais veículos de notícias, como a revista *Fortune*, questionaram por que ninguém tinha ouvido falar daquela "empresa obscura de biotecnologia" que tinha um possível "medicamento revolucionário contra o câncer". De repente, várias empresas queriam comprar a Ganymed, e uma oferta da japonesa Astellas se mostrou boa demais para ser rejeitada. Em 2016, os Strüngmann concordaram em vender o negócio por 1,4 bilhão de dólares, no que foi a maior transação do setor de biotecnologia da Alemanha. Em uma só tacada, os investimentos dos irmãos nas start-ups de Ugur e Özlem deram frutos. E muitos.

Para Özlem, essa transação acabou tendo um gosto amargo. Ela esperava lançar o tratamento no mercado através de um processo de aprovação acelerado, beneficiando pacientes do mundo todo, que não precisariam esperar a conclusão do estudo de Fase 3 realizado em paralelo. Porém, Özlem e a equipe passaram por um extenso processo de transição com a Astellas, que no fim das contas decidiu realizar os próprios testes globais em larga escala; no fim de 2021, esses testes continuam em andamento.

De todo modo, após a venda da Ganymed, Özlem estava livre para ingressar na diretoria da BioNTech. Diante da perspectiva de diversos negócios, os principais investidores queriam que ela assumisse o papel de diretora médica e levasse as numerosas e diversas tecnologias da empresa para a fase clínica. Relutante em repetir a experiência vivida com a Ganymed e "perder mais um bebê", Özlem hesitou. "Fiquei muito decepcionada depois que vendemos a Ganymed", confessa. "Parecia que os modelos de negócios convencionais da biotecnologia e os mecanismos de financiamento eram um obstáculo para levar as inovações até o leito dos pacientes."

Ugur, Helmut, Christoph Huber e Thomas Strüngmann, entre muitos outros, fizeram o possível para persuadi-la do contrário. "Dessa vez, vai ser diferente", prometeu Ugur. "A BioNTech vai reinventar o modelo." Por sua vez, os Strüngmann enfatizaram o compromisso em fomentar uma empresa autônoma, que não seria vendida, mais tarde, a um rival maior. A determinação inabalável deles, somada à de Ugur, convenceu Özlem de que, como já acontecera, iriam encontrar juntos, ao longo do caminho, uma solução. Ela concordou em embarcar no projeto, mas, ciente de que haveria anos difíceis pela frente, deu-se de presente um pingente de ouro para marcar o momento. De um lado do pingente, que ela usa até hoje, está escrito "Mais garra" e, do outro, "Persevere".

*

Embora na época a BioNTech com frequência firmasse parcerias e colaborações, foi difícil obter mais financiamento. As empresas estrangeiras de biotecnologia eram quase invisíveis nos Estados Unidos — onde residia a maioria dos potenciais investidores. "Não éramos uma marca reconhecida", diz o diretor de estratégia, Ryan Richardson, que na época fazia uma análise do setor de biotecnologia pela perspectiva de investidor financeiro. Além disso, gestores financeiros costumam investir em apenas uma start-up experimental de mRNA, e muitos deles já haviam financiado a Moderna, comandada pelo francês Stéphane Bancel, um executivo-chefe galanteador que fizera um bom trabalho ao cortejar Wall Street. Em 2016, antes de pegar um voo para Nova York a fim de ir a uma conferência da área de saúde organizada pelo Citigroup, Sean enviou dezenas de solicitações de reunião através do sistema on-line de "encontros rápidos" do evento, desenvolvido para conectar empresas interessantes com investidores interessados. Para sua frustração, um único "consultor de estratégia e comunicação empresarial" aceitou o convite para tomar um café.

Por conta disso, com seu sotaque típico dos bairros da classe trabalhadora de Londres, que lhe confere um carisma ao estilo de Ray Winstone, Sean ligou para escritórios de gestores de fundos de Manhattan e implorou por meia hora do tempo deles enquanto ainda estivesse na cidade. Em dezembro, numa semana com neve, o executivo saiu com a barba por fazer e foi de prédio em prédio na Madison Avenue, armado com uma apresentação que explicava como a BioNTech se tornara a maior empresa de biotecnologia não registrada na bolsa de valores da Alemanha, com centenas de funcionários e uma infinidade de parcerias no currículo. Ele informou que os fundadores, Ugur e Özlem, tinham três artigos então recém-publicados na *Nature*, uma das principais revistas científicas do mundo. Os interlocutores reagiam com um olhar vazio e, algumas vezes, com uma versão mais rude da seguinte resposta: "Mas quem você acha que é para vir desperdiçar o meu tempo?"

A recepção na Europa foi ainda mais fria. Em abril de 2017, Sean participou de uma conferência em Amsterdã. Durante o evento, quando estava em uma salinha às margens de um canal, o executivo inglês bem articulado sugeriu que a BioNTech — a qual, no fim de 2020, iria se tornar mais valiosa do que o Deutsche Bank — já valia 2 bilhões de euros, o que fazia dela uma das poucas e preciosas start-ups europeias desse valor, também conhecidas como start-ups unicórnios. As risadas correram soltas pela sala. Após a apresentação, durante o intervalo para o café, um amigo se aproximou. Apontou para um grupo de gerentes de terno aglomerados em um canto e disse: "Estão falando de você. Acham que você é louco." Sean não se abalou. Seu plano era arrecadar 300 milhões de euros, e ele não cederia quanto ao que acreditava ser um preço justo, sobretudo se comparando com as avaliações altíssimas das empresas americanas com muito menos iniciativas para apresentar. "Foi então que percebi que realmente nunca conseguiríamos na Europa dinheiro de fundos profissionais e, por isso, dediquei meu tempo aos Estados Unidos", conta.

Ugur odiava vender o próprio peixe e deixava a missão de arrecadar fundos para Sean. Quando os investidores pediam para falar com os fundadores da BioNTech, ele se esforçava para explicar a ausência do chefe e, embora tivesse estudado bioquímica, às vezes se atrapalhava na parte científica. Naquele mês de maio, durante uma reunião em Denver, os gestores de fundos começaram a bombardeá-lo com perguntas sobre uma das publicações de Ugur e Özlem. Ele tentou respondê-las com bravura, mas se enrolou e causou irritação aos inquisidores. "Escuta, se você quer ter um investidor norte-americano, precisa saber direito todas as respostas", avisou um gerente mais rude.

Um avanço improvável ocorreu alguns meses depois, em setembro de 2017, quando um ônibus preto e grande de vidro fumê parou em frente à sede da empresa, em Mainz. Os passageiros eram gestores de fundos reunidos pelo Credit Suisse para uma excursão de ônibus pela Europa cujo objetivo era descobrir oportunidades de investimento em biotecnologia. De última hora, a BioNTech foi incluída como parada final do roteiro, após uma conversinha de Sean com os organizadores.

Na noite anterior à chegada deles, Sean tinha levado executivos da Genentech, uma parceira da BioNTech, para o festival de cerveja de Munique, a Oktoberfest, e ainda estava de ressaca. Para piorar as coisas, Ugur deveria apresentar uma série de slides, mas, como ainda era avesso a encontros com investidores, decidiu por conta própria dispensar as formalidades e ir direto para a sessão de perguntas e respostas. O que aconteceu em seguida foi parecido com uma longa rodada relâmpago de um desses programa de competição na TV. Ao longo de duas horas, investidores com experiência no setor farmacêutico metralharam Ugur com perguntas. Com toda a paciência, ele detalhou as décadas de pesquisas que sustentaram os avanços da BioNTech, do mesmo modo extremamente racional com que anos antes, ao lado de Özlem, havia convencido os Strüngmann a desembolsarem dinheiro. Quando terminou, um representante do investidor institucional Fidelity foi direto abordar Sean. Ele contou que ficara sabendo que a empresa estudava o lançamento da sua primeira rodada de financiamento e perguntou: "Tem espaço para a gente?"

No embalo do desempenho daquela tarde, a BioNTech arrecadou 270 milhões de dólares,[109] na sexta maior "Série A", ou rodada de financiamento inicial, para uma empresa de biotecnologia em todo o mundo. Esse dinheiro possibilitou a construção das unidades de produção em Mainz que acabariam fabricando doses cruciais da vacina contra a Covid-19 para os ensaios clínicos, no começo de 2020. Uma rodada ainda maior ocorreu em julho de 2019, quando a BioNTech conseguiu arrecadar mais 325 milhões de dólares, a maior parte provavelmente de antigos patrocinadores. O número representou 61% de todo o investimento em empresas alemãs de biotecnologia ao longo de 2019.[110] Pouco depois, chegou a hora de realizar a última etapa: abrir o capital na bolsa de valores e oferecer a empresa para investidores do mundo inteiro.

No entanto, o momento escolhido pela BioNTech não foi nada fortuito. No segundo semestre de 2019, enquanto os membros do conselho administrativo viajavam em um avião fretado de uma cidade norte-americana para outra, com a missão de angariar interesse para a abertura de capital, o índice de biotecnologia do Nasdaq, no qual a empresa planejava ser incluída, atingiu o fundo do poço. Os investidores ficaram assustados com a guerra comercial entre Estados Unidos e China, com as ações supervalorizadas e com a perspectiva de uma recessão iminente. Pouco antes, tanto o aplicativo de transporte Uber quanto a fabricante de equipamentos fitness Peloton tiveram dificuldades ao estrearem na Bolsa. Além disso, uma semana antes da data prevista para a abertura de capital da BioNTech, outra start-up de saúde europeia, a ADC Therapeutics,[111] retirou a oferta pública inicial, alegando condições de mercado desfavoráveis. O grupo itinerante composto por Ugur, Sean, Helmut e Holger Kissel, gerente de desenvolvimento de negócios, conseguia verificar com frequência, em um aplicativo de celular fornecido pelo principal banco de investimentos da BioNTech, o JP Morgan, o número baixo de inscrições para reservar ações da empresa oriundas dos investidores que tinham conhecido nessa rápida tour. Esse processo se chama *bookbuilding* e antecede uma oferta pública inicial. Desanimados, eles cogitaram adiar a operação. Entretanto, Sean estava ansioso para seguir em frente, e, por fim, a BioNTech, apesar de ser avaliada em 3,5 bilhões de dólares, arrecadou apenas 150 milhões de dólares, cerca de 100 milhões a menos do que esperava.

Ainda assim, a abertura de capital atendeu ao objetivo principal: apresentar a BioNTech para o mundo. Após a abertura do pregão em Nova York e o início das negociações na manhã da listagem da empresa na Bolsa, sob a abreviatura BNTX, Ugur e Özlem caminharam com a filha adolescente até a Times Square para ver o nome do outro filho deles nos painéis luminosos. O logotipo da BioNTech estava estampado em todos os outdoors eletrônicos, cobrindo o arranha-céu da Nasdaq com o slogan: "Cada paciente de câncer é único." Enfim, a mensagem que tinham apresentado aos Strüngmann, anos atrás, estava sendo transmitida. De mascote favorito, o projeto "Novas Tecnologias" se transformou na oitava empresa alemã listada na mesma Bolsa que companhias como a Microsoft, a Apple e o Google.

Contudo, havia desvantagens em estar sob os holofotes do mercado aberto. A BioNTech agora tinha que atualizar os investidores a cada três meses a respeito do seu progresso, definir metas e, caso não as atingisse, explicar os motivos. Além disso, a estreia apagada no mercado financeiro de Nova York fez com que a empresa precisasse arrecadar mais dinheiro para financiar o desenvolvimento de medicamentos. No pedido de oferta pública inicial, a BioNTech fizera previsões para o futuro: "Atualmente, não temos nenhuma organização para marketing e vendas e, como empresa, não temos experiência em marketing de produtos farmacêuticos. Se não formos capazes de desenvolver habilidades de marketing e vendas por conta própria ou por meio de terceiros, talvez não consigamos promover e vender nossos protótipos de produtos, caso aprovados, nos Estados Unidos e em outras jurisdições, ou gerar receita com a venda de produtos."[112] Ao contrário da Moderna, a BioNTech não se beneficiara de altos subsídios do governo norte-americano,[113] e, por isso, não tinha a opção de seguir sozinha. Acordos com as grandes farmacêuticas eram quase inevitáveis.

Esse momento chegou antes do esperado. Em fevereiro de 2020, sentado junto à mesa do escritório de Ugur, o conselho de administração da BioNTech percebeu que, para lançar no mercado, em tempo recorde, uma vacina contra a Covid-19, era necessário aceitar o apoio de uma empresa maior, mesmo que isso significasse que a maior conquista da companhia até então, o seu primeiro produto comercial, ficasse associado para sempre à outra marca. A Pfizer era a escolha mais óbvia.

*

Apenas três anos antes, a gigante farmacêutica dos Estados Unidos estava em último lugar na lista de possíveis parceiros da BioNTech. Quando ia a conferências da área da saúde, Sean volta e meia se encontrava com executivos da Pfizer e achava impossível compreender a estrutura da empresa. Representantes da equipe da Costa Oeste queriam saber sobre terapias celulares e genéticas, enquanto os gerentes de Nova York sempre perguntavam sobre uma tecnologia totalmente diferente: as sequências de anticorpos. A Pfizer passava a impressão de não ser uma organização bem coordenada.

Mesmo assim, Sean persistiu e, em 2013, tentou convencer a empresa a ajudar a BioNTech a desenvolver uma vacina contra a gripe que forneceria uma proteção superior às versões já existentes, que em alguns anos apresentavam uma eficácia abaixo dos 50% na prevenção de formas graves da doença. As primeiras reuniões na sede da Pfizer, localizada na Rua 42, no leste de Manhattan, ocorreram em pequenas "cabines de colaboração" que acomodavam apenas três pessoas e eram envoltas por cortinas cinza, para dar uma sensação de privacidade quando fechadas. Nos quatro anos seguintes, houve oito reuniões desse tipo, a maioria com gerentes de nível médio. O projeto progredia tão devagar que Sean logo parou de viajar para participar dos encontros e passou a enviar Holger em seu lugar.

Em novembro de 2017, quando a Pfizer pediu para se reunir com a BioNTech na conferência BioEurope, Holger foi junto. De repente, havia um senso de urgência por parte da empresa, que ficou interessada sobretudo no pequeno, porém crescente segmento de doenças infecciosas da BioNTech. Sean sabia que a farmacêutica norte-americana já conversara a respeito com a CureVac e que a BioNTech estava entrando tarde no jogo, mas a Pfizer nunca tinha demonstrado tanto entusiasmo. Logo depois, as equipes científicas da empresa realizaram chamadas por vídeo, e uma delegação da unidade da Pfizer nos Estados Unidos pegou um voo até Mainz para inspecionar a sede da BioNTech. Entre os integrantes da comitiva estava Phil Dormitzer, diretor científico da Pfizer para vacinas virais, com vasta experiência em mRNA — foi ele que Ugur procurou, em fevereiro de 2020, para uma primeira sondagem sobre a ideia de criar uma vacina contra a Covid-19. Phil ficou impressionado com a variedade de tecnologias da BioNTech. "Eles tinham a seguinte filosofia: 'Vamos analisar tudo.' Ficou claro que, do ponto de vista científico, tínhamos muita compatibilidade", comentou.

No outono, Sean recebeu um telefonema de Holger, que tivera uma recepção incomum em outra reunião no arranha-céu da Pfizer em Nova York. O chefe de inovação externa da empresa compareceu ao evento e levou a equipe completa. O executivo foi bem direto: queria saber se a BioNTech estava pronta para colaborar em um produto contra a gripe. "Acho que desta vez estão falando sério", disse Holger, em um telefonema com Sean, logo depois. "Tinha oito pessoas na cabine."

Na semana seguinte, quando viajou a Nova York para dar continuidade às reuniões, Sean descobriu o motivo de a Pfizer ter acelerado o contato de repente. Uma jovem pesquisadora da divisão de desenvolvimento de negócios da empresa lera uma série de artigos de Ugur e Özlem na *Nature* e os encaminhara aos seus superiores. Um deles era a microbiologista alemã Kathrin Jansen, que liderou o desenvolvimento da primeira vacina do mundo contra o câncer de colo do útero e foi recompensada com o principal cargo da unidade de pesquisa sobre vacinas da Pfizer. Como Phil, ela gostou do fato de que, ao contrário das outras empresas de mRNA que analisara, a BioNTech tinha "interesse em sempre manter a mente aberta". Também a agradou o fato de a empresa não ser especializada em doenças infecciosas e não ter ideias preconcebidas. Sob o comando dela, as negociações aumentaram o ritmo e, em fevereiro de 2018, foi marcada uma reunião com Ugur em Nova York.

Holger ficou em Mainz e fez o possível na preparação de Ugur para a ocasião. Phil também o alertou de que Kathrin seria muito crítica e direta. O pânico começou a se instalar quando Ugur, que acabara de sair de uma reunião decepcionante com a francesa Sanofi, na sede da farmacêutica nos Estados Unidos, em Nova Jersey, ligou para dizer que não estava se sentindo muito bem. Ainda assim, ele não desmarcou o encontro com Kathrin, que contaria com a presença de Holger via ligação da Alemanha. Ansiosa para que o encontro corresse bem, a equipe dela havia sugerido a Holger que Ugur iniciasse a reunião com algumas frases em alemão, para criar uma proximidade, o que ele fez. A conexão cultural não impediu Kathrin de ser exigente com o compatriota. "Ela me desafiou de verdade, de um modo bem alemão", contou Ugur. "Eu me fiz de cética. Expliquei a ele que tinha passado pela época das vacinas de DNA e que essa experiência não fora particularmente boa", lembrou Kathrin. A tecnologia tinha sido apresentada como "uma solução para tudo", mas acabara se revelando uma esperança infundada.

Durante vinte minutos, Kathrin expôs os motivos pelos quais os medicamentos de mRNA não iriam funcionar, e Ugur respondeu um a um. "Todas as perguntas eram justas, mas ela deixou bem claro, desde o início, que queria ser convencida", afirmou o cientista. Assim que a inquisidora ficou satisfeita, a situação se inverteu, e Kathrin passou a defender para Ugur as razões pelas quais a Pfizer e a BioNTech formariam uma boa parceria. Ela esclareceu que a empresa norte-americana levava a sério o uso efetivo da tecnologia de mRNA e que não queria fazer a compra como forma de se proteger, para deixá-la na geladeira, fora do alcance dos concorrentes. Após mais um encontro em Nova York, os dois começaram a se entrosar melhor. "Nós nos demos bem porque ambos somos movidos pela ciência", disse Kathrin, que concordou em colaborar com Ugur em uma vacina de mRNA contra a gripe. Contrastando com as tentativas da BioNTech de manter o controle de todos os seus produtos, a Pfizer fabricaria e licenciaria essa vacina e, depois, pagaria os direitos autorais à jovem parceira. As duas empresas elaboraram um contrato e, em julho de 2018, firmaram o acordo.

Em fevereiro de 2020, as bases para estender essa colaboração já estavam estabelecidas. As empresas realizavam quatro reuniões por ano, duas nos Estados Unidos e duas na Alemanha, a fim de analisar o andamento da parceria contra a gripe. Ugur, Özlem e a filha iam jantar com Kathrin e o marido, que viajavam de Nova York até Mainz, e as famílias ficaram amigas. A equipe sênior da BioNTech envolvida no projeto da gripe conhecia bem os colegas da Pfizer.

Mesmo após o primeiro contato em que Phil Dormitzer recusou a proposta de Ugur para criar, em conjunto, uma vacina contra o coronavírus — o qual ele acreditava que ficaria restrito, em grande parte, à China —, o conselho administrativo da BioNTech continuou depositando esperanças na Pfizer. Afinal, devido à relação já estabelecida, era a empresa mais bem indicada para se juntar ao Projeto Lightspeed sem muito estardalhaço. À medida que se aproximava a perspectiva de um teste de Fase 3, com dezenas de milhares de pessoas, o conselho ficava cada vez mais ciente do fato de que as finanças e a cobertura territorial da BioNTech eram insuficientes para sequer cogitar um trabalho independente. "De certa forma, sempre encaramos assim: este é um problema global que requer uma solução global. Precisávamos de um forte aliado tanto nos Estados Unidos quanto na China", afirma Ryan.

Tudo indicava que seria mais fácil obter a segunda parceria, já que os executivos da Fosun, baseada em Xangai, estavam testemunhando a epidemia em primeira mão e demonstravam interesse crescente na colaboração. Aos poucos, o vírus foi fortalecendo também o argumento para uma parceria com a Pfizer. A região da Lombardia, na Itália, registrava centenas de novos casos por dia, e os hospitais estavam com dificuldade de dar conta da situação. Os médicos nos Estados Unidos já imploravam por restrições mais rigorosas para viagens à medida que o número de casos aumentava no país, se alastrando de Washington até a Flórida. No condado de Santa Clara, na Califórnia, dezenas de pessoas estavam morrendo com sintomas semelhantes aos da Covid-19, embora a confirmação oficial só tenha ocorrido algumas semanas depois.[114] Quase três mil pessoas já tinham morrido da doença no mundo todo,[115] um número superior ao total de vítimas fatais do primeiro vírus da SARS e da MERS. Ugur calculou que, àquela altura, talvez o grupo norte-americano compartilhasse da sua crença de que a doença não desapareceria da noite para o dia.

Em 3 de março, Ugur ligou diretamente para Kathrin, com argumentos renovados. Dessa vez, a reação foi bem diferente. Kathrin o interrompeu antes que ele concluísse sua justificativa para a ampliação da aliança entre a BioNTech e a Pfizer em prol de uma vacina contra a Covid-19. "Eu disse que era perfeito, porque o mRNA preenchia todos os requisitos", contou ela. "Eu não tinha qualquer dúvida [de que era a tecnologia certa para essa missão]." Em tese, a empresa de 170 anos estava entrando no acordo.

Poucos dias depois, Albert Bourla, um veterinário grego que ao longo de 25 anos subiu na hierarquia empresarial da Pfizer até se tornar executivo-chefe, em 2019, estava no seu país de origem à espera de discursar no Fórum Econômico de Delfos. Ele recebeu um recado informando que a conferência, prevista para começar em 5 de março, havia sido cancelada de repente. "Foi um grande alerta para mim", contou Albert.[116] Ele já havia encarregado uma equipe da Pfizer de explorar a possibilidade de desenvolver um tratamento contra a Covid-19 após conversas com Mikael Dolsten, diretor científico do grupo. Sem saber da ligação de fevereiro entre Phil e Ugur, ele também pediu à equipe para verificar se a empresa, uma das "Quatro Grandes" produtoras de vacinas do mundo, tinha capacidade de criar uma vacina específica contra o coronavírus.

"A equipe me deu um retorno e sugeriu o mRNA. Foi uma surpresa para mim, porque não era uma tecnologia comprovada", lembra. Albert tivera uma participação mínima no projeto sobre a gripe com a BioNTech: a primeira vez que viu o acordo foi quando o documento apareceu na sua mesa para aprovação, em 2018. "Eu não prestei muita atenção", admitiu, "e, naquela época, não conhecia Ugur nem qualquer outra pessoa." Quando Kathrin sugeriu uma colaboração com a BioNTech relativa ao coronavírus, Albert pediu para falar com o próprio Ugur, e uma ligação entre os dois foi combinada às pressas. "Foi amor à primeira vista, um grande encontro de ideias", comentou o executivo-chefe da Pfizer a respeito dessa primeira conversa. Ele conta que, em pouco tempo, comprovou que "Ugur era um homem muito honesto e inspirador — passava uma confiança incomum". Já Ugur diz que achou Albert "muito informado e empenhado".

Primeiro, os dois executivos-chefes bateram um papo. Depois, conversaram sobre as regras básicas. "A minha preocupação quanto a uma parceria com a Pfizer era a possibilidade de o projeto ser desacelerado, já que empresas avessas ao risco querem ver mais dados antes de avançar para a fase seguinte", explicou Ugur. "Para mim, era importante definir princípios, sendo que um deles seria que, a qualquer momento, se uma das partes quisesse seguir em frente, a outra não poderia impedi-la." Outro princípio era que a BioNTech manteria a independência pela qual Ugur e Özlem tanto lutaram depois da experiência com a Ganymed, conquistada graças aos Strüngmann. Ugur propôs um acordo diferente do da vacina contra a gripe: dessa vez, a divisão seria feita meio a meio. Não haveria um Davi e um Golias nesse acordo. As empresas fariam uma divisão igualitária dos custos e dos possíveis lucros.

Mais de um ano depois, ao relembrar essa conversa, Albert diz que não teve objeções ao esquema. Ele não sabe se outros profissionais da Pfizer fizeram pressão a favor de um acordo de licenciamento mais tradicional, mas ressalta: "Sempre achei bom dividir meio a meio." Se as companhias tivessem êxito, o rendimento seria mais do que suficiente para ambas. Se desse errado, teriam problemas maiores do que os respectivos saldos bancários. O mundo estaria em apuros.

Após acertarem esses aspectos fundamentais, Ugur e Albert começaram a discutir os cronogramas. De modo geral, um acordo como esse envolve negociações de contrato, linha por linha, entre equipes de desenvolvimento de negócios e advogados especializados em direito empresarial e patentes, e leva pelo menos seis meses para ser concluído. Diante da iminência de uma pandemia, os dois chefes concordaram que a BioNTech e a Pfizer não tinham esses luxos à disposição. "Durante a conversa, concordamos que precisávamos começar imediatamente, e a papelada chegaria quando fosse a hora", contou Albert. Ele já dissera à sua equipe para não perder nem sequer um segundo se preocupando com orçamentos — para o projeto contra o coronavírus, tinham um "cheque em branco". Logo depois, a Reuters ficou sabendo das conversas em Nova York e deu a notícia ao mundo e à diretora de desenvolvimento de negócios da BioNTech, Roshni Bhakta.

*

Na manhã seguinte ao vazamento da informação, em um sábado, dia 14 de março, Roshni estava exausta por ter ficado acordada até de madrugada para finalizar a primeira versão da "carta de intenções" — uma espécie de lista de desejos interna —, mas entrou em uma ligação com Sean e James Ryan, conselheiro geral da BioNTech, e também com um advogado externo. Os quatro estavam prestes a ter a primeira de muitas conversas virtuais com os colegas da Pfizer sobre a colaboração no projeto da Covid-19 e precisavam ter certeza de que estavam alinhados antes do início das negociações. "Não fique intimidada só porque eles contam com várias equipes", foi o conselho de Sean a Roshni, que ingressara na empresa quando o acordo com a Pfizer para a vacina contra a influenza já tinha sido assinado.

Para o executivo britânico, aquilo era um *déjà vu*. Em 2018, ele liderara conversas sobre a proposta de parceria contra a gripe e aprendera que a companhia norte-americana era uma força a ser respeitada.

Ele chegava às reuniões em um arranha-céu em Londres, acompanhado por James, então recém-contratado, e dois advogados, e era recebido por um verdadeiro exército de representantes da Pfizer. Isso incluía um profissional sênior e outro júnior do setor de desenvolvimento de negócios, um gerente de parcerias, um advogado de propriedade intelectual, um advogado de negócios, um advogado *externo* de negócios, *mais* os colegas deles com menos experiência, além de alguns especialistas em cadeia de suprimentos. "Foi uma situação clássica de Davi contra Golias", conta Sean. Os profissionais da outra empresa, todos muito bem informados, apresentavam demandas sem hesitar.

Contudo, Sean achou que essa primeira ligação no início de março "foi extraordinária" e ficou surpreso com o espírito de cooperação que emanava do outro lado da mesa virtual. A "Equipe Pfizer", formada por pouco mais de dez negociadores, havia recebido ordens de cima. Pelo que Sean se recorda, eles disseram: "Isso é o certo a se fazer. Vamos em frente."

A prioridade número um era redigir a chamada "carta de intenções". A BioNTech já havia desenvolvido as principais vacinas candidatas contra a Covid-19 e, na época, testava-as em camundongos para decidir as quatro que seguiriam para a etapa clínica. Era necessário enviar esses construtos para a Pfizer sem demora, para que a empresa começasse a fazer os seus próprios estudos nos Estados Unidos, com dois objetivos: cumprir as exigências da entidade reguladora norte-americana e confirmar os dados dos testes na Alemanha. Mas era imprescindível existir um acordo básico para que as vacinas — a mercadoria mais preciosa já produzida pela BioNTech — fossem enviadas via oceano Atlântico e os cientistas em Mainz passassem a compartilhar dados científicos fundamentais com os novos colegas de equipe.

Nos três dias seguintes, trabalhando quase sem parar, Roshni, James e Sean trocaram vários rascunhos da primeira versão do documento — não podiam ir mais ao escritório, já que a BioNTech fechara na sexta-feira em que a Reuters dera a notícia sobre a parceria pretendida com a Pfizer — e os encaminharam para serem revisados nos Estados Unidos.

Enquanto isso, a proposta de parceria com a chinesa Fosun, que ocupara Ugur e Özlem durante o feriado de fevereiro nas ilhas Canárias, estava prestes a ser finalizada. Ao contrário da relação com a Pfizer, as duas empresas mal se conheciam. A primeira conversa tinha ocorrido em 2016, e por um breve período a Fosun cogitara investir na primeira rodada de financiamento da BioNTech, mas as negociações não tinham dado em nada. Na tentativa de estabelecer uma conexão, Ryan visitou os representantes da empresa durante uma viagem a Nova York no início de fevereiro e, logo depois, Ugur foi a Boston para se encontrar com o executivo da Fosun, Aimin Hui. "Ugur me deixou muito impressionado. Era excepcional como imunologista, médico e empresário", conta Aimin.

Quando a relação foi consolidada, as negociações para o acordo com a Fosun se aceleraram — encabeçadas por Ryan e Ugur, sem muita interferência da equipe de desenvolvimento de negócios da BioNTech. O contrato era bem mais direto: na essência, seria um acordo de licenciamento. Não havia questões relativas à propriedade intelectual ou à transferência de tecnologia. A Fosun ajudaria a BioNTech a realizar ensaios clínicos na China, mas a empresa alemã produziria as vacinas para o país nas suas fábricas europeias e as enviaria para a Ásia.

Na segunda-feira, dia 16 de março, a BioNTech anunciou uma "aliança estratégica" com a Fosun — nesse acordo, o grupo pagaria até 135 milhões de dólares pelo direito de vender o produto na China e nos países vizinhos. O comunicado à imprensa também serviu para confirmar publicamente a existência do Projeto Lightspeed. Durante sete semanas, enquanto dezenas de empresas farmacêuticas em toda parte divulgavam a intenção de desenvolver vacinas contra o coronavírus, o esquema tinha ficado em sigilo. Naquele momento, quando o número de mortes por coronavírus no mundo passava dos sete mil,[117] a BioNTech anunciou a todos que talvez sua candidata fosse para a etapa clínica no fim de abril e prometeu divulgar mais informações "nas próximas semanas". Se a aposta ousada de Ugur e Özlem vacilasse ou fosse malsucedida, não haveria onde se esconder, mas o casal não sentiu nenhuma pressão extra. "Estávamos no modo concentração total", explica Özlem. "Quase não percebemos a mudança."

Roshni não tinha parado para se inteirar da notícia sobre a Fosun. Estava bastante ocupada estudando os termos iniciais para o acordo com a Pfizer, e quase tudo foi resolvido até a noite de segunda-feira. "De vez em quando, eu e minha filha de nove anos dormimos na sala de estar, fazendo uma espécie de acampamento das meninas", conta. Foi nesse ambiente, com o brilho da tela do notebook a iluminar o seu rosto, que ela enviou um e-mail com o que se tornaria uma carta histórica para Sierk Poetting, pedindo sua assinatura. Por volta da meia-noite, o documento foi enviado à Pfizer para aprovação, e o acordo foi anunciado na manhã seguinte.

Em dois dias, a BioNTech passou de uma empresa alemã praticamente desconhecida para signatária de alianças de desenvolvimento e distribuição com dois enormes grupos farmacêuticos, dona de um plano que *poderia* disponibilizar uma vacina para a maior parte do mundo, mediante a autorização dos órgãos reguladores. Também haveria um influxo maciço de recursos e uma folga no quesito investimentos, já que a Pfizer tinha concordado com que a BioNTech adiasse o pagamento da sua parte dos custos, um total de cerca de 190 milhões de dólares. Os mercados receberam a notícia com entusiasmo. Analistas farmacêuticos do Berenberg Bank, da Alemanha, divulgaram uma nota dizendo que a empresa parecia ter "um posicionamento melhor na corrida contra a Covid-19 devido à sua plataforma de mRNA diversificada, à formulação de entrega e à capacidade de produção".[118]

Nem toda a atenção era bem-vinda. Após a revelação sobre os planos da BioNTech para uma vacina, centenas de cartas — algumas racistas, outras contendo ameaças de morte — começaram a chegar ao polo de Mainz, e coube ao gerente de laboratório, François Perrineau, abri-las. "No começo, eu tinha que ler essas mensagens", diz. Ele admite que "sentiu o impacto" do linguajar usado para descrever Ugur e Özlem e do ódio dirigido a eles por conta da fé ou da origem.

Também houve muitos insultos que François não conseguiu interceptar. Recepcionistas da BioNTech foram perseguidos por pessoas que ligavam enfurecidas. "Como é trabalhar para uma empresa que está envenenando o mundo?", indagou uma delas. Fora isso, havia os desconfiados de sempre, os quais faziam acusações falsas de que Ugur e Özlem trabalhavam com Bill Gates para inserir um microchip em pacientes desavisados. Por mais bizarro que fosse, alguns agitadores não demonstravam qualquer preocupação com a segurança da vacina. Um bando apareceu no portão de frente da BioNTech, arregaçou as mangas e exigiu tomar a vacina contra a Covid-19.

François não perdeu tempo e aumentou a segurança. Ele comprou um scanner do tipo usado em aeroportos para inspecionar todos os pacotes que chegavam na sede e falou com as autoridades competentes de todos os estados alemães onde a BioNTech tinha instalações, querendo confirmar que a empresa teria uma pessoa para quem ligar em caso de emergência. Por ora, garantiria o sigilo de todos os nomes de fornecedores, a menos que eles mesmos decidissem ceder informações. Todos os membros do conselho administrativo receberam proteção pessoal.

A parceria recém-firmada com a Pfizer para combater a Covid-19 estava vulnerável a outro tipo de risco. No dia seguinte à assinatura da "carta de intenções" entre as duas empresas, a colaboração foi iniciada com uma chamada no Zoom da qual participaram cerca de sessenta gerentes e cientistas de ambos os lados do Atlântico, para discutir a transferência da tecnologia exclusiva da BioNTech, que era muito bem protegida. "Eu falei para a nossa equipe: 'Compartilhem tudo'", disse Ugur, mas muitos funcionários ficaram incrédulos e perguntaram o que exatamente ele queria dizer com "tudo". "Eles questionavam: 'Tem certeza? Esses são nossos segredos sagrados!'"

A equipe sabia que uma grande empresa poderia simplesmente roubar o conhecimento de um parceiro menor. Na verdade, já havia inúmeras acusações desse tipo no setor. Alguns cientistas da Pfizer estavam pesquisando RNA na Califórnia[119] e, apesar de não haver nenhum indício de que a gigante norte-americana agiria de má-fé, a Pfizer sempre teria a *possibilidade* de alegar que acumulara uma técnica semelhante à da BioNTech de forma independente e que desenvolvera os próprios medicamentos com base na própria molécula.

Mas Ugur foi inflexível. Disse que a BioNTech não tinha tempo a perder e que era necessário iniciar a troca de informações com a Pfizer, mesmo que um acordo completo ainda não tivesse sido assinado. Uma "sala de dados" virtual logo foi criada para transferir com segurança a propriedade intelectual. "Se fosse um projeto comum, não daria para concordar com isso de forma alguma", diz Sean. Para ele, como a Pfizer pôde se inteirar às pressas sobre o desenvolvimento da vacina, "isso talvez se mostre, em retrospecto, uma das decisões mais críticas que tomamos".

Enquanto isso, Roshni e ele se apressavam para formalizar o acordo com a Pfizer. Logo após a assinatura da carta de intenções, "começou o trabalho de verdade", segundo Roshni. Cinco dias depois, as duas partes trocaram a primeira minuta do contrato formal, cuja versão final tinha cerca de duzentas páginas. Um documento "grifado" — um texto marcado com emendas e exclusões — era enviado da equipe de uma empresa para o pessoal da outra a cada período de cinco a sete horas, seguido de telefonemas e chamadas de vídeo que duravam uma eternidade. "Era o que fazíamos todos os dias, inclusive nos fins de semana", diz Roshni. Em uma sessão, ela se deu conta de que estivera em uma conferência no Zoom por mais de cinco horas consecutivas, sem pausa. "A gente começa a dar uma pirada", admitiu.

A diferença de fuso não colaborava muito: a equipe da Pfizer levantava de madrugada em Nova York, enquanto os negociadores da BioNTech na Alemanha ficavam acordados até tarde. Todos estavam começando a pifar, e a generosidade das interações iniciais entre os dois grupos foi caindo. "Dava para ver, desde a primeira ligação com eles, que cada lado seria leal e defensor da própria empresa até o fim. Havia muita tensão e irritação, mas só porque todos estavam fazendo o seu trabalho direito", avaliou Roshni.

A BioNTech, por sua vez, planejava um grande sucesso, mas também precisava se preparar para o fracasso. "Precisávamos ser realistas e considerar a possibilidade de o projeto não dar certo, fosse por não obter a aprovação do mercado após gastos de milhões de dólares em desenvolvimento ou por enfrentar despesas pesadas, mesmo que a aprovação ocorresse", diz Roshni. Havia as taxas para componentes de vacinas patenteadas, por exemplo. A Pfizer aceitou indenizar a parceira em potencial contra eventualidades como essas e, assim, mecanismos para garantir que a BioNTech não entrasse em falência total foram acrescentados ao contrato. Mas a Pfizer procurou usar essa generosidade para ter uma vantagem à medida que as discussões avançavam de um tópico a outro, desde a responsabilidade compartilhada até a questão de como posicionar o nome de cada empresa nos frascos.

As rixas não atrasaram muito os trabalhos. Em geral, o processo entre a elaboração da carta de intenções até o fechamento do negócio levava pelo menos seis meses. A colaboração com a Fosun — um acordo mais simples — foi finalizada em apenas dois meses. No caso da Pfizer, um acordo inicial foi feito e ajustado em 9 de abril, apenas 21 dias após a carta de intenções ficar pronta, mas isso exigiu uma dedicação ininterrupta. "Na reta final, acho que negociamos por 36 horas seguidas", contou Roshni. "Comecei na terça à noite... e aí assinamos na quinta de manhã." Não houve nenhuma comemoração, somente cansaço e um alívio pelo fato de que os cientistas conseguiriam avançar a toda velocidade. Sean enviou um e-mail para os conselhos administrativo e fiscal da BioNTech dizendo que aquela parte estava "concluída".

Setenta e duas horas antes, esse resultado não parecia tão provável. Roshni vinha disputando com os colegas da Pfizer o poder de dar a palavra final em várias decisões importantes, desde a seleção da candidata final para os ensaios clínicos até a elaboração desses estudos globais e a decisão de como e onde a vacina deveria ser fabricada. Fizeram uma tabela para discutir cada detalhe sobre os possíveis conflitos. "Brigamos com unhas e dentes", contou Roshni, que estudara com cuidado a maneira de estruturar o acordo. A linha de chegada se aproximava, mas era preciso aparar várias arestas. Afinal, a BioNTech tinha uma equipe com 1.300 profissionais e estava fazendo exigências a uma empresa com setenta mil funcionários. "Eles eram muito educados", comentou Roshni, com admiração, a respeito dos colegas da Pfizer — um elogio e tanto, visto que a própria Roshni é muito elegante. Ela manteve uma bandeja com maquiagens ao lado do computador durante todo o processo, para ajudá-la a se mostrar animada nas reuniões intermináveis pelo Zoom. Mas, depois de dezenas de horas de um vaivém de debates intensos, as negociações chegaram a um impasse.

Às onze horas da noite, quando estava quase dormindo em cima do notebook, Roshni recebeu um telefonema de Sean. Ele conversara com Ugur, que estava consternado com a demora. "Isso precisa dar certo. Não quero que o andamento empresarial ou jurídico atrapalhe as questões científicas", dissera Ugur, referindo-se ao acordo.

Para resolver a situação, foi agendada mais uma chamada entre as duas equipes de negociação. Porém, dessa vez, tanto Kathrin Jansen quando Ugur participaram da reunião. "Começamos a conversar, e cada um foi falando, até Ugur nos interromper", relata Roshni. O que ele disse fez Roshni e Sean ficarem de queixo caído. "Cada empresa deve se concentrar nos seus pontos fortes", argumentou, com calma. Para Ugur, a BioNTech deveria assumir a liderança nas questões relativas à tecnologia de mRNA e aos estudos clínicos na Europa e "tomar as decisões sobre esses assuntos". Mas, quando se tratasse de outros temas, como o estudo de Fase 3, a decisão deveria ser conjunta ou só da Pfizer. E acrescentou que até os direitos de autorização já conquistados pela BioNTech durante as negociações deveriam voltar a ser mútuos, se necessário. "Por sorte, minha câmera estava desligada, "porque eu estava bem 'p***a'", confessou Roshni. Passo a passo, o chefe dela estava se desfazendo de tudo pelo que o trio vinha lutando. Desesperado, Sean mandou a seguinte mensagem de texto para Ugur: "Pare de falar, nós temos a palavra final!". Mas ele continuou nessa mesma linha por mais vinte minutos. "Não vamos progredir se não deixarmos a outra parte fazer o trabalho dela", Ugur insistiu à equipe, diante de todos os presentes na reunião.

Ao refletir sobre esse momento, mais de um ano depois, Roshni reconheceu que ela e Sean estavam analisando o acordo do ponto de vista empresarial e jurídico e em termos de quantidade de recursos acumulados para a empresa. Enquanto isso, Ugur enxergava a situação puramente nestes termos: "Como vamos tomar decisões eficazes para concluir o trabalho?" Foram eliminados todos os impedimentos ao andamento do acordo, inclusive o mecanismo de arbitragem, pelo qual as partes tinham o direito de recorrer à Justiça caso não fosse possível chegar a uma decisão em trinta dias. "Ugur falou: 'Livre-se de tudo isso'", contou Roshni, que até hoje está pasma com essa atitude. "Ele disse: 'Se esperarmos pela arbitragem, nunca vamos enfrentar a pandemia.'"

Ugur e Özlem já haviam sofrido por abrir mão da autonomia e passaram anos protegendo com ferocidade sua independência, conquistada com suor. Graças à paciência e aos recursos fartos dos irmãos Strüngmann, os dois tinham se apegado à autogestão durante mais de uma década. Contudo, no maior empreendimento de suas vidas, o casal depositaria a confiança na indústria farmacêutica. Em cada etapa do Projeto Lightspeed, ninguém sairia da sala virtual até uma decisão conjunta ter sido tomada.

CAPÍTULO 7

PRIMEIRO EM HUMANOS

Foi a combinação de Kate Winslet, Matt Damon e Jude Law que fez Claudia Lindemann pensar pela primeira vez em crise de saúde pública. Uma noite, em 2011, quando fazia mestrado em farmácia em Münster, na Alemanha, ela viu *Contágio*. Inspirado no primeiro surto de SARS, o filme mostra um mundo paralisado por um patógeno até então desconhecido e é assustadoramente premonitório. Embora tenha considerado pouco realistas as cenas ambientadas em laboratórios, Claudia inevitavelmente se perguntou "como seria desenvolver uma vacina em uma pandemia". Claudia, que também era atriz nas horas vagas, mal sabia que, nove anos mais tarde, receberia um papel como protagonista na vida real.

Na reunião de 6 de fevereiro, semanas antes de a Pfizer e a Fosun embarcarem no Projeto Lightspeed, o Instituto Paul Ehrlich, da Alemanha, rejeitou o apelo da BioNTech para descartar o chamado estudo toxicológico ou realizá-lo concomitantemente aos ensaios clínicos. O órgão regulador insistiu que, antes de começar o "primeiro em humanos" — ou estudo de Fase 1 —, era necessário observar durante várias semanas os ratos que recebessem injeções de construtos baseados em mRNA, a fim de identificar possíveis efeitos colaterais graves. A empresa deveria examinar com microscópio os tecidos dos órgãos dos animais em busca de sinais de doença e compilar esses dados em um relatório verificado em caráter oficial. Por sorte, Claudia estava bem preparada para essa tarefa morosa.

Após terminar o mestrado, ela se tornou uma das primeiras beneficiárias da iniciativa europeia VacTrain, criada para fomentar uma nova geração de desenvolvedores de vacinas, e fez doutorado sobre o tema no prestigioso Instituto Jenner, que tem parceria com a Universidade de Oxford (Claudia não sabia, mas, no começo da pandemia, seus ex-colegas já estavam desenvolvendo uma vacina contra o coronavírus no instituto). Em 2018, ela foi contratada pela BioNTech e, pela formação como virologista, sem qualquer especialização em câncer, ficou encarregada de conduzir o estudo toxicológico do projeto em parceria com a Pfizer para uma vacina contra a gripe. Esse processo de seis meses tinha acabado de começar quando Claudia foi informada do projeto relativo ao coronavírus e do pedido do PEI.

Ela sabia que, dessa vez, "o toxicológico" precisava ser concluído com uma rapidez *bem* maior. Durante uma conversa com Ugur, logo após a reunião de fevereiro com a entidade reguladora, Claudia explicou que, após analisar como condensar cada etapa do estudo, tinha reduzido a duração para apenas três meses. Ugur não ficou tão impressionado quanto ela esperava; ele queria iniciar os ensaios clínicos dali a algumas semanas. "Vamos, Claudia, precisamos achar uma solução", disse.

Para encontrar essa solução, Claudia voltou para a sua mesa em uma das filiais da BioNTech, situada acima de uma antiga cervejaria, no centro medieval de Mainz. Lá, ela clicou no link de um relatório que descobrira dias antes, ao pesquisar o seguinte no Google: *Como desenvolver uma vacina durante uma pandemia?*

O documento de 113 páginas, intitulado *Diretrizes para a qualidade, a segurança e a eficácia das vacinas contra o Ebola,*[120] fora elaborado mais de três anos antes por um comitê de especialistas da Organização Mundial da Saúde e tinha como foco principal as vacinas desenvolvidas após a epidemia na África Ocidental, mas também incluía princípios gerais para fabricantes de medicamentos que estivessem na corrida para conter *qualquer* vírus em propagação desenfreada. Ainda impactada pelas palavras de Ugur, Claudia começou a pesquisar como acelerar o estudo.

Ela achou um trecho crucial escondido na página 55. Os termos eram indecifráveis para quem não fosse especialista, mas, em suma, a orientação dos autores para os órgãos reguladores era a seguinte: durante uma emergência de saúde pública, os desenvolvedores de medicamentos deveriam ter permissão para proceder ao ensaio de Fase 1 após compilarem um relatório *provisório*. Esse documento conteria os dados coletados a partir da observação dos roedores e nos exames de sangue feitos pouco depois da administração das vacinas, para demonstrar que a substância não havia causado nenhum dano grave aos animais. Contudo, a parte mais demorada de um estudo toxicológico — na qual os órgãos dos ratos são dissecados cuidadosamente para o exame das amostras com microscópio — não precisaria estar concluída antes de ser iniciado um ensaio com seres humanos. Se os testes mostrassem que as pequenas cobaias estavam saudáveis logo após receberem a injeção, a BioNTech poderia iniciar de imediato o ensaio clínico de Fase 1 e finalizar o estudo toxicológico enquanto essa etapa estivesse em andamento.

Claudia apresentou essa proposta em reuniões virtuais com o Instituto Paul Ehrlich e recebeu um sinal verde dos especialistas da agência reguladora.

No entanto, a etapa de análise não era o único obstáculo que impedia um "toxicológico" rápido. De acordo com as regulamentações, as empresas precisavam administrar nos estudos com animais uma dose *extra* em relação ao número planejado para os ensaios com seres humanos.

Para interromper o mecanismo de acoplamento através do qual a proteína spike do SARS-CoV-2 — a protrusão em forma de coroa — se conecta a receptores específicos e invade células saudáveis, a BioNTech e a maioria dos demais desenvolvedores de vacinas optaram por um esquema de duas doses. "Quando desconhecemos o poder do inimigo, não queremos uma resposta muito fraca", disse Ugur à equipe nas primeiras reuniões, para a enorme decepção dos gerentes focados no aspecto comercial, que esperavam por um produto de dose única, fácil de vender. Ele explicou que, ao ser exposto pela primeira vez a uma ameaça perceptível, o sistema imunológico produz a chamada resposta "primária". No segundo encontro, as defesas do corpo já estão reforçadas. "Não sabemos o quanto é necessário, então vamos buscar o máximo", argumentou Ugur.

Claudia fez as contas ao ouvir isso. Essas duas doses nos ensaios clínicos significavam que ela precisaria testar *três* doses consecutivas em ratos. Como a equipe do Projeto Lightspeed havia estabelecido um intervalo de 21 dias — ou três semanas — entre cada injeção em seres humanos, as doses para roedores do estudo toxicológico levariam seis semanas, e as últimas amostras de sangue só seriam analisadas após o fim desse período. O objetivo de Ugur era inatingível.

Perplexa, Claudia voltou à prancheta. Ela logo concluiu que a única e última opção era encurtar os intervalos de três semanas. A BioNTech daria três doses aos roedores, mas com apenas uma semana de intervalo. Ela argumentou com os especialistas do PEI que esse era um protocolo ainda mais intenso: caso os animais tolerassem receber essa quantidade de vacina repetidas vezes, seria possível presumir que os seres humanos responderiam bem a intervalos maiores entre as doses.

Entretanto, esse planejamento representava um risco para o cronograma ambicioso do Projeto Lightspeed. A BioNTech calculava injetar em um grupo de roedores a dose mais alta que pretendia usar nos ensaios clínicos: cem microgramas. Era uma dose alta para um animal com peso entre duzentos e trezentos gramas e provavelmente causaria efeitos colaterais temporários, como inchaço. Em geral, esses sintomas diminuem com o tempo, mas talvez parecessem mais graves do que de fato eram por conta do período de recuperação reduzido e fossem confundidos com um evento adverso problemático.

De todo modo, Claudia estava confiante. Ela se lembrou de, na infância, ter tomado a vacina BCG contra a meningite e a tuberculose, que deixou uma ferida considerável. "Achei que a reatogenicidade local não seria pior do que essa, então defendi, inclusive junto ao PEI, que as tolerâncias locais não eram uma questão", explica. Caso ela estivesse certa, essa decisão ousada ajudaria a fornecer dados de segurança sobre os animais em quantidade suficiente para a BioNTech solicitar que o início de um ensaio clínico "primeiro em humanos" ocorresse apenas três semanas após os primeiros ratos receberem uma dose no estudo toxicológico.

Quando concluiu esse planejamento inovador, Claudia logo entrou em ação ao lado de Jan Diekmann, um ex-integrante do grupo acadêmico de Ugur e Özlem em Mainz que comandava o departamento de segurança não clínica da BioNTech. Eles ordenaram que os ratos fossem enviados o mais rápido possível para um local de teste certificado, de modo que os animais tivessem tempo de se ambientar. Também se certificaram de que o material de mRNA a ser utilizado no estudo fosse enviado para a Polymun, na Áustria, e, uma vez formulado, fosse conduzido para o local da pesquisa. Mas alguém precisava estar em Viena para supervisionar o início do "toxicológico" no dia 17 de março, uma terça-feira.

Na véspera do dia previsto, Angela Merkel subiu ao palco em Berlim. A Alemanha já registrava dezesseis mortes por coronavírus e, em apenas 24 horas, o número de casos confirmados havia aumentado 20%, passando dos seis mil. Três dias depois de Sierk ter mandado para casa todos os profissionais da BioNTech, exceto os trabalhadores essenciais, a chanceler fez um apelo para que os cidadãos alemães cancelassem as férias e só saíssem se fosse necessário. Igrejas e sinagogas deveriam fechar, assim como parquinhos e comércio não essencial. "Nunca houve medidas como essas no nosso país", declarou Merkel em uma entrevista coletiva. "São abrangentes, mas necessárias neste momento".[121] Claudia ia se mudar e, como a creche já estava fechada, seu filho pequeno precisava de cuidados e atenção constantes. Ela não tinha como viajar, de jeito nenhum. Então, na tarde de segunda-feira, Jan entrou no seu Mercedes e começou a longa viagem até o local do estudo toxicológico, no sul da Alemanha.

Enquanto Jan acelerava pela autoestrada incomumente vazia, seu celular tocou. Era Claudia, com um pedido inusitado. O planejamento do estudo toxicológico fora aprovado por todas as partes e descrevia todos os detalhes — desde as dosagens precisas aos intervalos, incluindo o momento em que as amostras de sangue deveriam ser coletadas. Embora estivesse confiante de que a maioria das vacinas candidatas contra o coronavírus — administradas em três injeções com doses diferentes — seria bem tolerada nos ratos, Claudia de repente estava preocupada, com um dos construtos baseado em uRNA. Ela disse que talvez a dose máxima de cem microgramas fosse "muito alta". A equipe de Annette Vogel já estava injetando o construto em camundongos na BioNTech para testar a presença de anticorpos e observara que os roedores estavam perdendo peso, o que é uma clara indicação de intolerância. "Realmente não estou confortável com isso", confessou Claudia a Jan. "Vamos solicitar uma alteração no planejamento."

Pelo cronograma, os ratos receberiam uma dose às oito da manhã do dia seguinte, então esse era um pedido pouco usual. Jan precisava agir rápido: assim que pôde, mandou um e-mail para os organizadores do estudo toxicológico.

Às sete da manhã seguinte, o planejamento foi alterado e enviado de volta à BioNTech para assinatura. Enquanto isso, Jan dirigia do hotel para uma antiga fazenda que tinha sido convertida em instalação para testes em animais. Ele desinfetou as mãos, vestiu roupas de proteção e se dirigiu para a sala em que os ratos numerados individualmente eram pesados e tinham a temperatura medida. Mas, em um canto do celeiro, funcionários injetavam a dose de cem microgramas de uRNA, motivo da preocupação de Claudia. "Os colaboradores estavam tão ansiosos para começar que já tinham dado a substância a dois animais antes que a mensagem para abortar chegasse", conta ela. Os roedores foram excluídos do estudo oficial, mas Jan decidiu monitorá-los de todo modo. Ele achou que talvez os dois fornecessem uma pista útil sobre a tolerância a essa plataforma em doses altas.

*

Enquanto Claudia e Jan trabalhavam no estudo toxicológico do Projeto Lightspeed, outros profissionais enfrentavam o desafio de lançar o ensaio do tipo "primeiro em humanos" mais rápido da história da BioNTech.

A empresa tinha bastante experiência na administração de medicamentos de mRNA em pacientes com câncer e já havia realizado ensaios clínicos com mais de quatrocentas pessoas ao longo dos anos, em vários países. Contudo, esses estudos progrediam devagar. Hospitais do mundo todo eram contratados para identificar pessoas em um estágio específico de uma doença avançada e dispostas a tomar um medicamento experimental. O processo de recrutar o número necessário de pacientes demorava anos.

Por outro lado, projetar a Fase 1 para uma vacina contra o coronavírus *deveria* ter sido moleza. A BioNTech poderia atrair voluntários saudáveis na comunidade e só precisava monitorar os efeitos colaterais, a serem registrados pelos participantes em diários e informados em conversas telefônicas com os pesquisadores. Quando a empresa terceirizada alemã responsável por realizar o ensaio com as vacinas candidatas contra a Covid-19 convocou voluntários pelo Facebook,[122] mais de mil pessoas se apresentaram em um único dia. Algumas até ligaram para a recepção da BioNTech e imploraram para participar do estudo. Encontrar sujeitos dispostos não era um problema.

Mas ainda havia obstáculos suficientes pela frente.

Em primeiro lugar, a empresa não tinha pessoal suficiente para preparar esses estudos nem mesmo no segmento de oncologia. Naquele fim de semana decisivo de janeiro, Özlem estava selecionando currículos para ampliar o grupo de gestores médicos e desenvolvedores clínicos da BioNTech. No início do Projeto Lightspeed, as entrevistas com esses candidatos ainda estavam acontecendo.

Como os compostos da vacina contra o coronavírus nunca tinham sido testados em seres humanos, o ensaio também seria complexo. Os voluntários receberiam primeiro doses muito baixas da vacina e, somente se fossem bem toleradas, uma dose mais alta seria administrada aos demais participantes. Como Ugur e Özlem planejavam levar algumas das vinte vacinas candidatas que estavam sendo testadas naquela época para a fase clínica, o ensaio precisava avaliar a segurança e a tolerabilidade de cada construto em doses crescentes, em diferentes grupos de idade, antes que a melhor candidata e a dose correta fossem escolhidas para um ensaio combinado de Fases 2 e 3, a ser realizado pela Pfizer, com dezenas de milhares de indivíduos.

A terceirizada alemã encarregada da Fase 1 teria de adaptar os processos rotineiros de trabalho para que o estudo tivesse uma eficácia excepcional. No entanto, assim como a maioria das empresas do país, não tinha expediente nos fins de semana. De forma alguma era esperado que a equipe comparecesse aos sábados e domingos, mesmo em um projeto crucial como esse. O esquema das doses precisou ser planejado com cuidado, de modo que as principais datas para a revisão dos dados dos exames de sangue não caíssem nos fins de semana.

Fora isso, havia a questão da comunicação e do treinamento. Entregar um novo produto farmacêutico aos cuidados de médicos que vão conduzir um ensaio clínico é um pouco como deixar um recém-nascido com uma babá pela primeira vez. Os pais entregam instruções minuciosas para explicar os horários das refeições do bebê, a frequência dos choros e as formas de acalmá-lo. Do mesmo modo, para garantir que um estudo em seres humanos não seja interrompido ao primeiro sinal de efeito colateral, é preciso informar às agências reguladoras e à equipe do estudo exatamente quais sintomas estão dentro do esperado e como medir o risco que representam para os pacientes. Por isso, a empresa precisava elaborar depressa um "Folheto para Pesquisadores" — trata-se, essencialmente, de um manual do usuário explicando em linhas gerais a tecnologia que compõe as vacinas. O objetivo desse documento é eliminar as surpresas.

Era meados de março, e, até então, a inovação científica por trás do Projeto Lightspeed tinha sido comunicada apenas para especialistas na área, incluindo Klaus Cichutek e os demais integrantes do painel do PEI, fabricantes terceirizados e funcionários da BioNTech, da Fosun e da Pfizer. Esse folheto seria a primeira tentativa de uma explicação abrangente do funcionamento das vacinas candidatas para pessoas de fora. Teria de ser um curso intensivo, com uma linguagem que mesmo um médico que nunca viu uma fita de mRNA compreendesse.

Ninguém na BioNTech tinha o conhecimento e a experiência necessários para dar conta dessa tarefa. Ninguém a não ser Özlem.

As habilidades singulares dela já eram um componente crucial da parceria pessoal e profissional do casal. Se dependesse de Ugur — e da sua memória visual —, ele cobriria as paredes do escritório com quadros brancos e anotações. Todos esses mapas mentais faziam sentido para ele, é claro, e talvez também para especialistas de áreas específicas. Mas era preciso que alguém traçasse uma conexão coerente entre esses mapas, ligasse os pontos. "Tínhamos que explicar as coisas para não especialistas", diz Özlem. Ela aprimorou essa habilidade quando a dupla foi atuar na medicina translacional e levou suas inovações do laboratório diretamente para o leito dos pacientes.

Isso também ocorria com os cerca de 120 projetos de pesquisa da BioNTech. Tanto Ugur quanto Özlem entendiam a soma das partes, a visão global, mas somente ela tinha a capacidade de comunicar isso aos outros. "Eu começo com as partes, e ela, com a visão integrada", contou Ugur, com admiração. Portanto, foi Özlem quem construiu a narrativa das vacinas e das terapias de mRNA da BioNTech. Era ela quem apresentava os avanços da empresa — quando possível, em um alemão impecável — em conferências e faculdades e para os mercados de capitais. É Özlem, nas palavras de Ugur, "a pessoa que integra, traduz e resolve".

Quando a BioNTech — e a humanidade — mais precisou, esses talentos vieram mesmo a calhar. Como diretora médica da empresa, Özlem trabalhou para que os pesquisadores do estudo de Fase 1 proposto compreendessem que febre e sintomas semelhantes aos da gripe eram ocorrências possíveis e que não tinha problema nenhum usar anti-inflamatórios para tratá-los. Ela compilou uma lista de dicas de fácil leitura, como a sugestão de que os voluntários se hidratassem bem antes de receberem as injeções. Mas isso era apenas parte da rotina.

Ao lado do consultor médico externo, Martin Bexon, e do chefe de escrita médica da BioNTech, Christopher Marshallsay, Özlem assumiu ainda a tarefa de planejar e elaborar o protocolo do estudo, que precisava delinear toda a estrutura do ensaio clínico. No entanto, antes de fazer isso, teve de negociar com o Instituto Paul Ehrlich e com uma comissão de ética específica uma maneira de possibilitar a seleção rápida da vacina candidata final para a Fase 3.

Em geral, o processo de dose única crescente já descrito demora meses para ser concluído — um tempo do qual a BioNTech não dispunha. Nas conversas iniciais com colegas da Pfizer envolvidos em estudos clínicos, ficou claro um imperativo: o ensaio clínico da última etapa deveria começar no fim de julho para a vacina ser aprovada ainda em 2020. Mas Özlem se deu conta de que, se a BioNTech iniciasse o ensaio de Fase 1 em abril e o conduzisse com perfeição no menor tempo possível, ainda assim não o encerraria antes de setembro. Era preciso abrir mão de alguma coisa.

Inúmeras discussões com os órgãos reguladores trataram da quantidade necessária de "sentinelas" — voluntários que recebem as primeiras doses — e do período em que deveriam ser monitoradas antes que os demais participantes recebessem uma injeção com a mesma dose. Quanto aos voluntários que receberiam uma dose mais baixa, houve deliberações a fim de determinar quais dados seriam imprescindíveis para que o estudo avançasse para a etapa seguinte, na qual uma dose mais alta seria injetada em alguns participantes. De acordo com Özlem, os dados de segurança dos ensaios oncológicos com mRNA realizados pela BioNTech e as informações iniciais do estudo toxicológico de Claudia haviam demonstrado que a maioria dos eventos adversos foi observada nas primeiras 24 horas após a administração. Por isso, ela propôs que uma parte dos participantes remanescentes em cada grupo de doze pessoas poderia receber a injeção apenas um dia após as sentinelas. Para mitigar mais o risco, os demais só passariam pelo procedimento 48 horas depois.

Özlem e sua equipe também identificaram outra maneira de acelerar o ensaio. Quando não existe uma pandemia em curso, a maioria dos estudos clínicos é planejada de forma que a segunda dose seja aplicada após um intervalo de pelo menos 28 dias, para que a resposta imunológica provocada pela primeira injeção tenha mais tempo de entrar em ação. Após as duas doses, os pesquisadores costumam esperar mais catorze dias para verificar a existência de anticorpos e células T. Portanto, as amostras de sangue só poderiam ser coletadas após 42 dias. Para os ensaios relativos à Covid-19, Özlem e a equipe decidiram implementar um esquema de vacinação com um intervalo de apenas 21 dias e testar as respostas imunológicas sete dias após a segunda dose, em vez dos catorze dias. No total, isso eliminaria duas semanas do processo.

Esse tempo extra faria mais do que contribuir para o lançamento do ensaio de Fase 3 no prazo. Meses depois, também garantiria que as pessoas vacinadas no mundo real recebessem a segunda dose mais cedo — após 21 dias, e não 28 — e, desse modo, estivessem totalmente protegidas mais rápido.

Depois de analisar os dados, as autoridades concordaram com ambos os conceitos, o que gerou uma redução significativa na duração do estudo "primeiro em humanos".

A BioNTech compartilhou com a Pfizer o planejamento do ensaio clínico, de modo que a empresa americana executasse um processo similar nos Estados Unidos. O ensaio repetido não apenas serviria para apaziguar a FDA, que preferia que os desenvolvedores de medicamentos executassem uma versão nacional desses estudos, mas também, com sorte, confirmaria os dados coletados em Mannheim e em outro local em Berlim.

Após três semanas de lockdown, as informações divulgadas pela agência de saúde da Alemanha, o Instituto Robert Koch, mostraram que o pior cenário que Ugur imaginara em janeiro — de disseminação rápida e incontrolável do SARS-CoV-2 — não tinha se concretizado. Na verdade, as medidas básicas de contenção estavam controlando o vírus, o que dava à BioNTech certa folga para respirar. Özlem e Ugur viveram no limite durante três meses. Naquele momento, estavam mais confiantes de que, com o estudo toxicológico acelerado e o estudo "primeiro em humanos" já preparado, talvez a ciência se adiantasse a esse patógeno. "Eu sabia que tínhamos uma chance. A gente estava no jogo", diz Ugur.

De todo modo, a equipe do Projeto Lightspeed precisava reduzir a complexidade da empreitada — e rápido. A maioria dos fabricantes selecionou uma única candidata à vacina ideal para levar à etapa clínica. A Moderna fez isso em 16 de março, quando administrou ao primeiro paciente sua vacina de mRNA, desenvolvida para expressar a proteína spike completa que se projeta do coronavírus. Cientistas da Universidade de Oxford, que mais tarde se associaram à AstraZeneca, também optaram por avaliar um único construto de vetor viral, em uma espécie de "tudo ou nada".

Era impossível testar em seres humanos doses crescentes dos vinte construtos da BioNTech, pois cada um tinha um código genético diferente para a proteína spike ou era baseado em uma plataforma de mRNA específica — e, ao mesmo tempo, cumprir um cronograma ambicioso. Como se tratava de um ensaio clínico de Fase 1, a empresa precisava limitar o número de vacinas candidatas.

*

Nos laboratórios que ocupavam os andares superiores da sede da BioNTech em Mainz, a equipe do Projeto Lightspeed fazia a sua parte para restringir a seleção.

Era cedo demais para obter os resultados do estudo toxicológico de Claudia ou uma indicação sobre as células T que as vacinas candidatas eram capazes de ativar. Mas, desde que aquela primeira visualização — o gráfico que Ugur salvou como protetor de tela — mostrou que as vacinas induziam uma resposta imunológica em camundongos, tinha surgido uma série de dados semelhantes. Indicavam que todos os vinte protótipos pré-clínicos estimularam o desenvolvimento de anticorpos neutralizantes fortes. Por isso, era difícil fazer uma escolha.

No entanto, a equipe sabia que, embora os resultados de estudos com roedores fossem *indicativos*, as informações não eram necessariamente *preditivas* do funcionamento de uma vacina em seres humanos. Segundo Özlem, a empresa pensou em uma forma de se proteger contra essa potencial disparidade. "Queríamos testar pelo menos um construto por plataforma de mRNA na Fase 1", afirma, referindo-se aos formatos exclusivos à disposição da BioNTech. Também queriam fazer uma divisão igual entre candidatas que codificassem a própria proteína spike e o domínio de ligação ao receptor menor. Mesmo em um teste "primeiro em humanos" acelerado, a empresa desejava o maior número possível de chutes a gol.

Na cabeça de Ugur e Özlem, o segredo era encontrar uma vacina que alcançasse o equilíbrio certo entre duas características essenciais. Uma delas era garantir que a proteína codificada pelo mRNA — o alvo usado para treinar as tropas — fosse reproduzida em grandes quantidades nas células. A outra era estimular o sistema imunológico. Se isso ocorresse sem a intensidade necessária, uma dose considerável de mRNA deixaria de ativar todas as forças relevantes, como anticorpos e células T; mas, em excesso, poderia causar efeitos colaterais graves.

A primeira plataforma incluída pelo casal, o uRNA, era naturalmente dotada da capacidade de desencadear a atividade imunológica e, como comprovado pelo tratamento de centenas de pacientes com câncer, a equipe da BioNTech alcançara ótimos resultados com o formato quando envolto em um lipídio neutro para administração intravenosa. Mas o uRNA nunca havia sido combinado com os novos lipídios propostos para a injeção intramuscular, que tinham poderes de estimulação próprios e complementares. Havia o risco de que, ao ser combinada, essa formulação sobrecarregasse o sistema imunológico. Para evitar isso, a equipe poderia ter submetido o uRNA a um processo de purificação específico desenvolvido pela BioNTech, mas Ugur queria simplificar as coisas. A BioNTech teria que testar o uRNA na sua forma não purificada e torcer pelo melhor.

Já o modRNA, desenvolvido com um propósito inicial bastante diferente, atenuava os estímulos. De acordo com Ugur, por mais que soubessem que "o modRNA seria bem tolerado", estavam "preocupados com a possibilidade de a resposta das células T não ser tão forte quanto a obtida com o uRNA, e, com isso, a dose necessária ficar na faixa de duzentos a trezentos microgramas — o que é até dez vezes maior do que a dose da vacina que acabou chegando ao mercado". Por outro lado, a capacidade dos lipídios de desencadear a atividade imunológica, o que poderia comprometer as candidatas baseadas em uRNA, talvez ajudasse o modRNA. Só havia um modo de ter certeza: incluir ambos no estudo. Para os ensaios clínicos, foi selecionada uma única candidata baseada em uRNA, assim como duas baseadas em modRNA — uma que codificava a proteína spike completa e outra que codificava o domínio de ligação ao receptor.

A última vaga foi dada à mais recente de todas as plataformas, o mRNA de autoamplificação, ou saRNA, a base de uma vacina que codificava a proteína spike completa, o que fez o número de candidatas do ensaio "primeiro em humanos" chegar ao seu total máximo de quatro. Mas, enquanto o uRNA e o modRNA haviam passado por vários ajustes realizados pela equipe da BioNTech ao longo dos anos, o saRNA não tinha sido aperfeiçoado dessa maneira nem fora aprovado com louvor nos testes pré-clínicos de anticorpos. Ainda assim, como a plataforma fazia com que o mRNA se reproduzisse durante um curto período após a injeção, o saRNA trazia a promessa de doses mais baixas, e Ugur decidiu dar uma chance a esse plano de contingência. Ele pensava que o recém-chegado também poderia servir de base para uma vacina de segunda geração, caso os resultados do ensaio de Fase 1 ajudassem a empresa a ajustar a fórmula do saRNA.

*

As informações sobre as candidatas selecionadas foram repassadas à equipe de produção em Idar-Oberstein, perto de onde tinham parado aquele trem em fevereiro, no episódio que causou pânico em Sierk e o fez implementar restrições mais duras na BioNTech. Não se tratava de uma simulação: as vacinas produzidas para ensaios clínicos tinham que aderir a padrões extremamente rigorosos, a fim de evitar a contaminação ou formulações insatisfatórias, e demandavam uma preparação intensiva. As equipes de fabricação de modelos de DNA e RNA da BioNTech trabalharam em turnos, de modo a compilar instruções detalhadas para todas as etapas do processo.

Para cada candidata, o DNA tinha que ser produzido primeiro, como um modelo para a produção do mRNA. As etapas duraram cinco dias, de segunda a sexta-feira. Com o intuito de permitir que os integrantes da equipe descansassem no fim de semana — após trabalharem dias a fio em salas limpas, vestidos da cabeça aos pés em trajes de proteção abafados, com pausas de algumas horas apenas para comer e ir ao banheiro —, foi programado um ciclo de produção por semana. Primeiro foi produzido o mRNA para a candidata baseada em modRNA que codificava o domínio de ligação ao receptor, e em seguida a versão não modificada. Assim como ocorreu com os primeiros lotes de teste fabricados após a equipe de clonagem de Stephanie superar as dificuldades iniciais e "jogar com espírito de campeão", uma pequena van de entregas esperou em frente à fábrica da BioNTech para levar, durante a noite, o material de mRNA embalado em sacos plásticos e congelado a 70 graus Celsius negativos até a Polymun, em Viena. Lá, ele foi combinado com lipídios antes de ser envasado, rotulado e enviado para os locais dos ensaios clínicos.

Na tarde do dia 16 de abril, uma quinta-feira, a BioNTech estava pronta para o início do primeiro estudo em seres humanos. Após escolher quatro candidatas e implementar cronogramas de produção, a empresa estava prestes a enviar ao Instituto Paul Ehrlich um pedido oficial para realizar um ensaio de Fase 1. Foi quando chegou um e-mail na caixa de entrada de Ugur e Özlem. Alex Muik estava testando anticorpos neutralizantes na velocidade máxima permitida pela única máquina na sua mesa e encaminhara novos dados sobre *mais* um construto, baseado em modRNA, que expressava a proteína spike completa. A sequência de nucleotídeos para o espinho nodoso fora ligeiramente ajustada, de modo a otimizar a maneira pela qual as células do corpo a traduzem. A vacina, chamada de BNT162B2.9, tinha sido testada pouco antes em camundongos, e o sangue dos roedores acabara de ser coletado e entregue a Alex. Mas os resultados eram claros: a vacina havia suscitado uma resposta dos anticorpos *muito* superior à do construto de modRNA similar, o BNT162B2.8, que já tinha sido selecionado como vacina candidata.

Na mesma hora, Ugur pegou o celular e ligou para Alex a fim de obter mais detalhes. Em seguida, telefonou para Annette Vogel. Ambos concordavam que a "B2.9" seria uma finalista melhor e estavam decepcionados por ser tarde demais para incluí-la no estudo com seres humanos, programado para começar dali a alguns dias. Mas Ugur ainda não estava disposto a desistir. "Vamos ver o que conseguimos fazer aqui", disse aos dois, antes de desligar e telefonar para Andreas Kuhn, que supervisionava a fabricação em Idar-Oberstein.

Ao pedir o impossível, Ugur recebeu esta resposta: "Não conseguimos mudar o construto e deixá-lo pronto para a segunda-feira. Nem se fosse na velocidade da luz." Conforme Andreas lembrou ao chefe, o processo de produção durava cinco dias e, de qualquer maneira, a capacidade da semana seguinte já estava reservada à produção da "B2.8" para o ensaio clínico. Ugur ficou em silêncio por alguns segundos, o que fez Andreas achar que a ligação tinha caído. Ele refletiu e fez uma proposta: "E se a equipe antecipasse em uma semana a produção do construto de autoamplificação, invertendo a ordem das doses no ensaio clínico, de modo a dar tempo à BioNTech de preparar a mudança para a 'B2.9'?" Andreas respondeu que a equipe havia trabalhado incansavelmente para preparar todos os documentos para a versão anterior e, por fim, prometeu: "Mas vou falar com eles." Na sexta-feira à noite, ele retornou a ligação. Após cinco dias de trabalho exaustivo, a equipe de Idar-Oberstein dedicaria o fim de semana a outro ciclo de produção. Ugur enviou um e-mail para Alex e Annette com uma frase só: "Vamos dar um jeito de fazer a B2.9 funcionar." Nove meses depois, ficaria bastante clara a importância dessa decisão para que finalmente fosse possível combater a disseminação do coronavírus.

Enquanto isso, Claudia dava os retoques finais nas novecentas páginas do relatório provisório do estudo toxicológico, que concluíra em apenas dois meses.

Os dados eram extremamente positivos. Os ratos não tinham apresentado febre alta nem perdido peso. Não houvera nenhum sinal de alerta, como o surgimento de pelo áspero, o que indica que talvez haja algo de errado com os animais. Os roedores também fugiram assim que os pesquisadores entraram na sala, conforme tendem a reagir instintivamente quando estão saudáveis. "É ruim quando eles só ficam parados em um canto e não fazem nada, mas aqueles ratos estavam perfeitamente felizes", explica Claudia. Não houve qualquer indício de uma resposta sistêmica grave a qualquer uma das vacinas candidatas de mRNA selecionadas. O sistema imunológico dos mamíferos não estava sendo sobrecarregado.

No entanto, seu pressentimento naquela tarde antes do início do estudo, quando Claudia ligou para Jan e pediu para que as doses de cem microgramas de uRNA fossem removidas de última hora, se revelou profético. Os dois roedores que receberam a dose mais alta dos técnicos ansiosos — antes da chegada das instruções para abortar o procedimento — tiveram febre de mais de quarenta graus. Por sorte, os ratos foram excluídos das análises antes que o estudo começasse, de maneira que os dados não impediriam a aprovação do ensaio clínico.

Mas, após a BioNTech apresentar ao PEI, em 16 de abril, os dados de toxicologia organizados, o órgão regulador percebeu que as candidatas selecionadas para o estudo "primeiro em humanos" não eram todas idênticas às que Claudia e Jan haviam testado em ratos. Incluída por Ugur de última hora, a B2.9 obviamente não fazia parte do estudo toxicológico em roedores iniciado em março.

Claudia foi chamada sem aviso prévio por especialistas da agência, que exigiram uma explicação. Como o celular ia ficar sem bateria e o filho pequeno estava no outro quarto, ela precisou se ajoelhar perto de uma tomada para falar com o PEI enquanto recarregava o aparelho. Nessa posição, reiterou que a BioNTech realizava o estudo com a chamada abordagem de "plataforma" e seguia a orientação encontrada em uma parte do relatório da OMS sobre o Ebola. Uma candidata bastante similar, a B2.8, fora testada no "toxicológico" e podia ser considerada uma substituta da B2.9, baseada exatamente na mesma plataforma do acervo de mRNA da BioNTech. Ambas pertenciam à mesma família.

A virologista garantiu à entidade reguladora que a BioNTech e a Pfizer logo testariam também a B2.9 em ratos, mas não daria tempo de fazer isso antes do início dos estudos em seres humanos em Mannheim e Berlim. "Dissemos que a candidata exata ainda estava a caminho e que não tínhamos dúvidas quanto a uma equiparação dos resultados", afirma Jan, que participou da ligação.

Entretanto, havia um último obstáculo burocrático. No fim de março, em conversas com Özlem e a sua equipe, a Comissão de Ética do estado de Baden Württemberg decretou que todos os participantes do ensaio deveriam ser testados para a Covid-19 antes de receberem a vacina. Na época, apenas algumas empresas especializadas realizavam o teste, e o processamento dos resultados demorava pelo menos dois dias. Até mesmo a Bundesliga, principal liga de futebol do país, que estava suspensa por semanas, encontrava dificuldades para submeter os jogadores a exames com a regularidade necessária para que as partidas fossem retomadas com segurança. A Comissão de Ética tinha sido extremamente favorável em muitos outros aspectos — e até havia agendando reuniões *ad-hoc* com a equipe e com os órgãos reguladores —, então essa exigência repentina os surpreendeu. "Foi difícil entender. Quando se tratava desse assunto, não conseguíamos mudar a opinião deles", diz Ugur.

Depois que suas contestações se mostraram infrutíferas, Ugur pediu ajuda ao gerente de projetos Christian Miculka, que ingressara na BioNTech pouco antes, em fevereiro. Christian ligou na mesma hora para um amigo com quem havia estudado na Áustria trinta anos antes, funcionário de uma ex-subsidiária da empresa alemã Bosch. Como sabia que a popular fabricante de eletrodomésticos também produzia o chamado equipamento de PCR, usado para os testes padrão-ouro de Covid-19, solicitou um contato na empresa. Horas depois, quando trocava os pneus do carro sob uma chuva torrencial, Christian recebeu a ligação do vice-presidente da Bosch. O executivo lhe informou que havia uma demanda extraordinariamente alta para os dispositivos de testes, os quais custariam cerca de 50 mil euros cada. Disse ainda que, para além da questão de adquirir um número suficiente das máquinas em falta, a BioNTech teria bastante dificuldade para conseguir os cartuchos descartáveis necessários para a realização dos testes — mercadoria cobiçada naquela ocasião. Mesmo assim, após confirmar que o equipamento atendia aos padrões da Comissão de Ética, Christian encomendou quatro desses dispositivos valiosos e todos os cartuchos que conseguiu. "Precisei pedir desculpas à equipe de aquisições, porque é provável que eu tenha violado todas as políticas deles", conta. Não deu tempo de pesquisar os preços.

*

Ugur e Özlem estavam em casa quando o e-mail chegou, pouco antes das três da tarde de 21 de abril, uma terça-feira. "PEI: o estudo pode ser iniciado" era o título da mensagem encaminhada por Ruben Rizzi, mestre das questões regulatórias na BioNTech. Uma resposta formal da agência alemã foi incluída na mensagem e afirmava: "Os certificados e os resultados dos testes são adequados e, portanto, atendem aos respectivos requisitos, conforme estabelecido na aprovação do ensaio clínico." Italiano enérgico, filho de um especialista em doenças infecciosas que atendia pacientes graves com Covid-19 em um hospital lotado em Bérgamo, Ruben acrescentou acima da mensagem, em letras maiúsculas: PARABÉNS, PESSOAL.

Horas mais tarde, outro integrante da equipe respondeu à mensagem, com cópia para todos, trazendo uma atualização. As máquinas de PCR da Bosch haviam chegado no principal local do ensaio clínico, em Mannheim. Os funcionários da BioNTech responsáveis por estudar os manuais das máquinas tinham viajado até os locais para treinar cada equipe. Um ensaio clínico com duzentos voluntários saudáveis entre 18 e 55 anos começaria em abril, conforme o cronograma de Ugur, sendo que indivíduos mais velhos seriam incluídos 28 dias após o grupo mais jovem ter recebido duas doses e ter sido monitorado. Ugur enviou essa informação aos colegas da Pfizer e comentou: "Continuamos no prazo."

A notícia foi recebida com certo alívio em Nova York, que estava prestes a se tornar o centro global da pandemia do coronavírus. As unidades de terapia intensiva estavam abarrotadas, e o som das sirenes servia de trilha sonora apocalíptica para os profissionais do Projeto Lightspeed alocados no arranha-céu da Pfizer em Manhattan. Dezenas de necrotérios móveis tinham sido instalados na cidade, então os corpos eram levados para caminhões refrigerados estacionados em frente aos hospitais.[123] Algumas das instituições ficaram sem estoque de sacos para cadáveres, e vítimas não identificadas foram enterradas em valas comuns em um cemitério de indigentes em Hart Island.[124] "Uma coisa é ver uma imagem na televisão, outra é andar pelas ruas de Nova York e olhar aqueles caminhões-frigorífico se amontoando. Foi muito assustador", diz Kathrin Jansen, da Pfizer.[125]

No dia seguinte, 22 de abril, o Instituto Paul Ehrlich anunciou publicamente[126] que havia autorizado o ensaio clínico da BioNTech. Como não estava entre os destinatários do e-mail de Ruben Rizzi, Claudia soube da novidade pelo boletim de notícias sobre coronavírus do Tagesschau, o site da emissora pública alemã. Um e-mail foi enviado para a equipe da BioNTech pouco depois, e as ações da empresa subiram incríveis 30% na Nasdaq, em Nova York. O presidente do PEI, Klaus Cichutek, deu uma entrevista coletiva falando sobre os trabalhos da agência reguladora antes da autorização, ressaltando que não haviam pulado nenhuma etapa. Mas, quando perguntaram em que data uma vacina seria aprovada para a distribuição mais ampla, ele diminuiu as expectativas. Segundo Klaus, era "improvável" que isso ocorresse antes do fim do ano.

Naquela mesma tarde, chegaram novos dados sobre o construto "B2.9", incluído no ensaio clínico de última hora. Os exames de sangue mais recentes dos camundongos que tinham recebido esse construto ajustado eram da semana anterior, e as novas amostras confirmaram que o nível de anticorpos neutralizantes era mais de quatro vezes superior ao do induzido pelo construto "B2.8". Aliviado, Ugur escreveu em um e-mail para Alex: "Seus estudos confirmam que mudar foi *mesmo* uma decisão muito sábia. Muito obrigado."

No dia 23 de abril, quinta-feira, a chefe de comunicação da BioNTech, Jasmina Alatovic, dirigiu-se ao local do ensaio clínico em Mannheim a fim de coordenar as filmagens do momento histórico — a primeira injeção — para a imprensa alemã. Um colega que ia naquela direção lhe ofereceu carona e perguntou se ela poderia esperar no aeroporto de Frankfurt, que ficava no caminho. Em geral repleto de executivos e turistas, o terminal principal desse ponto central de voos internacionais estava vazio. Só se escutavam os cliques ligeiros de um painel de embarque antigo. Poucos carros estavam parados na fila de táxis. A vacina já estava demorando.

Assim que ela chegou ao edifício simples de tijolos marrons, em Mannheim, os acontecimentos se desenrolaram depressa. Enquanto os bondes passavam devagar na rua, a equipe da BioNTech esperava em uma salinha para proteger o anonimato dos voluntários. Na porta ao lado, um enfermeiro diluiu a vacina e, às 11h08, o primeiro paciente recebeu a dose do construto de uRNA. Uma mensagem de uma linha foi enviada para a equipe do Projeto Lightspeed: "A preparação da vacina e a injeção ocorreram sem problemas." Logo em seguida, Özlem respondeu para todos: "Ótimo trabalho, pessoal! Estou muito orgulhosa de todos vocês e acho incrível que o desempenho desta equipe esteja no nível dos 'atletas de alto rendimento'."

Fotos daquele momento foram transmitidas em canais de notícias em todo o país. Poucas horas depois, a equipe de Oxford injetaria, no seu primeiro paciente no Reino Unido,[127] uma vacina candidata de vetor viral contra o coronavírus. Porém, graças ao hábito alemão de se adiantar às coisas, a BioNTech se tornou a primeira empresa na Europa a testar uma vacina contra a Covid-19 em seres humanos.

*

Após os primeiros voluntários da Fase 1 receberem as doses com segurança, a equipe do Projeto Lightspeed iniciou a espera agonizante pelos sinais preliminares de uma vacina eficaz em seres humanos. Foi uma espera que Özlem e a equipe clínica reduziram para cinco semanas: três semanas até que a segunda dose pudesse ser administrada, uma semana para as defesas imunológicas entrarem em ação e uma semana para o processamento das amostras. Mas, de forma inesperada, o estágio final de processamento se mostrou ambicioso demais.

Naquele momento, a BioNTech usava uma empresa de diagnósticos no norte da Itália para analisar amostras do estudo. Tubos de ensaio dos centros de pesquisa em Mannheim e Berlim eram enviados diretamente para a empresa toscana, que estava aberta e funcionava com capacidade total. A pedido de Ugur, a BioNTech pressionava para que os resultados iniciais, ainda brutos, fossem disponibilizados o mais rápido possível, de modo que pudessem tomar uma decisão a respeito da candidata vencedora para proceder a um estudo global de última fase.

Entretanto, logo ficou claro que o procedimento na Itália demoraria muito. Os funcionários não trabalhavam 24 horas por dia e, por decreto regulatório, precisavam revisar e verificar os dados antes de apresentar conclusões. Mais uma vez, Ugur contou com a desenvoltura de Alex Muik. Assim que o sangue dos voluntários alemães que tinham recebido duas doses no ensaio era coletado, as caixas com as amostras eram enviadas para a BioNTech. Usando o teste com o vírus substituto no qual Alex trabalhara com sua única máquina de mesa, bastava um dia para gerar dados preliminares sobre a intensidade da resposta imunológica provocada pelas vacinas. "Liguei várias vezes para Alex", conta Ugur, que estava desesperado para saber o desempenho das candidatas praticamente no mesmo instante em que chegassem a Mainz. "Ele falava: 'Ugur, me dê três horas.' E depois: 'Ugur, preciso de mais meia hora.'" Então, em 29 de maio, pouco depois de uma da tarde, chegou um e-mail.

Alex tinha anexado na mensagem o primeiro conjunto de dados do ensaio clínico da BioNTech. Ele testara o sangue de seis dos participantes que receberam duas doses de dez microgramas do modRNA e de dois indivíduos que receberam trinta microgramas da mesma formulação — essa plataforma gerava apreensão em Ugur e Özlem, que se perguntavam se ela exigiria uma dose muito alta. Os anticorpos neutralizantes foram medidos e comparados com a sorologia de pacientes recuperados da Covid-19; depois, foram representados por dezenas de pontos agrupados na parte inferior de um gráfico que, para os leigos, pareceria comum. Contudo, essa imagem significava um avanço monumental na batalha da ciência para derrotar o implacável coronavírus. A candidata colocava em ação os atiradores de elite do sistema imunológico apenas sete dias após a conclusão de um regime de baixa dosagem — uma resposta ainda melhor do que a observada em pacientes que sobreviveram a uma infecção natural por coronavírus.

Os resultados foram um alívio para a equipe do Projeto Lightspeed. Onze dias antes, a Moderna tinha publicado os resultados de quatro voluntários do seu estudo de Fase 1 com o modRNA. A empresa de biotecnologia americana testara uma dose de 25 microgramas, mas a considerara insuficiente, então anunciou que ia tentar doses de cinquenta e de cem microgramas.[128] A BioNTech queria a todo custo evitar uma situação similar, porque os relatórios sobre os participantes do ensaio alemão que receberam cem microgramas do modRNA não apresentaram bons indicadores. Os indivíduos tinham desenvolvido sintomas parecidos com os da gripe, como calafrios e febre. Alguns não conseguiram levantar da cama. Para uma vacina que deveria ser administrada em velocidade recorde, em todos os tipos de ambientes improvisados, isso estava muito aquém do ideal. Quem recebesse a vacina teria de ser monitorado de perto durante horas e, com certeza, muitos escolheriam pular essa parte. "O ideal era uma injeção que pudesse ser dada no estacionamento do supermercado", observa Özlem, que integrava o comitê de quatro pessoas responsável por revisar os dados de segurança de Berlim e Mannheim.

O painel decidira descontinuar as doses de cem microgramas, mas os dados preliminares enviados por Alex mostraram que essa resolução não afetaria o surgimento de uma candidata funcional. Muito pelo contrário. "Naquele momento, sabíamos que talvez dez, quem sabe trinta microgramas seriam suficientes", diz Ugur. Todas as otimizações de mRNA nas quais o casal e as suas equipes tinham trabalhado ao longo dos anos estavam dando resultado. "O número de doses que éramos capazes de fornecer, se houvesse autorização para comercialização, tinha efetivamente triplicado."

Havia um fato ainda mais encorajador: a candidata baseada em modRNA da BioNTech ativava anticorpos neutralizantes com níveis de sucesso semelhantes em todos os oito voluntários cujas amostras de sangue tinham sido analisadas. Era alta a probabilidade de as tropas mobilizadas pelo corpo em resposta à vacina desmantelarem o patógeno que já ceifara quase meio milhão de vidas, impedindo-o de se acoplar às células do pulmão e causar uma doença grave. "Foi maravilhoso ver aquilo", conta Ugur. Por um instante, ele se permitiu apreciar a beleza da ciência que aperfeiçoara durante décadas ao lado de Özlem e das suas equipes.

Sete minutos depois, respondeu assim ao e-mail: "Caro Alexander, cara equipe. Isso é incrível. Temos uma vacina!"

CAPÍTULO 8

POR CONTA PRÓPRIA

Para muitas pessoas da equipe da BioNTech, a urgência de uma vacina que desencadeasse respostas imunológicas fortes era similar a correr o último quilômetro de uma maratona. Com certeza ainda tinham muito a fazer: realizar um estudo clínico mundial, fechar acordos de fornecimento de matéria-prima e superar um enorme desafio logístico. Mas o primeiro e principal estágio do Projeto Lightspeed, a ciência pesada, estava quase finalizado. Tinham trabalhado durante meses para desenvolver vinte candidatas, enfrentando as circunstâncias mais estressantes, comparando umas com as outras, até que, em uma linda exibição de epistemologia, pelo menos uma das suas tentativas para atingir o objetivo — a codificação modRNA para o domínio de ligação ao receptor — pareceu ter acertado o alvo. Se preveniria ou não a doença em pacientes infectados com a Covid-19 no mundo real ainda era uma incógnita, mas aquilo estava na mãos dos deuses.

Para Andreas Kuhn, porém, o trabalho mais árduo ainda estava por vir. Um dos principais funcionários da BioNTech, que estava com Ugur e Özlem desde a fundação da empresa (ele se juntara ao casal depois de descobrir que a natureza impiedosa da carreira acadêmica era cruel demais para suportar), o bioquímico grisalho tinha se tornado o chefe de toda a linha de produção. Desde o início de fevereiro de 2020, ele supervisionava a produção das vacinas candidatas contra Covid-19 nas instalações de produção de mRNA da BioNTech, primeiro em Idar-Oberstein, depois em Mainz. Sua equipe tinha produzido material suficiente para as pesquisas em laboratório e para os testes em animais e fornecido algumas centenas de doses necessárias para a Fase 1 do estudo clínico na Alemanha. Mas estava por vir um estudo de grande escala que envolveria dezenas de milhares de pessoas em todo o mundo, e, enquanto os peritos em desenvolvimento técnico da BioNTech, liderados por Ulrich Blaschke, treinavam a Pfizer na arte da produção de mRNA, seriam necessários meses até que a gigante farmacêutica estivesse preparada para produzir vacinas nas suas fábricas nos Estados Unidos e na Bélgica. Mas, ao que tudo indicava, o fornecimento de vacinas seguras e estáveis para um dos maiores estudos clínicos da história da medicina ficaria nas mãos de Andreas e dos seus protegidos.

Por um momento, pareceu que a BioNTech receberia alguma ajuda. No início de abril, Bill Gates pediu que governantes adiantassem a construção de fábricas mesmo antes de saber qual vacina contra Covid-19 funcionaria, se é que alguma funcionaria. Ele afirmou que sua própria fundação filantrópica investiria nas instalações para sete candidatas. "Vamos gastar alguns bilhões de dólares para construir instalações para fabricação de construtos que não serão produzidos porque algum outro é melhor", disse o fundador da Microsoft para Trevor Noah, do *The Daily Show*. "Mas alguns bilhões na situação em que estamos, na qual trilhões de dólares estão… sendo perdidos na economia, vale a pena",[129] acrescentou ele.

Apesar do imperativo econômico e epidemiológico, esse plano não se concretizou. Não houve nenhum esforço mundial coordenado para identificação de capacidade ociosa de produção, nem para a construção de novas instalações como uma preparação para a produção das primeiras vacinas autorizadas. Em 2000, diretrizes para responder a surtos virais como uma "coalizão global" foram redigidas no Fórum Econômico Mundial em Davos, depois atualizadas em 2017. Mas essas diretrizes desmoronaram assim que foram expostas à realidade geopolítica. Andreas e sua equipe estavam por conta própria.

A maioria das empresas de biotecnologia do porte da BioNTech não tem instalações de produção própria. Na verdade, o primeiro empreendimento de Ugur e Özlem, a Ganymed, usava fornecedores terceirizados para produzir os medicamentos para terapia de anticorpos monoclonais. Embora trabalhar com esses fornecedores tenha sido um processo difícil, quando o casal fundou a BioNTech, apesar do desânimo, deu a Andreas a missão de identificar fornecedores semelhantes para ajudar a start-up descapitalizada a produzir medicamentos baseados em mRNA. A BioNTech fez um "estudo de viabilidade" em uma pequena empresa norte-americana, mas, como nem ela nem qualquer outro fornecedor terceirizado no mundo já tinha produzido medicamentos baseados em mRNA, Andreas logo percebeu que o trabalho de ensinar outra equipe a lidar com a tecnologia não valeria a pena. Além disso, para o processo acontecer sem problemas, era necessário transferir conhecimentos demais para um fornecedor, correndo o risco de parte das informações acabar nas mãos da concorrência. Em vez disso, a BioNTech encontraria um modo de produzir as próprias vacinas experimentais, seguindo o exemplo de outra empresa alemã que trabalhava com mRNA, a CureVac. No fim de 2008, Andreas viajou para a cidade universitária de Heidelberg a fim de fazer um curso de "Boas práticas de fabricação", ou BPF, as regulamentações reconhecidas mundialmente para assegurar a qualidade da produção de farmacêuticas licenciadas. Por volta da mesma época, a Moderna começou a desenvolver a sua própria fábrica em Massachusetts. A indústria emergente de mRNA estava acumulando expertise de fabricação.

A construção de tais instalações do zero, porém, estava além da capacidade da jovem BioNTech. Construir salas limpas e obter todas as aprovações necessárias para produzir material clínico seriam processos trabalhosos que demandariam pelo menos três anos. Por sorte, alguns meses depois da fundação da empresa, uma instalação com certificação de BPF que vinha tendo prejuízo de 2 milhões de euros por ano e ficava a menos de cem quilômetros a oeste de Mainz foi colocada à venda. Ugur e Özlem identificaram uma oportunidade de, em uma só tacada, recrutar uma equipe de especialistas em manufatura e uma fábrica pronta para produzir. Embora ainda fosse levar um tempo antes de precisarem preparar uma grande quantidade de mRNA para os estudos clínicos em humanos, o casal — com a bênção dos seus principais investidores, os gêmeos Strüngmann — decidiu comprar a fábrica em Idar-Oberstein, que lhes foi oferecida pelo valor de 2 milhões e meio de euros, e colocou os seus trinta e tantos funcionários na folha de pagamentos. A equipe, que logo se familiarizou com as peculiaridades da produção do mRNA, cresceu significativamente com o passar dos anos. Em 2018, devido à necessidade de mais capacidade do que a Idar-Oberstein conseguiria oferecer, a empresa construiu uma fábrica suplementar em Mainz e contratou outra equipe para lá.

Foi para essa equipe que Andreas se dirigiu no início de fevereiro, quando Ugur lhe disse: "Se as coisas ficarem tão ruins quanto acho que vão ficar, temos que dedicar toda a nossa capacidade de produção para a Covid-19." Sem saber que dose seria necessária para desencadear uma resposta imunológica ou quantas outras vacinas seriam aprovadas, Ugur estimou que a empresa precisaria produzir um total de um quilograma de mRNA — o suficiente para fabricar entre cinco e vinte milhões de vacinas, dependendo da dose final — até o fim de 2020. Naquele ponto, a produção máxima anual da BioNTech tinha sido um décimo disso: cem gramas, em geral em lotes de um grama. A quantidade máxima de material produzido de uma só vez era de apenas oito gramas.

Graças à visão que Ugur e Özlem compartilharam como jovens médicos, décadas antes, a BioNTech estava pronta para esse desafio. Em meados dos anos 1990, eles aprenderam que o câncer tinha facetas muito diferentes e que poucas vezes seria rastreado por uma única terapia codificada para um antígeno, ou alvo. "Nós entendemos, já naquela época, que, para possibilitar a existência de medicamentos individualizados, precisávamos de uma tecnologia com processos de produção versáteis", diz Ugur. De fato, o que o casal propunha era virar a indústria farmacêutica de cabeça para baixo. Em vez de desenvolver produtos farmacêuticos que poderiam ser produzidos em massa e se beneficiar com a economia do custo da produção em larga escala, cada paciente receberia uma cura particular e personalizada. E o mRNA se encaixava nesse objetivo como uma luva.

Como resultado, a produção nas fábricas que Andreas ajudara a BioNTech a comprar precisavam ser "muito rápidas, ágeis e adaptáveis", diz Özlem. As dezenas de milhares de etapas envolvidas na produção de medicamentos baseados em mRNA teriam de ser repetidas para cada terapia individual, e não havia espaço para erros. Os pacientes inscritos nos primeiros estudos clínicos da empresa geralmente sofriam de câncer em estágio terminal. Para descobrir se o medicamento experimental da BioNTech que concordaram em tomar estava fazendo efeito, os voluntários teriam de parar a quimioterapia e qualquer outro tipo de tratamento. Eles não podiam se dar ao luxo de esperar por meses.

Ugur, Özlem e suas equipes raramente conheciam os beneficiários do medicamento personalizado, mas, de vez em quando, um paciente aparecia na imprensa, tornando a aceleração do processo ainda mais pessoal. Brad Kremer, um representante de vendas de 52 anos de Massachusetts, foi uma dessas pessoas. A revista *Nature* publicou uma foto dele de camisa xadrez, fazendo carinho no seu cachorrinho, acompanhada por uma declaração emocionada de como "estava mesmo testemunhando as células cancerosas encolherem diante dos próprios olhos" depois de receber um tratamento experimental e individualizado da BioNTech. Eram histórias como aquelas que o casal utilizava para motivar a equipe de produção nos primeiros dias em Idar-Oberstein. Özlem costumava dizer: "Cada lote representa um paciente esperando".

A missão que a equipe de Andreas tinha pela frente no início de 2020 ia muito além da competência que tinham desenvolvido para satisfazer àqueles casos. Antes do surgimento do novo coronavírus na China, os planos de venda da BioNTech eram de, no máximo, dez mil doses de seus medicamentos contra o câncer por ano, a partir de 2024. Agora, a empresa teria que trabalhar para produzir milhões de doses *por semana*. Pelo menos tinham diretrizes para seguir que haviam sido afinadas e refinadas. Os ciclos de fabricação foram reduzidos de meses para semanas, e a equipe precisara passar por eles tantas vezes que começara a aprender a resolver os problemas logo que surgiam. "O processo de liberação dos lotes é o mesmo para as escalas individuais e industriais", explica Oliver Hennig, responsável por fazer com que a linha de produção da BioNTech funcionasse sem problemas. "Nós tínhamos o conhecimento e estávamos prontos."

Porém, a conta bancária da BioNTech não estava pronta. De repente, tudo, desde as enzimas, passando por nucleotídeos e tampões, até os sacos para os biorreatores, precisava ser comprado com antecedência, a um custo exorbitante. Até mesmo a produção de oito gramas de uma vez para os produtos contra o câncer tinha chegado a uma conta em euros de seis dígitos. A empresa não apenas teria uma produção oito vezes maior para cada lote de vacina contra a Covid-19, mas também teria de realizar diversos testes para assegurar que poderia produzir o medicamento com consistência e qualidade, o que aumentava ainda mais a despesa. "A gente ficava tipo 'talvez a gente precise disso, talvez a gente precise daquilo... não sabemos. Vamos comprar assim mesmo'", conta Sierk Poetting, diretor financeiro da BioNTech.

Fabricar grandes quantidades de mRNA significava que um único erro humano — como o que contaminou quinze milhões de doses da vacina da Johnson & Johnson em 2021 — poderia fazer com que substâncias vacinais de milhões de euros fossem jogadas pelo ralo.

Ugur também insistia que a empresa se arriscasse a comprar uma quantidade suficiente de material tanto para os estudos clínicos *quanto* para o fornecimento inicial de uma vacina autorizada, o que ainda parecia ser um sonho distante. Prioritariamente, a BioNTech precisava assegurar lipídios o suficiente para o invólucro do *naked* mRNA e, na época, havia apenas um fornecedor que fabricava a formulação exata de que precisavam. A Avanti, uma empresa familiar com sede em Birmingham, Alabama, pediu o pagamento de um sinal no valor de 5 milhões de euros. Sierk assinou uma ordem de compra.

Também precisavam encomendar frascos, borrachas, rolhas e tampas — todos os componentes necessários para o envase da vacina. "O mercado era do vendedor", conta Oliver, e havia "pouquíssima concorrência" entre os fornecedores. "Nós estávamos tentando comprar os frascos que a AstraZeneca também estava tentando adquirir e vice-versa." Era necessário gastar milhões de euros para reservar a chamada "capacidade de envase e acabamento" com fornecedores que prepararariam as vacinas para serem rotuladas e enviadas. As parcas reservas financeiras da BioNTech — cerca de 600 milhões de euros no início de 2020 — estavam sendo consumidas depressa.

O dinheiro já estava apertado antes do início do Projeto Lightspeed. No início de fevereiro, enquanto Ugur e Özlem montavam a equipe de desenvolvimento da vacina contra o novo coronavírus, o diretor de estratégias Ryan Richardson viajara para os Estados Unidos para levantar capital de investidores com a venda de mais ações da empresa. Porém, graças a uma peculiaridade do sistema jurídico alemão, ele tinha fracassado na tentativa de despertar interesse. "Foi uma tecnicalidade, na verdade", explicou. Investidores particulares querem comprar ações de empresas de biotecnologia com um desconto preferencial de pelo menos 10%. Embora essa seja uma prática usual nos Estados Unidos (a Moderna levantou 500 milhões de dólares em fevereiro de 2020 com um desconto de 20%),[130] essa prática era ilegal para a BioNTech, por seu registro na maior economia europeia, que não permitia descontos superiores a 5% do preço de mercado. Um a um, os gestores de fundos se recusaram a investir. "Foi uma decepção", conta Ryan. Muitas empresas alemãs de biotecnologia registravam sua sede na Holanda para evitar essa situação. A BioNTech, que mantivera o endereço em Mainz, "não tinha escolha", a não ser respeitar as leis locais.

Mas, como lhes era característico, Ugur e Özlem não entraram em pânico. Ambos estavam confiantes de que os investidores ignorariam os obstáculos assim que os estudos clínicos para a vacina contra o novo coronavírus começassem a mostrar resultados convincentes. "Estamos gastando grande parte do nosso orçamento nesse programa", contou Ugur para um jornalista no início de março, "e fazemos isso acreditando que vamos conseguir o apoio financeiro de que precisamos para o projeto".

Contudo, com os gastos de dezenas de milhões de euros referentes à compra de componentes cruciais aumentando toda semana, o presidente Helmut Jeggle estava cada vez mais preocupado com a saúde financeira da companhia a longo prazo. Não era apenas a possibilidade de a vacina contra o novo coronavírus não dar certo. Mesmo que fosse eficaz e segura, poderia acabar sendo apenas uma entre muitas vacinas bem-sucedidas e, sendo produto de nicho, continuaria não lucrativa. Além disso, apesar de terem assinado o contrato com a Pfizer para a comercialização da vacina em vários países, Ugur e Özlem queriam que a BioNTech vendesse a vacina diretamente para a Alemanha e a Turquia. Isso implicava a criação de um novo departamento por inteiro e uma unidade dos assuntos médicos para cuidar do marketing, das vendas e de assuntos corporativos e governamentais, assim como da contratação de especialistas em farmacovigilância, a fim de gerenciar os relatórios de eventos adversos.

Ao perceber que os mercados de capital não viriam ao auxílio da BioNTech, Helmut começou a trabalhar a sua rede de contatos e conseguiu uma reunião com Mariya Gabriel, responsável pela área de inovação e pesquisa na União Europeia. Helmut fez uma breve apresentação no escritório dela, durante a qual enfatizou a urgência do empreendimento da empresa e mostrou os custos. Mariya prometeu considerar o pedido.

*

Enquanto isso, no dia 15 de março, a notícia do apoio da União Europeia aos desenvolvedores da vacina alemã chegou às manchetes. Uma matéria na capa da edição dominical do jornal *Welt am Sonntag*[131] dizia que Donald Trump, depois de ter declarado dias antes que a Covid-19 "ia desaparecer", tentara atrair a empresa de mRNA CureVac, após seu CEO participar de uma mesa redonda televisionada na Casa Branca, no dia 2 de março. Para grande preocupação do governo de Angela Merkel, o artigo dizia que o presidente dos Estados Unidos tinha oferecido 1 bilhão de dólares à empresa sediada em Tübingen para reservar sua vacina contra Covid-19 em desenvolvimento exclusivamente para os Estados Unidos.

Políticos furiosos logo condenaram o suposto negócio. "A Alemanha não está à venda", declarou o ministro da Economia Peter Altmaier a um dos principais canais de TV do país, mesmo que tanto a CureVac quanto, curiosamente, o próprio governo Trump tivessem declarado que tal abordagem não acontecera. Verdadeira ou não, as reportagens do *Welt* assustaram os líderes europeus. Na noite de segunda-feira, 16 de março, Ursula von der Leyen, presidente da comissão da União Europeia, já tinha ligado para a CureVac, oferecendo 80 milhões de euros em apoio financeiro para a empresa, que, em janeiro, recebera financiamento da Coalizão para Promoção de Inovações em prol da Preparação para Epidemias (CEPI, na sigla em inglês).[132] Ela disse que o dinheiro era para "acelerar o desenvolvimento e a produção de uma vacina contra o novo coronavírus *na Europa*". O que deveria ser um esforço colaborativo e além-fronteiras contra uma doença mortal tinha, de repente, se tornado um assunto abertamente político.

A BioNTech, que tinha anunciado contratos importantes com a chinesa Fosun e com a Pfizer nos dias posteriores à reportagem do *Welt*, não recebeu nenhuma comunicação direta de Ursula von der Leyen. Ugur diz que isso não foi culpa da União Europeia. Aos olhos de muitos órgãos globais, a BioNTech era uma empresa que se dedicava ao tratamento do câncer, desenvolvendo terapias individualizadas, e todos acreditavam que a empresa dificilmente seria a primeira a levar ao mercado uma vacina contra a Covid-19 no meio de uma pandemia. Além disso, era bem compreensível que as pessoas de fora presumissem que, com duas grandes empresas a bordo e centenas de milhões de euros investidos para acelerar o desenvolvimento da vacina da BioNTech, não fosse necessário qualquer financiamento adicional.

De qualquer forma, o casal, que sempre evitava fazer promessas que não sabiam se conseguiriam cumprir, queria limitar qualquer interferência externa no Projeto Lightspeed. Eles mantiveram, deliberadamente, os planos em segredo pelo maior tempo que conseguiram, revelando-o apenas quando as regulamentações de mercado exigiram. E deixaram que os legisladores continuassem com essa percepção.

O primeiro exemplo desse comportamento reticente aconteceu em 20 de março, quando, cinco dias depois da publicação da matéria sobre a CureVac, o gabinete da chanceler Angela Merkel, o *Kanzleramt*, convidou Ugur e Sierk para participarem de uma conferência. Àquela altura, o número de mortes provocadas pela Covid-19 em todo o mundo se aproximava de quinze mil, e a União Europeia detinha quase um terço desse total.[133] O governo alemão instruíra o exército do país, o *Bundeswehr*, a construir um hospital de atendimento de emergência e estava se esforçando para comprar respiradores. O desenvolvimento de uma vacina bem-sucedida era mais essencial do que nunca, e o gabinete da chanceler queria avaliar o progresso dos desenvolvedores locais. Na videoconferência, o conselheiro econômico de Merkel, Lars-Hendrik Röller, perguntou educadamente como andava a pesquisa da BioNTech e se havia alguma coisa que Berlim poderia fazer para ajudar.

Ugur "apresentou a situação para ele", conta Sierk. Porém, em vez de ler uma lista de exigências, ele disse que, naquele momento, a equipe do Projeto Lightspeed não precisava de "nada específico". O único pedido de Ugur foi feito em nome da esposa. O governo de Angela Merkel estava discutindo imposições de toque de recolher, e essa possibilidade assustou Özlem, que precisava de suas corridas diárias para assegurar o próprio bem-estar. "Não vou conseguir sobreviver se me impedirem de correr", disse ela para o marido assim que soube da reunião. Então, no fim da videoconferência, Ugur pediu: "Sr. Röller, quaisquer que sejam as medidas de lockdown que vocês implementem, *por favor,* não impeçam as pessoas de se exercitarem ao ar livre."

A lista de pedidos de Ugur não tinha crescido algumas semanas depois, quando o ministro da Saúde alemão, Jens Spahn, ligou para perguntar quando a BioNTech conseguiria disponibilizar uma vacina no mercado. Depois de agradecer o político de centro-direita pelo interesse, Ugur conta: "Eu disse para ele que tínhamos algumas vacinas candidatas e que estávamos nos preparando para entrar na Fase 1 dos estudos no fim de abril. E que os dados preliminares que teríamos em junho nos mostrariam se estávamos no caminho certo". Spahn então perguntou se a BioNTech precisava de algum apoio, e Ugur se lembra de ter respondido: "Ainda não." Tudo que a empresa queria, acrescentou, era espaço para continuar com o trabalho.

Sierk, porém, ainda estava decidido a mitigar as questões financeiras. Ele escreveu uma apresentação de quatro páginas, uma extensão da que Helmut fizera para a União Europeia, resumindo tudo de que a BioNTech precisaria para disponibilizar sua vacina ao mundo em outubro. Enviou essa apresentação para vários países e para o próprio Spahn. "Não pedimos 1 bilhão e nem precisávamos de 1 bilhão", conta Sierk. Tudo que ele pediu foi uma quantia de 90 milhões de euros para apoiar a produção, 50 milhões para custos de produção e 140 milhões para ajudar na realização dos estudos clínicos. Mas, mesmo em abril, quando a BioNTech lançou os primeiros testes na União Europeia para uma vacina contra a Covid-19, não havia ofertas de apoio financeiro em vista.

De qualquer forma, Sierk logo percebeu que os valores que apresentara tinham sido subestimados. Enquanto ele e Helmut, fiéis às suas funções, se preocupavam com um fracasso, Ugur e Özlem estavam se planejando para o sucesso. Se a vacina recebesse uma autorização de emergência, cada lote de mRNA seria uma commodity preciosa e salvadora de vidas. A BioNTech precisava fazer todo o possível para suplementar a produção nas enormes instalações da Pfizer em Puurs, na Bélgica, e em Kalamazoo, em Michigan. O objetivo para 2020 tinha subido para cinco quilogramas de mRNA, uma quantidade muito acima do que as instalações de Idar-Oberstein e de Mainz conseguiriam produzir juntas.

"Ficou muito claro, no início do verão, que precisávamos de uma capacidade muito *maior* de produção", conta Oliver Hennig. Entre os diversos desafios de produzir grandes quantidades de mRNA, estava o fato de que era necessário usar etanol puro e pressurizado — tão inflamável que os técnicos precisariam usar botas especiais e livres de estática — para o invólucro dos ingredientes ativos em lipídios. Nenhuma das instalações existentes da BioNTech era capaz de "lidar com milhares de litros de tampão ou centenas de litros de etanol", conta Oliver. "Era necessário um ambiente seguro contra explosões, do qual não dispúnhamos". A única opção era voltar para a estratégia original de Ugur e Özlem, no início das ambições comerciais da empresa: encontrar e adquirir mais capacidade de produção.

*

Uma possível solução estava a menos de cem quilômetros a nordeste de Mainz, em um antigo vilarejo medieval chamado Marburgo.

Lar de um castelo imponente do século XI e da mais antiga universidade protestante, a cidadezinha teve um papel na história da imunologia maior do que o seu tamanho e a sua localização sugerem. No fim do século XIX, o pioneiro alemão de vacinas, Emil von Behring, se mudou para Marburgo a fim de construir instalações para a produção de "antitoxina", o primeiro fármaco usado na prevenção do tétano.

A fábrica construída para isso recebeu o nome de Behringwerke e logo se misturou à história local. Nos anos 1920 e 1930, os moradores foram contrários aos planos de construção de uma fábrica da Mercedes na área e, logo depois da Segunda Guerra Mundial, o conselho municipal votou contra a construção de outras fábricas em Marburgo por acharem que a visão comercial destruiria o charme pitoresco do local. Enquanto a cidade vizinha, Stadtallendorf, recebeu a fábrica alemã da Nutella, Marburgo prosperava unicamente com seu pedigree farmacêutico, tornando-se um centro global de produção de vacina contra a pólio. Até que, nos anos 1960, aconteceu um desastre.

Alguns pesquisadores da fábrica da Behring tinham sido expostos ao tecido de macacos-verdes africanos e de repente desenvolveram uma febre hemorrágica. Os surtos aconteceram simultaneamente em laboratórios em Frankfurt e em Belgrado, na então Iugoslávia. Sete pessoas morreram,[134] e calculou-se que o novo patógeno — semelhante ao Ebola — era fatal para nove a cada dez infectados.[135] A doença logo recebeu o nome de vírus de Marburgo.

A cidadezinha virou sinônimo de desastre biológico e precisou se esforçar muito para reconquistar a imagem. Em 2007, sedeou a primeira unidade de produção de uma vacina contra a gripe baseada em células, um novo método que substituía a técnica que usava ovos de galinha.[136] Gigantes da indústria farmacêutica, como a Novartis e a GlaxoSmithKline, investiram no local, apesar do relativo isolamento da cidade. Contudo, quando em 2015 as duas empresas negociaram ativos com o grupo suíço, vendendo sua unidade de vacinas para a GSK e comprando a divisão de oncologia da empresa britânica, as instalações da Novartis em Marburgo se tornaram redundantes. Elas eram usadas para produzir terapias celulares e genéticas, mas isso poderia ser feito com mais eficiência em outros locais. Algumas pessoas da equipe local, vendo os sinais de aviso, começaram a procurar emprego em outros lugares. Algumas acabaram na BioNTech.

No início de maio, logo depois de ter ficado bastante claro que as instalações de produção em Mainz não seriam suficientes para atender às ambições vacinais da BioNTech, um dos funcionários levou um boato para Sierk. O informante ouvira dizer que a Novartis queria vender sua fábrica em Marburgo e estava em busca de possíveis compradores. Sierk mal conseguiu acreditar na própria sorte e logo comunicou isso ao conselho. Sean Marett, responsável por relações de negócios, entrou em ação e abordou a empresa suíça, apenas para ser rejeitado pela administração. "O pessoal da Novartis deve ter se perguntado: 'O que essas pessoas estão pensando?'", conta Sean. "O que uma empresa de biotecnologia, que ainda está engatinhando, vai fazer com uma fábrica se esse projeto para uma vacina contra o novo coronavírus fracassar?" Colocar o futuro de centenas de funcionários nas mãos de uma start-up precária não pegaria nada bem para o grande grupo farmacêutico, sobretudo se os funcionários acabassem perdendo o emprego. Preocupada com isso, a Novartis deu um chega para lá em Sean.

Porém, o executivo britânico insistiu. Sean conseguiu uma reunião com o diretor executivo da Novartis, Vas Narasimhan, e apresentou a ele, por videoconferência, os planos da BioNTech. No entanto, os e-mails de acompanhamento que se seguiram envolviam os mesmos gestores intermediários que tinham rejeitado a abordagem inicial da empresa. A oferta foi rejeitada mais uma vez.

*

Enquanto a busca por possíveis fábricas continuava, os esforços de Sierk e Helmut para conseguir fundos começaram a render frutos. A comissária da União Europeia, Maryia Gabriel, organizou um empréstimo de 100 milhões de euros do Banco Europeu de Investimento, e o anúncio foi feito em 11 de junho. O foco, porém, logo se voltaria para a CureVac. No dia 15 de junho, Peter Altmaier, ministro da Economia alemão, convocou uma entrevista coletiva em Berlim e revelou que seu governo ia investir 300 milhões de euros para comprar quase um quarto da empresa. Em referência direta à suposta abordagem do governo de Trump, Altmaier disse aos jornalistas que o país "não vende a prata da casa". Horas depois, houve o vazamento de uma carta do Ministério das Finanças para a imprensa, na qual se revelava que a CureVac tinha planos de abrir o capital da empresa em Nova York em questão de semanas. Dizia que o dinheiro era "uma forma de assegurar que a empresa não fosse adquirida por investidores estrangeiros e saísse do país".

Esse era exatamente o tipo de interferência que a BioNTech tentara evitar, mas logo também se veria no meio do fogo cruzado. No dia 18 de junho, depois que baixou a poeira das notícias sobre a intervenção do Estado na CureVac, Sierk foi para Berlim se reunir com a equipe de Jens Spahn, ministro da Saúde alemão. "Foi a primeira vez que entrei em um trem depois de tudo", conta o executivo, que estava trancado em casa com os filhos em Munique desde o início de março. "Fiquei com medo. Eu estava de máscara e tentei ficar em um canto do vagão." Assim que chegou ao ministério, Sierk foi levado a uma sala na qual dois funcionários públicos estavam sentados a uma grande mesa de carvalho, respeitando o distanciamento social, junto com Sean, o colega de conselho de Sierk, e a chefe de comunicação, Jasmina Alatovic.

Àquela altura, o governo alemão estava farto de esperar que a União Europeia se mexesse e tinha começado a comprar o próprio suprimento de vacinas. Assim como Itália, França e Holanda, o país acabara de assinar um contrato com a Oxford/AstraZeneca para adquirir quatrocentos milhões de doses, e estava considerando incluir a BioNTech nos negócios. Depois de conversarem sobre o status dos estudos clínicos da empresa, o assunto começou a girar em torno do dinheiro. A AstraZeneca custava cerca de 2 euros por dose, disseram os funcionários públicos, e eles queriam saber o preço da vacina desenvolvida no próprio país.

Era uma pergunta para a qual a própria BioNTech tentava encontrar uma resposta. Antes que a Pfizer tivesse se juntado a eles, Ugur e Özlem disseram para suas equipes que estavam em busca de uma "política de preços justos". Aqueles que tivessem dinheiro, como os Estados Unidos e a União Europeia, pagariam o preço mais alto, enquanto os países de renda média pagariam quase metade. Os preços pagos pelas nações mais ricas ajudariam a subsidiar o suprimento de vacina para os países em desenvolvimento, que poderiam comprar doses quase a preço de custo.

Para evitar que fossem consideradas um cartel de acordo com a lei de concorrência, a BioNTech e a Pfizer — empresas independentes — não podiam fazer acordos relacionados a preços específicos nos seus respectivos mercados. Não poderia haver nenhum mecanismo jurídico para impedir que a outra empresa cobrasse o preço que quisesse. Mas elas poderiam definir um princípio, e o de Ugur era bem simples. Como ele disse na sua primeira conversa com Albert Bourla: o preço não podia ser uma barreira para um suprimento global da vacina.

As questões ficaram mais complicadas no fim de abril, depois que a AstraZeneca assinou um acordo para ajudar a desenvolver a vacina de Oxford. O CEO do grupo anglo-suíço, Pascal Soriot, declarou ao jornal *Financial Times*[137] que a empresa — que anunciara um lucro operacional de quase 6 bilhões de dólares em 2019 — comprometia-se a fornecer o produto pelo preço de custo durante a pandemia, fazendo pressão para que a Pfizer fizesse o mesmo. Mas, enquanto a gigante farmacêutica norte-americana poderia facilmente seguir esse exemplo, a BioNTech, que teria de absorver metade dos custos do Projeto Lightspeed, não podia.

Nos anos anteriores à flutuação da empresa na Nasdaq, suas perdas aumentaram. No fim de 2018, a BioNTech tinha um déficit acumulado de mais de 245 milhões de euros. Doze meses depois, o número chegou a 425 milhões de euros. Isso não era incomum para uma empresa de biotecnologia financiada com capital de risco que precisava sobreviver por tempo suficiente para chegar aos estágios finais do desenvolvimento de medicamentos. Porém, quando a empresa começou a trabalhar em uma vacina contra a Covid-19, as dívidas já chegavam a quase meio bilhão de euros.[138] Diante da perspectiva de lançar o primeiro produto comercial baseado em mRNA, a BioNTech não poderia se dar ao luxo de vender a sua invenção a um preço baixo.

A ideia de fornecer vacinas a preço de custo para os países desenvolvidos não foi considerada. Era importante para Ugur e Özlem que o dinheiro que ganhassem com a vacina contra o coronavírus — criada a partir da tecnologia que desenvolveram para tratamento contra o câncer — financiasse o segmento de oncologia da empresa. Ugur disse para Michael Böhler, seu gerente comercial: "A Covid-19 é uma emergência, mas o câncer é o maior risco". O presidente Helmut Jeggle pensava da mesma forma: "Deve haver uma recompensa pela inovação", disse ele, lembrando-se de sua opinião naqueles meses. "Caso contrário, você acaba na média." A questão estava decidida, pelo menos internamente. A BioNTech não se envolveria em especulação, mas também não se desculparia por buscar o lucro.

Porém, em junho, quando Sierk e Sean foram convidados para uma reunião com o governo alemão em Berlim, eles sabiam que os funcionários públicos iam querer mais do que princípios — iam querer um preço estimado. Um dia antes da viagem, o conselho administrativo fez uma reunião virtual para discutir o que responderiam. "Nós não sabíamos quais seriam os custos da matéria-prima, não sabíamos o tamanho da dose e não sabíamos quantas doses haveria em cada lote de produção", conta Ugur. "Então, preferimos não falar sobre o preço. Mas a União Europeia [por intermédio da Alemanha] estava pressionando."

Com relutância, o conselho criou uma posição de negociação que cobria as projeções mais altas dos custos envolvidos no desenvolvimento da vacina. "Chegamos ao valor de 54 euros por dose", conta Sierk, acreditando que aquela estimativa cairia significativamente quando chegassem à melhor vacina candidata e sua respectiva dose, com os processos de produção organizados e grandes quantidades de ingredientes encomendadas. Essas projeções voltariam para assombrar a BioNTech em fevereiro de 2021,[139] quando o jornal Süddeutsche Zeitung publicou essa informação, e comentaristas debochados chamaram a atenção para o infeliz endereço da sede da empresa: *der Goldgrube*, ou “na mina de ouro” (o que, na verdade, era uma referência a uma descoberta romana). Mas, se naquela tarde de junho os funcionários públicos sentados à sala de reunião abafada no Ministério da Saúde ficaram chocados com a estimativa, não demonstraram. “Eles só disseram que levariam o valor para os superiores avaliarem”, recorda-se Sierk. Meia hora depois, ele entrou em um vagão do trem Deutsche Bahn, com metade da capacidade de lotação, para voltar para Munique.

*

As coisas mudaram menos de duas semanas depois, quando a BioNTech e a Pfizer anunciaram para o mundo, no dia 1º de julho, que uma das vacinas candidatas tinha desencadeado uma forte resposta imunológica nos participantes de Fase 1. Àquela altura, as empresas já tinham analisado amostras de sangue de 45 voluntários, 24 dos quais tinham recebido uma segunda dose. Os participantes com duas doses de dez microgramas do construto modRNA que expressava o domínio de ligação ao receptor da proteína spike — o mesmo construto que havia sido testado internamente por Alex Muik no fim de maio — demonstraram ter quase o dobro do nível de anticorpos neutralizantes do que pacientes curados da Covid-19. Os voluntários que receberam duas doses com trinta microgramas tinham quase *o triplo*.

Agora que tinham uma ideia aproximada de qual seria a dose final da vacina, as empresas conseguiriam responder à questão importante relativa à capacidade de produção e entrega. Anunciaram que, com base em uma dose de trinta microgramas, teriam a capacidade de produzir cem milhões de doses em 2020, seguida por 1,2 bilhão de doses em 2021 — o suficiente para a vacinação completa de toda a população adulta dos Estados Unidos e da Europa. As ações da BioNTech quintuplicaram, e a equipe de comunicação da empresa foi bombardeada com pedidos da imprensa mundial, ávida para conversar com Ugur e Özlem e aprender mais sobre o mRNA.

Com os custos de produção mais definidos, o preço da vacina passaria a ser comunicado em particular para os países interessados. Ficaria em torno de 17,50 euros por dose para os que tinham dinheiro para pagar, disse a BioNTech aos funcionários públicos. Um preço um pouco maior seria praticado para os que fizessem encomendas menores.

A Grã-Bretanha foi a primeira a assinar o contrato. Kate Bingham, a investidora de risco nomeada pelo primeiro-ministro Boris Johnson para chefiar a "força-tarefa da vacina" no Reino Unido, era uma velha amiga de Sean. Os dois tinham trabalhado juntos quando ela investira em uma start-up na qual ele trabalhara alguns anos antes de começar na BioNTech. Pouco depois de assumir o cargo, no início de maio, Kate enviou uma mensagem de texto para Sean e, depois de um contato inicial no dia 12 de maio, os dois tiveram algumas conversas nas quais ela tentava convencê-lo a aceitar o negócio. "Era praticamente uma perseguição", contou a especialista em ciências da vida. Com quatro candidatas possíveis de mRNA ainda em estudos clínicos, Sean "não queria assinar nenhum contrato até ter certeza do que iria vender", lembrou ela. Mas, no dia 20 de julho, depois de ficar claro que pelo menos uma vacina dos estudos de Fase 1 desencadeara uma resposta imunológica, eles assinaram um contrato para trinta milhões de doses. O Projeto Lightspeed tinha o primeiro cliente.

Nos Estados Unidos, a Pfizer recebeu abordagens semelhantes e ávidas da Operação Warp Speed, a força-tarefa para o desenvolvimento de tratamentos e vacinas criada pela Casa Branca de Donald Trump em 15 de maio. A operação havia escolhido patrocinar três tecnologias de vacina e usar seus 10 bilhões de dólares de apoio em duas empresas de cada campo. O governo norte-americano já estava trabalhando com a Moderna, e Moncef Slaoui, executivo veterano da indústria farmacêutica escolhido para dirigir a Warp Speed, também queria fazer investimentos diretos no projeto da vacina da Pfizer. Slaoui praticamente elegeu a empresa para fazer parte da resposta do país ao novo coronavírus. "Estava bem óbvio que a Moderna e a BioNTech eram as empresas certas para apoiar", disse.

Porém, Albert Bourla era radicalmente contra aquele tipo de financiamento. “Era a administração Trump, os Estados Unidos estavam às vésperas de eleições, e o ambiente político era bastante intenso”, comenta ele. “Eu sabia que, se aceitássemos o dinheiro, eles iam querer um lugar na mesa de decisões”, continua o chefe da Pfizer, que tomou sua decisão sem falar com Ugur. Ele não quisera “incomodar os cientistas com aquela burocracia”.[140] Em vez disso, Albert disse para Moncef que queria negociar um contrato de compra simples com os Estados Unidos. E deixou bem clara a mensagem de que eles só precisavam comprar as doses e “nós entregaríamos”.

Moncef, que estava em contato direto com Kate Bingham (e afirma ter tido raras conversas com seus colegas da União Europeia), cedeu dois dias depois do Reino Unido, fazendo uma encomenda inicial de cem milhões de doses, com a opção de compra de mais quinhentos milhões — acima da quantidade suficiente para vacinar toda a população adulta dos Estados Unidos. Os dois países agiram rápido porque suas respectivas forças-tarefas eram lideradas por “pessoas da indústria”, explica Sean, e ambas insistiam em agir de forma completamente independente de seus chefes políticos.

A equipe de aquisição de vacinas da União Europeia não desfrutava desse luxo. Eles precisavam se reportar a representantes eleitos dos 27 países-membros, alguns dos quais favoreciam desenvolvedores do seu próprio país, como a Valneva e a Sanofi, na França. Os negociadores ficaram hesitantes em apoiar uma vacina baseada em mRNA ainda não aprovada, pois sabiam que grande parte do seu trabalho se tornaria público se os parlamentares pedissem acesso às suas correspondências. “Não existe projeto de compra em uma pandemia”, explica Özlem, refletindo um ano depois sobre a abordagem. “Então, não foi surpresa nenhuma que a União Europeia precisasse de mais tempo para avaliar o cenário.”

Os recursos do bloco também eram bem menores. Apesar de terem uma população maior do que a dos Estados Unidos, a força-tarefa da Europa (junto com um fundo de ajuda para incêndios florestais e outros desastres naturais[141]), recebera aproximadamente 3,2 bilhões de dólares,[142] cerca de um terço do financiamento disponível para a

Operação Warp Speed. Países mais pobres da União Europeia exigiam saber por que Bruxelas poderia conceber usar um orçamento tão baixo para a compra de uma vacina relativamente cara, quando algumas mais baratas e feitas com métodos já estabelecidos logo ficariam disponíveis. Outros se sentiam frustrados com a constante negociação de preços, sobretudo a Alemanha. O país fazia parte de um quarteto de países-membros — incluindo França, Itália e Holanda — que começou a procurar a vacina de modo unilateral, porém foi impedido pela presidente Ursula von der Leyen. Contudo, depois que os Estados Unidos e o Reino Unido assinaram contratos de compra, esse grupo queria que a força-tarefa da União Europeia seguisse o exemplo — e rápido. "Às vezes eu tinha a impressão de que a comissão representava 27 pontos de vista diferentes", conta Sean, que lidava diretamente com os negociadores do grupo europeu. Como resultado, mesmo quando a vacina da BioNTech parecia ser a primeira na Europa a entrar na fase final dos estudos clínicos, nenhuma dose tinha sido comprada pelo bloco. "Tento não ser tão crítico, mas estávamos por conta própria", diz Sean a respeito do longo processo de aquisição.

Ugur, que raramente critica pessoas ou instituições, tinha uma visão mais sutil. "Eu sentia que tinha alguma coisa acontecendo nos bastidores", contou. "Mas sabia que logo ficaria claro que valia a pena encomendar a nossa vacina. Pedi para Sean manter as portas abertas para a União Europeia."

Meses depois, o nervosismo dos funcionários da União Europeia quanto às apostas altas seria, ironicamente, justificado por uma série de reclamações públicas em relação a cláusulas do contrato com as fabricantes de vacinas, talvez sentindo que havia uma disputa prolongada sobre quem seria responsável no caso pouco provável de a vacina acabar prejudicando pessoas saudáveis. Uma série de processos judiciais até poderia atrapalhar os resultados de uma gigante da indústria farmacêutica, mas seria fatal para uma empresa de biotecnologia. Para azeitar as engrenagens durante uma emergência de saúde pública, a Grã-Bretanha e os Estados Unidos tinham renunciado a alguns limites de responsabilidade dos fabricantes, enquanto a União Europeia concordara em indenizar a AstraZeneca por tal eventualidade. Mas o bloco não estava disposto a compartilhar os riscos com a BioNTech e a Pfizer. "O argumento era: a AstraZeneca só está cobrando X, e vocês estão pedindo um valor muito mais alto por dose, então devem assumir uma responsabilidade maior", conta Sean, que respondeu: "A empresa não tem como arcar com uma venda a esse preço. Se praticarmos o mesmo preço que a AstraZeneca, não vamos poder fazer isso na próxima pandemia, porque não vamos mais existir."

Em 2021, depois que centenas de milhões de pessoas foram vacinadas, os pesquisadores nos Estados Unidos e no Reino Unido calcularam o valor de cada dose para a economia mundial. Seus resultados deram uma perspectiva nada lisonjeira à disputa de euros e centavos. Os acadêmicos chegaram à conclusão de que "3 bilhões investidos em programas anuais de vacinação resultam em um benefício mundial de 17,4 trilhões de dólares". A estimativa foi de que o benefício médio por pessoa inoculada era de 5,8 mil dólares.[143]

*

O calor político causado pela aquisição de vacinas só se igualava às altas temperaturas no lar de Sahin e Türeci. O pequeno apartamento da família tinha muitas janelas de vidro e, com a temperatura de 35 graus Celsius em Mainz no mês de julho, era como se estivessem em uma estufa. "Estávamos esperando que Frodo entrasse pela porta e jogasse o Um Anel", conta Özlem, referindo-se ao vulcão da Montanha da Perdição da saga *Senhor dos anéis*.

Porém, as informações que o casal recebeu dos colegas aliviaram o clima. Exatamente como Ugur esperava, os dados encorajadores da Fase 1 chamaram a atenção do mercado financeiro. Na segunda rodada de pedidos, Ryan Richardson conseguiu levantar capital, usando uma estrutura inovadora de negócios para evitar repetir o fracasso de fevereiro. No fim do mês, a BioNTech tinha conseguido mais de meio bilhão de dólares de novos e antigos investidores, além de 250 milhões de um financiamento gerenciado pelo governo de Singapura.

A BioNTech e a Pfizer também fecharam negócios de fornecimento de vacina para Japão, Canadá e vários países menores. Israel pagou um valor adicional para ficar na frente da fila quando chegasse a hora da entrega e se ofereceu para compartilhar dados anônimos de saúde da sua população de nove milhões de pessoas. Não haveria falta de clientes para a vacina da empresa — isso, claro, se ela se provasse eficaz.

Uma das vacinas candidatas da BioNTech pareceu cumprir a missão. A B1, cujos dados foram anunciados em 1º de julho, sobreviveu ao que Kathrin Jansen, da Pfizer, chamou de estratégia de "morte rápida", na qual os construtos de uRNA e de saRNA, testados na Fase 1, foram eliminados. Embora tenha provocado febre em três quartos dos receptores, a B1 foi o construto que fez o Reino Unido, os Estados Unidos e vários outros países adiantarem a encomenda de doses e foi o que convenceu os investidores a abrirem a carteira. Também seria usada em um estudo de Fase 1 prestes a começar na China, sob a direção de Fosun, que tinha levado várias semanas para se preparar.

Havia, porém, um problema. Assim como a B1, outro construto tinha sido criado em uma plataforma de modRNA, mas, em vez de expressar o pequeno domínio de ligação ao receptor do novo coronavírus, codificava a proteína spike completa. Era o construto que Ugur tinha substituído de última hora por uma versão mais nova, o B2.9, reorganizando a produção em Idar-Oberstein depois que os testes de Alex Muik demonstraram que o B2.9 desencadeava respostas melhores em camundongos. Por causa da complexidade do processo de produção, a B2.9 só foi administrado "primeiro em humanos" três semanas depois do B1. Levaria um tempo para que os resultados das amostras de sangue dos pacientes que receberam duas doses da B2.9 ficassem prontos.

Com o início do estudo de Fase 3 marcado para o fim de julho, "nós logo começamos a achar que, assim que conseguíssemos algo que funcionasse, seguiríamos sem olhar para trás, considerando o imperativo da pandemia, mesmo se não tivéssemos encontrado a melhor candidata", conta Martin Bexon, um consultor que ajudou a coordenar o estudo alemão primeiro em humanos. Afinal de contas, Claudia Lindermann tinha mexido todos os pauzinhos para reduzir o estudo toxicológico de seis para dois meses, e Özlem e sua equipe também tinham cortado algumas semanas do estudo de Fase 1. Uma vacina forte surgiu desses processos acelerados, e especialistas em cadeia de suprimentos elaboraram um plano para produzir dezenas de milhares de doses para um estudo clínico mundial. Com tudo que tinham alcançado com o Projeto Lightspeed e tendo uma candidata que funcionava, a BioNTech poderia se dar ao luxo de apenas esperar?

Para Ugur e Özlem, a resposta era um sonoro "sim". Em primeiro lugar, os dados dos estudos da BioNTech estavam chegando, assim como os realizados por outros desenvolvedores, e mostravam que vacinas com a codificação da proteína spike completa, como a B2.9, não estavam provocando o temido ADE — realce dependente de anticorpos —, o fenômeno potencialmente perigoso que tirara o sono do casal no início do Projeto Lightspeed. Um dos motivos por que eles incluíram a B1, que tinha como alvo um domínio de ligação ao receptor menor, entre os finalistas da Fase 1, foi justamente diminuir as chances do temido efeito. Essa decorrência atrapalhara as primeiras tentativas de criar vacinas contra SARS e MERS e, como vimos no Capítulo 3, prejudicara crianças norte-americanas que receberam uma vacina contra o VSR nos anos 1960. Agora que estava ficando claro que o ADE não era um problema na vacina contra o SARS-CoV-2, um construto que expressava a proteína spike completa — como a B2.9 — era mais atraente. Ele daria às forças do sistema imunológico um alvo maior, o que talvez fosse melhor para interromper o poderoso mecanismo de ancoragem que o vírus usa para se infiltrar nas células.

Os cientistas desconfiavam de que a B2.9 também seria capaz de convocar um número maior de células T — os atiradores de elite do exército imunológico que dão um "beijo da morte" nas células doentes. Havia bons motivos para acreditar que esses atiradores de elite, que Ugur e Özlem passaram décadas tentando direcionar para casos de câncer, também seriam cruciais no combate contra o novo coronavírus. No fim de março, publicações mostravam que algumas pessoas pegavam Covid-19 e vivenciavam apenas sintomas leves, apresentando respostas das células T, porém nenhum anticorpo, o que indicava a importância dessa segunda linha de defesa.

Todavia, as grandes companhias farmacêuticas "não entendiam a importância dos dados sobre as células T", diz Özlem. Para alguns patógenos, os anticorpos, que atacam *antes* de o vírus conseguir invadir as células, são suficientes para evitar uma infecção, mas não para todos, e certamente não para os diversos tipos de coronavírus. Ainda assim, a maior parte dos desenvolvedores preferia focar os anticorpos. "A indústria de vacinas contra doenças infecciosas se desenvolveu dessa forma. Eu não entendo", acrescenta Özlem. Convencer a Pfizer a se apegar aos dados das células T não seria fácil.

Ugur tinha se preparado para essa possibilidade. "Nós tínhamos um acordo muito claro com Kathrin", diz ele. "Não íamos pular de cabeça na primeira vacina que funcionasse". Ela concordara em esperar.

Enquanto as equipes dos dois lados do Atlântico esperavam por mais dados da B2.9, os gestores de cadeia de suprimentos, temendo que não houvesse vacinas o suficiente para atender às demandas dos estudos de Fase 3, ficavam cada vez mais nervosos. Dezenas de milhares de participantes precisavam receber suas doses em dezenas de centros de pesquisa espalhados por todo o mundo, e a fabricação desse material com várias semanas de antecedência já era bastante difícil. Eles alertaram que mudar a candidata dias antes do lançamento seria ir longe demais.

Ugur logo encontrou uma forma de acalmá-los, usando, uma vez mais, a matemática. Tinha notado uma disparidade entre a quantidade de vacina produzida para os estudos de Fase 1 nos Estados Unidos e na Alemanha e as quantidades que realmente foram administradas nos voluntários. Embora uma quantidade suficiente fosse entregue, quase sempre havia uma falta de suprimento. Foi quando Ugur percebeu que, por causa das instruções rígidas de manuseio, cerca de 80% da quantidade de 0,5ml da vacina em cada frasco estava sendo desperdiçada. Como o medicamento não continha conservantes, os médicos e as enfermeiras só podiam usar o material até seis horas depois da abertura do frasco, a fim de evitar a contaminação por bactérias. Estavam usando duas ou três doses de frascos pequenos, mas, como os participantes do estudo chegavam em horários diferentes para receber a vacina, em geral com intervalos maiores do que seis horas, o restante era descartado.

Ugur enviou um e-mail com essa descoberta para as equipes da BioNTech e da Pfizer, com uma sugestão. Escreveu que cada frasco deveria conter *menos* vacina, com uma redução de 0,3ml de volume. A produção seria um pouco mais complexa, mas ele argumentou que, com 60% mais frascos sendo produzidos, uma quantidade menor de doses seria descartada. Com duas semanas para entrarem na Fase 3, as equipes de operação da Pfizer disseram que era tarde demais para mudar esses detalhes. Ugur ligou para Kathrin Jansen e disse: "Preciso muito do seu apoio nisso", só para receber a resposta de que a gigante norte-americana tinha procedimentos-padrão e que aquela alteração de última hora era muito difícil. Kathrin se lembra de ter dito: "Cada mudança no processo implica riscos". Porém, no fim das contas, a Pfizer percebeu as vantagens de fazer essa mudança e, depois de algumas ligações, conseguiu fazer a alteração.

Os dados da B2.9 logo começaram a chegar. Quando consideravam anticorpos neutralizantes, os testes de Alex Muik mostravam que a vacina era quase tão boa quanto sua irmã, B1, feita com modRNA. Também parecia ser mais bem tolerada pelos participantes do estudo e apresentar menos efeitos adversos, como febre. Então, no dia 23 de julho, menos de 24 horas antes do Dia da Decisão, chegaram os esperados dados sobre as células T. Era uma imagem não muito diferente daquela com os pontinhos roxos que Ugur e Özlem tinham visto na tela daquele dia fatídico em 2006, quando provaram que certas células dendríticas nos linfonodos eram particularmente adeptas a absorver mRNA. A figura mostrava que, como desconfiavam, a candidata estava convocando os dois tipos de célula T para a batalha, e com mais força do que a B1. Isso provava que a B2.9, com a codificação de modRNA para a proteína spike completa, era uma "vacina quase perfeita do ponto de vista imunológico", disse Ugur para um amigo logo depois. A B2.9 organizava todas as unidades do exército do sistema imunológico de uma vez e aumentava a esperança do médico de que, assim, poderiam derrotar o SARS-CoV-2. "É fácil dizer que nos guiaremos pela ciência e pelos dados, mas é preciso muita força para levar isso até o fim", disse um Ugur excepcionalmente emocionado e convencido de que a decisão de esperar pela B2.9 mudaria, em alguns meses, o curso da pandemia. Ele repetiu o que tinha dito em fevereiro, quando dera instruções para a recém-formada equipe de trabalho da vacina contra o novo coronavírus: "Ciência em primeiro lugar, velocidade logo atrás".

Nem todo mundo compartilhava do mesmo entusiasmo do casal quanto à B2.9. Em primeiro lugar, ainda faltavam alguns dados em relação ao modo como esse construto funcionava em idosos — o grupo mais vulnerável à Covid-19. Esse coorte tinha sido o último a receber as doses na Fase 1 dos estudos por causa da insistência dos órgãos reguladores, e era cedo demais para fazer o exame de sangue das pessoas acima de 55 anos que tinham recebido a B2.9. Em segundo lugar, enquanto a chefe do departamento de vacinas da Pfizer, Kathrin Jansen, e seu assistente, Phil Dormitzer, estavam convencidos da supremacia dessa candidata, outras pessoas na gigante farmacêutica norte-americana, nada acostumadas a se preocuparem com a resposta das células T, sentiam que os anticorpos eram uma medida mais importante e que a B1 convocava essas tropas para entrarem em ação com força um pouco maior.

A BioNTech não *precisava* chegar a um consenso sobre a questão. Um dos poucos direitos que a empresa preservara depois da videoconferência na qual Ugur abrira mão da maior parte dos poderes de decisão — fazendo a desenvolvedora de negócios Roshni praguejar internamente — tinha sido justamente o de ter a palavra final na seleção da candidata para o estudo de Fase 3. Mas Ugur não queria impor nada, então uma enorme reunião via Zoom foi marcada para o dia 24 de julho, três dias antes do início da última fase de estudos. Sessenta pessoas foram convidadas, e todo mundo sabia que, ao final, teriam que tomar uma decisão.

Ugur e Özlem participaram de casa, assim como Ruben Rizzi, o especialista regulatório da BioNTech, Andreas Kuhn, o chefe de produção, Alex Muik, o responsável pelos testes, entre outros, além de um "elenco de milhares" da Pfizer, incluindo os líderes clínicos para o estudo de Fase 3, Bill Gruber e Steve Lockhart, e a chefe do departamento regulatório, Donna Boyce. Entre os representantes mais seniores do grupo farmacêutico estavam Kathrin, Phil e o diretor científico Mikael Dolsten. "Sabíamos que estávamos prestes a comprometer 1 bilhão de dólares sem garantia de retorno", lembra Mikael. O cientista sueco disse que tentou dar um passo atrás e declarar: "Vejam bem, nós sabemos pouco sobre a questão que está diante de nós, mas há mais dados apontando na direção certa."[144]

Depois de uma hora de discussões, o grupo chegou a um consenso. A BioNTech e a Pfizer concentrariam seus esforços e fortunas na B2.9 — ou, para usar seu nome completo: BNT162b2.9.

Entre as vinte candidatas que entraram no labirinto do Projeto Lightspeed em fevereiro, quatro passaram por testes clínicos. No fim de maio, uma se mostrou promissora. Agora, apenas seis meses depois que Ugur se sentara à sua escrivaninha e lera no *Lancet* o artigo sobre a transmissão do vírus por pessoas assintomáticas, tinham uma candidata "quase perfeita". "A Vacina" tinha sido criada.

Porém, uma pergunta de 1 bilhão de dólares continuava sem resposta. O vírus seria capaz de desenvolver um mecanismo para escapar das garras do sistema imunológico? Ugur disse para seus colegas que a B2.9 era "a melhor possível" quando o assunto eram as forças especiais: anticorpos e células T. Mas ainda havia uma chance de o SARS-CoV-2 vencer a corrida armamentista evolutiva. "Não conhecemos o outro lado da equação. Não sabemos como o inimigo vai se comportar", declarou Ugur.

*

Para descobrir isso, as empresas lançaram seu estudo de Fase 3 em larga escala no dia 27 de julho, planejando cadastrar trinta mil voluntários na Alemanha e nos Estados Unidos. A experiente equipe de operações clínicas da Pfizer supervisionou a logística do estudo. Recrutou participantes, se certificou de que cada um deles recebesse duas doses da vacina em um intervalo de três semanas e fez o monitoramento para detectar efeitos adversos. A equipe de Andreas Kuhn trabalhou em turnos sucessivos em Idar-Oberstein e Mainz para fabricar mRNA suficiente para que o show pudesse continuar.

Infelizmente, porém, seus esforços heroicos logo não seriam suficientes. Para responder à pergunta de 1 bilhão de dólares e saber se a vacina funcionaria no mundo real, parte significativa dos voluntários do estudo teria de ser exposta à infecção. Mas, graças aos lockdowns, ao uso da máscara e a outras medidas de saúde pública, o vírus estava sendo controlado nos Estados Unidos e na Europa. O estudo precisaria ser ampliado para países onde a pandemia ainda estava forte, e nações como o Brasil, a Argentina, a África do Sul e a Turquia entraram no estudo, aumentando o número total de voluntários para mais de quarenta mil.

"Quando abríamos o estudo em algum lugar novo, não era incomum recebermos uma ligação de Ugur perguntando se a produção conseguia acompanhar", conta Andreas. Mas não era tão fácil. Cada lote de vacina desenvolvida para estudos clínicos levava entre quatro a seis semanas para ficar pronto para uso em humanos. Primeiro, precisavam produzir modelos de DNA em um laboratório, um processo complexo e inconsistente. A equipe de Andreas, então, tinha que traduzir o DNA em mRNA usando biorreatores do tamanho de um barril de cerveja, antes de purificar o material usando tampões, ensacar e congelar a substância do medicamento a 70 graus Celsius negativos. Os sacos plásticos — contendo líquido suficiente para cerca de duas mil doses — eram colocados em caixas de isopor especial mais ou menos do tamanho de uma mala, porém contendo gelo seco, e entregues a um motorista designado. Ele então faria a viagem de oito horas até Polymun, na Áustria, em geral à noite, munido de documentos oficiais para o caso de ser parado na fronteira parcialmente fechada, e voltaria para fazer tudo de novo assim que o lote seguinte estivesse pronto.

Quando a substância do medicamento chegava ao fornecedor terceirizado, um laboratório familiar, precisava ser descongelada e envolvida em lipídios para, então, ser colocada em frascos, que eram logo lacrados. Esse processo levava mais dois dias, porém o estágio mais intricado vinha em seguida. Era necessário o trabalho de uma empresa especializada para rotular os frascos de forma adequada, colocá-los em caixas e posicionar um termômetro digital para manter a temperatura constante e assegurar que não haveria oscilações significativas no transporte. A BioNTech, que no início de 2020 acreditava estar a anos de distância do seu primeiro produto comerciável, só tinha avaliado um fornecedor capaz de concluir todas essas etapas: a Almac, cuja sede ficava no Condado de Armagh, na Irlanda do Norte.

Como não havia tempo para auditar outra fábrica, os frascos preparados na Polymun em Viena precisavam ser congelados e colocados outra vez em caixas de gelo seco, que então seriam levadas para um caminhão, onde começariam a viagem de dois dias atravessando a Alemanha, a França, o Canal da Mancha, a Inglaterra, o País de Gales, o Mar da Irlanda, a Irlanda e, por fim, a Irlanda do Norte, até chegar a Craigavon. Enquanto essa coreografia logística acontecia, algumas doses eram retidas para executar uma série de testes e garantir que a qualidade do lote da vacina transportada era alta o suficiente e, o mais importante, que estivesse estéril. Só quando tudo fosse liberado é que os frascos poderiam sair da Almac, transportados de avião para os locais onde os voluntários receberiam as doses.

Nem todo lote passava. Mesmo com toda expertise que a BioNTech ganhara, bastava que um entre os cinquenta mil estágios de produção do medicamento desse errado para que as doses fossem consideradas inutilizáveis. Christoph Prinz, que entrara para a BioNTech no início de 2020 para chefiar uma equipe que verificava cada lote de mRNA e assegurava a consistência na qualidade, levava esses fracassos para o lado pessoal. Seu irmão mais novo, um médico que trabalhava na unidade de terapia intensiva em um hospital de Stuttgart, ligava para ele depois de cada plantão exaustivo. "Eu estava tentando desenvolver uma vacina, e ele me ligava à meia-noite para contar o que estava acontecendo", conta Christoph. "Ele estava começando a intubar pacientes e a vê-los morrer." Durante uma dessas conversas, o irmão de Christoph contou que, em um período de poucas horas, tinha sido obrigado a contar para três famílias que seus entes queridos tinham partido, depois que tratamentos experimentais com antivirais não funcionaram. O gerente se recorda de pensar: "Eu ficava ali sentado, me perguntando se estava fazendo o suficiente e se havia alguma coisa que poderíamos melhorar".

Embora não estivessem tão próximos da linha de frente da Covid-19, outros compartilhavam o fardo de Christoph. O próprio Ugur começou a ligar para as pessoas, tentando acelerar o processo de produção. Ele ligou para Dietmar Katinger, da Polymun, às nove da noite de uma sexta-feira de agosto, enquanto o executivo, que estava de folga, velejava pela costa de uma pequena ilha grega. "Ele perguntou se conseguiríamos acelerar a liberação e se eu poderia ligar para o chefe do nosso controle de qualidade", contou Dietmar, referindo-se às verificações que precisavam ser feitas antes que as doses fossem entregues para os centros de administração de Fase 3.

No fim de agosto, a Pfizer também estava ajudando. Como havia poucos aviões de passageiros entre a Europa e os Estados Unidos que também faziam transporte de carga, o avião particular de Albert Bourla foi enviado para Frankfurt a fim de ajudar na entrega da substância do medicamento.

Christoph Prinz e seus colegas logo tiveram um pouco de alívio, pelo menos em relação à desafiadora tarefa de fornecer uma vacina autorizada para o mundo. Depois dos resultados positivos do estudo de Fase 1, em julho, os executivos da Novartis concordaram em voltar a negociar a venda da fábrica de Marburgo. No dia 17 de setembro, parte das instalações que Emil von Behring construíra com o dinheiro que tinha recebido do seu prêmio Nobel se tornou propriedade da BioNTech. Do prédio no qual o pioneiro da imunologia dirigia seus negócios, inspirado por esse grande cientista, Ugur informou à imprensa que, assim que as instalações estivessem em pleno funcionamento, seriam capazes de produzir 750 milhões de doses da vacina por ano. Durante uma catástrofe global, a cidade, que tinha se tornado sinônimo de um vírus mortal, poderia restaurar a antiga glória como a fornecedora de um medicamento revolucionário que salvaria muitas vidas.

Equipamentos especializados logo foram entregues, e os peritos em produção de Mainz seguiram para lá a fim de treinar os trezentos funcionários da Novartis, que ficaram encantados de fazer parte do que claramente tinha se tornado um dos projetos mais promissores para a criação de uma vacina contra a Covid-19. "Não há nada melhor do que estar no controle e poder ajudar a fazer algo para melhorar as coisas", disse Valeska Schilling, uma gerente de produção que já trabalhava havia muito tempo na fábrica de Marburgo[145] e que tinha aprendido sobre a produção de mRNA em questão de semanas. Algum tempo depois, um funcionário da Polymun também viajou para a fábrica[146] a fim de conversar com a nova equipe sobre o processo de formulação lipídica que a empresa tinha aperfeiçoado. Ainda era preciso fazer verificações de segurança e obter licenças das autoridades locais, mas a BioNTech estava concluindo uma jornada que começara doze anos antes, durante a busca por terapias individualizadas contra o câncer. A equipe de Andreas tinha passado da produção de miligramas para a produção de quilogramas de material. A fabricação de mRNA a nível industrial estava prestes a se tornar realidade.

Dois dias antes do anúncio de Marburgo, Berlim enfim concedera ajuda à BioNTech na forma de um auxílio de 375 milhões de euros. Àquela altura, a empresa já gastara 200 milhões de euros para a produção e a compra de matéria-prima, estabelecendo a primeira fábrica da Europa totalmente dedicada à vacina contra a Covid-19 sem ter sequer uma pré-encomenda da própria União Europeia. Além da compra adiantada de doses, Oliver Hennig diz que teria sido útil se o bloco tivesse dito: "Tudo bem, vamos comprar material de envase e finalização suficientes para nossa região e ceder para quem estiver na liderança". Em vez disso, as empresas foram deixadas para competir por recursos superlimitados.

Meses depois, a própria presidente, Ursula von der Leyen, admitiu para o jornal alemão *Süddeutsche Zeitung* que a Europa demorou muito para usar o seu poder. "Um país por conta própria pode ser uma lancha de alta velocidade", disse ela, "mas a União Europeia estava mais para um navio-tanque."[147] Ainda assim, Ugur e Özlem estão muito felizes de terem ficado fora do caminho dessas embarcações. A proteção conquistada contra as exigências políticas foi uma "situação confortável para a BioNTech", disse Ugur, que não tem "nenhuma queixa" em relação ao tratamento que a empresa recebeu dos legisladores europeus. A equipe do Projeto Lightspeed conseguiu criar, testar e produzir em massa uma vacina em um período de oito meses, enquanto evitava todas as pressões externas. Exatamente como o casal sempre quis.

*

Porém, nos Estados Unidos, a Pfizer estava se deparando com o problema oposto: um *excesso* de interferência política.

Na manhã de sábado, dia 22 de agosto, Donald Trump, diante dos constantes resultados desfavoráveis das pesquisas eleitorais, postou um tuíte acusando a FDA de retardar o desenvolvimento de medicamentos contra o novo coronavírus em uma tentativa de prejudicar as suas chances de vencer as eleições presidenciais. Ele escreveu: "O Estado profundo, ou quem quer que seja na FDA, está dificultando que as empresas de medicamentos convoquem pessoas para testar vacinas e tratamentos. Eles obviamente estão atrasando a resposta para depois de 3 de novembro." O presidente, que também estava zangado com a decisão da FDA de retirar a autorização emergencial para o uso de hidroxicloroquina, um medicamento para malária que tinha sido considerado um possível tratamento para a Covid-19, marcou no tuíte o diretor da organização, Stephen Hahn, instigando uma discussão na mídia social. Logo surgiram reportagens alegando que a Casa Branca também estava tentando contornar protocolos de segurança para aprovar às pressas a vacina da AstraZeneca.[148] A equipe da Pfizer logo percebeu que as coisas estavam começando a ficar perigosas.

A situação piorou quando Trump, que estava em campanha, fazendo comícios atrás de comícios para multidões aglomeradas, sem máscara, em estádios lotados, começou a sugerir que a vacina estaria pronta antes de "um dia muito especial".[149] Aquilo não era exatamente uma inverdade. Albert Bourla vinha dizendo que havia uma "alta probabilidade" de entrarem com um pedido de aprovação em outubro.[150] A data foi escolhida nas fases iniciais do Projeto Lightspeed, quando "nem passava pela nossa cabeça que o dia 3 de novembro seria a data das eleições presidenciais norte-americanas", diz o CEO da Pfizer. A escolha foi feita para que a vacina chegasse antes do surto de infecções do inverno. Mas ele temia que a sugestão de Trump de que os processos de desenvolvimento do medicamento estavam sendo acelerados para atender prioridades políticas prejudicasse a confiança da população em uma vacina.

Ele estava certo por se preocupar. Uma pesquisa feita para o site de notícias de saúde STAT, em agosto de 2020, descobriu que 82% dos democratas e 72% dos republicanos acreditavam que as aprovações das vacinas seriam estimuladas por questões políticas, em vez de científicas. A BioNTech e a Pfizer poderiam acabar na posição de terem feito todo o trabalho difícil — o desenvolvimento de uma vacina segura e eficaz — só para que a maioria da população dos Estados Unidos se recusasse a tomá-la. Aquele era um cenário que Ugur e Albert discutiam bastante e se sentiam cada vez mais obrigados a evitar.

No início de setembro, em um voo de Frankfurt para Viena, Albert — que tinha começado a usar máscaras com a estampa "A CIÊNCIA VENCERÁ" — apresentou suas preocupações para Ugur. A dupla improvável, um judeu grego e um muçulmano turco, estava se encontrando pela primeira vez a caminho de uma visita à Polymun. "Foi ótimo conhecer Albert pessoalmente", conta Ugur. "Uma pessoa simples e direta. Passamos muito tempo conversando sobre a vida, a família e os filhos." Enquanto estavam no avião, a conversa se voltou para assuntos mais pesados. Albert revelou que estava trabalhando em uma reprimenda para Trump e disse que gostaria de contar com o apoio de Ugur. Ele tirou do bolso uma folha A4 dobrada com o título: "A promessa dos criadores da vacina contra a Covid-19".

Recostando-se no assento, Ugur começou a ler o documento: "Nós, as empresas biofarmacêuticas signatárias, queremos deixar claro o nosso comprometimento atual de desenvolver e testar potenciais vacinas contra a Covid-19, seguindo os mais altos padrões éticos e princípios científicos sólidos." A carta continuou apresentando a garantia de que os signatários não pegariam atalhos que arriscassem a segurança nem buscariam driblar nenhum requisito regulatório. O documento não mencionava diretamente o nome de Trump, mas ficava bem subentendido. Albert disse que os executivos das empresas Johnson & Johnson, AstraZeneca, GlaxoSmithKline, Merck, Moderna, Novavax e Sanofi tinham concordado em assinar e ele queria saber se a BioNTech se juntaria ao grupo.

Apesar da relutância de se envolver em questões políticas, Ugur não hesitou. "Eu respondi: 'Muito obrigado, Albert. Isso é ótimo'", conta Ugur. Alguns dias depois, "A promessa" foi manchete nos jornais. Horas depois da publicação da carta, o estudo da Oxford/AstraZeneca forneceu uma prova para o mundo real de que a ciência estava no controle: o estudo precisou ser interrompido por causa de uma reação adversa em um voluntário do Reino Unido.

*

Com o avanço rápido do coronavírus pelo mundo, a BioNTech e a Pfizer expandiram o estudo de Fase 3 para 43 mil voluntários, tornando esse o maior estudo já feito em seres humanos. Agora, com outubro se aproximando, chegava a hora da verdade.

A maioria dos estudos clínicos randômicos é organizada da mesma forma, bela e simples. Voluntários recebem uma dose de placebo ou do medicamento sendo testado, mas nem eles nem ninguém envolvido na pesquisa sabe quem recebeu o quê. As informações dos códigos de barras dos frascos destinados para os participantes do estudo só ficam armazenadas em um banco de dados seguro, acessível somente para os estatísticos independentes e um grupo de peritos externos. Quando esse método "duplo cego" está sendo realizado, os patrocinadores do estudo, ou os investigadores, sentam e esperam.

O resultado dessa espera depende das decisões tomadas pelos órgãos reguladores responsáveis. No caso da BioNTech e da Pfizer, a FDA deixou bem claro o que queria ver antes de considerar uma autorização para o uso emergencial de uma vacina contra o novo coronavírus. Para descobrir se a vacina chegava ou não ao percentual mínimo exigido pela agência (mais de 50% de eficácia na prevenção de doença grave ou morte), a autoridade norte-americana queria que pelo menos 164 participantes que receberam as duas doses da vacina contraíssem a Covid-19. Os peritos externos revisariam quantos desses casos estavam entre as doses verdadeiras e quantos tinham recebido uma solução salina, e usariam os dados para calcular a eficácia da vacina.

A BioNTech, a Pfizer e a FDA concordaram em uma série de análises interinas, que aconteceriam quando 32, 62, 92 e 120 casos tivessem sido confirmados. A cada ponto, se os resultados fossem encorajadores, os peritos poderiam dizer "missão cumprida" para o mundo, e as empresas poderiam começar o processo de submeter a vacina para autorização, sem precisar esperar que os outros casos fossem detectados.

Era a esses primeiros resultados que Albert Bourla se referia repetidamente para a mídia quando dizia haver "uma boa chance" de que fossem alcançados até o fim de outubro. Mas ele sabia que, como ocorre com todos os estudos desse tamanho, era difícil ter certeza de quando chegariam ao limite mínimo, pois isso dependia de fatores como a rapidez com que os casos no Brasil ou na África do Sul eram verificados e comunicados às equipes da Pfizer. Naquele momento, porém, as previsões estavam sendo usadas como palanque eleitoral por Trump em entrevistas para TV e eventos de campanha. Durante o caótico primeiro debate com Joe Biden, em 29 de setembro, em Cleveland, Ohio, o então presidente declarou que a vacina chegaria "em questão de semanas".

Porém, à medida que as semanas passavam, a data começou a lhes escapar, fazendo com que Albert escrevesse outra carta aberta, na qual buscava esclarecer a "grande confusão" sobre as etapas necessárias para aprovar uma vacina. O chefe da Pfizer suavizou a declaração, escrevendo "talvez saibamos se a vacina é eficaz ou não até o fim de outubro",[151] e acrescentou que a empresa precisava "aguardar um certo número de casos, e os dados podiam chegar mais rápido ou demorar mais que o previsto devido a mudanças nas taxas de infecção". Em 27 de outubro, ele disse aos analistas: "Não temos os 32 eventos neste momento", e o fim do mês chegou e passou sem que tivessem um resultado. Com o dia da eleição se aproximando, a fábrica de boatos começou a funcionar a pleno vapor.

Kathrin Jansen conta que, em algum momento, a FDA começou a demonstrar preocupações com os limites interinos. Ela se lembra de o órgão regulador perguntar: "Vocês têm certeza de que querem 32?", e logo disseram que outros desenvolvedores escolheram começar a primeira análise quando havia um número maior de infecções confirmadas. A FDA avisou que optar por "revelar" as informações de um estudo duplo-cego — ou seja, permitir que um comitê externo visse quantos dos voluntários que pegaram Covid-19 tinham recebido as duas doses da vacina e quantos tinham recebido o placebo — com um número tão baixo de casos poderia resultar em uma avaliação não confiável da eficácia. "Para mim, era uma questão de saúde pública esperar por um número maior de casos", explica Albert, temendo que, se os primeiros resultados mostrassem "uma eficácia de 56%", o público perdesse a confiança na vacina, mesmo que os dados posteriores mostrassem que ela era mais eficaz.

Em uma decisão conjunta, a Pfizer e a FDA concordaram em esperar por pelo menos 62 casos confirmados antes de liberar os dados de eficácia — uma mudança que certamente adiaria o anúncio para bem depois das eleições presidenciais dos Estados Unidos. "Foi a decisão certa a se tomar em termos científicos", diz Moncef Slaoui, da Operação Warp Speed, que acredita que um coorte menor talvez não fosse representativo da sociedade como um todo, e haveria poucas minorias étnicas para conquistar a confiança de comunidades marcadas pela história dos seus ancestrais sofrendo abusos e experimentos médicos nos Estados Unidos.[152] Ele insiste que não sabe se houve ou não considerações políticas por trás dessa escolha, mas que, "em termos pragmáticos, a partir do ponto de vista de aceitação de uma vacina, foi uma decisão *crítica*".

O atraso, é claro, não foi bem aceito pela Casa Branca de Trump. Nos dias que antecederam a votação, o presidente, que sobrevivera, ele mesmo, à Covid-19, convocou Moncef, pedindo explicações sobre a extensão do cronograma. Havia semanas que ele vinha avisando ao chefe do estado maior que os estudos deveriam seguir o ritmo da ciência, e que as empresas teriam de aguardar até que um número suficiente de voluntários tivesse contraído o novo coronavírus antes que a taxa de eficácia pudesse ser calculada. Chegou a dizer para Trump que não tinha entendido por que Albert Bourla sequer chegara a fazer uma previsão de quando isso aconteceria. Ele alega ter dito ao então presidente: "Eu não tenho como dizer quando [os dados vão ser publicados], ninguém pode dizer." Moncef, que chegara a ameaçar renunciar ao cargo se houvesse qualquer sombra de interferência no processo de autorização da vacina, diz que também explicou por que era necessário esperar 62 casos. Quando teve que explicar se a Pfizer estava adiando um anúncio por questões políticas, ele respondeu: "Com todo respeito, Sr. Presidente, não dou a mínima".

CAPÍTULO 9

FUNCIONA!

Deixe que digam o que mais importa
Nós ainda podemos vencer e viver

'ODE TO MAINZ',[153] DE SURENDRA MUNSHI, COMPOSTA APÓS A NOTÍCIA DE UMA VACINA BEM-SUCEDIDA

Era o domingo seguinte à derrota de Donald Trump, e o suspiro coletivo de alívio dos profissionais de saúde e cientistas foi quase audível. Sim, o número de novos casos de coronavírus nos Estados Unidos batera recordes por quatro dias consecutivos, chegando a quase 130 mil no sábado, e sim, Anthony Fauci, o principal especialista em doenças infecciosas do país, dissera à nação que "muita dor estava por vir".[154] Mas, em seu discurso de vitória, o presidente eleito Joe Biden prometeu enfrentar a pandemia com um plano "construído sobre os alicerces da ciência", acalmando os nervos em frangalhos de quem estava na linha de frente. O trabalho crucial desses profissionais logo seria coordenado por uma força-tarefa dedicada, nas palavras de Biden, "até que tenhamos esse vírus sob controle".

Na Alemanha, entretanto, Ugur e Özlem não estavam nem um pouco calmos. Pelo contrário: o casal, que costuma ser inabalável, via-se em um estado de ansiedade sem precedentes.

A apreensão dos dois tinha pouco a ver com a troca de chefia na Casa Branca. Em algum momento nas horas seguintes, os médicos sabiam que um comitê independente faria a primeira avaliação da eficácia da vacina. O número de infecções necessárias para realizar uma avaliação adequada — que subira de 32 para 62, para desgosto de Trump — quase certamente fora superado alguns dias antes, mas havia demorado um pouco para que os testes fossem duplamente verificados por médicos de Berlim a Buenos Aires. Agora, um grupo de especialistas que vinha se reunindo toda semana durante o ensaio, cada um em sua sala de estar mundo afora, estava "desvendando" os casos de Covid-19 entre os participantes do estudo para ver quantos daqueles acometidos pela doença haviam recebido duas doses da vacina e quantos, o placebo. Em breve, calculariam se o Projeto Lightspeed havia cumprido seu propósito: criar uma vacina funcional contra um vírus que tinha feito o mundo refém.

Até então, a parte mais complicada do projeto, o estudo envolvendo dezenas de milhares de voluntários em seis países, fora executada, para surpresa geral, quase sem contratempos. O ensaio recrutara voluntários em um ritmo sem precedentes, mesmo quando foi necessário seguir o vírus ao redor do mundo enquanto as ondas de infecção atingiam o pico e depois sofriam uma queda. Em questão de semanas, a BioNTech, que produzira alguns milhares de doses de medicamentos ao longo de quase doze anos, passou a fabricar dezenas de milhares de vacinas. Equipes de técnicos da fornecedora austríaca Polymun trabalharam em turnos ininterruptos para envolver o mRNA com o invólucro lipídico e preparar o material para ser transportado até aproximadamente 150 centros de ensaio em todo o mundo.

Ao contrário da AstraZeneca, da Johnson & Johnson e da Eli Lilly, que, seguindo procedimentos normais, interromperam temporariamente os estudos de Covid-19 em estágio já avançado para investigar doenças inexplicáveis entre os participantes,[155] a BioNTech e a Pfizer, quase que por milagre, não tinham testemunhado tais eventos. Na verdade, os voluntários relataram mais ou menos os mesmos sintomas leves que os do primeiro estudo em seres humanos — dor no local da aplicação, dores de cabeça, fadiga e, por vezes, febre baixa. Apenas 4% experimentaram efeitos colaterais graves a ponto de impedir a realização de atividades diárias. Foi um experimento quase perfeito, realizado na velocidade da luz pelo Projeto Lightspeed. Mas nenhum dos envolvidos — nem os cientistas, nem os médicos, nem os pacientes, nem o corpo clínico, nem Ugur e Özlem — sabia se o trabalho valeria a pena. Eles não tinham ideia se a doença mortal causada por esse vírus poderia ser prevenida por uma vacina ou se ela se juntaria a uma infinidade de patógenos, como HIV e malária, contra os quais a humanidade até hoje não conseguiu se proteger bem.

Sem saber exatamente quando esse veredicto seria dado, Ugur e Özlem tentaram se distrair com o trabalho. "Meus pais estavam o tempo todo tensos, e acabávamos não conversando muito", lembra a filha. Ugur, que estava tendo dificuldades para se concentrar, o que não era do seu feitio, começou a folhear suas citações motivacionais favoritas, como "pare de contar os dias, mas faça com que os dias contem", um ditado que usara para tentar se disciplinar na semana anterior àquela hora da verdade. Özlem se mantinha distraída passando as roupas acumuladas, que haviam sido um tanto negligenciadas devido aos assuntos mais urgentes. "Minha querida, fizemos tudo o que era humanamente possível para desenvolver essa vacina", disse Ugur, sentindo o nervosismo da esposa. "Agora estamos à mercê da realidade biológica. Não importa o que falem depois, o que conta é que nos esforçamos."

*

O telefone tocou por volta das oito da noite. "Minha mãe parecia prestes a chorar, e aí meu pai recebeu uma ligação", disse a filha do casal, "e a pessoa do outro lado perguntou: 'Você está sozinho?'" O CEO da Pfizer, Albert Bourla, estava no viva-voz, mas Özlem e a filha, ansiosas, assentiram para Ugur, como se pedissem que ele deixasse o homem falar. "Você quer saber os dados?", perguntou Albert, mantendo o equivalente sonoro de uma cara de paisagem. "Não", brincou Ugur, fracassando na tentativa de fazer piada. Os próximos segundos pareceram uma eternidade, até que Albert quebrou o clima de tensão, deixando escapar: "Funciona!" E, depois de uma pausa dramática, acrescentou: "Funciona *muito bem.*"

Menos de dez meses depois que Ugur e Özlem discutiram — naquela mesma sala — a possibilidade de desenvolver uma vacina de mRNA contra um patógeno não identificado na China, os dois descobriram que a principal candidata era mais de *90%* eficaz na prevenção da doença. Um minúsculo organismo que saltara dos animais para os seres humanos havia paralisado o mundo. A doença já ceifara mais de um milhão de vidas[156] e parecia destinada a ser responsável por mais milhões de mortes. Um ensaio de Fase 1 mostrara que a vacina era perfeitamente capaz de ativar todas as forças do sistema imunológico — e bem a fundo. Em entrevistas, Ugur descrevera a resposta imunológica como "ideal". Mas o casal estava muito ansioso, imaginando como o inimigo, o SARS-CoV-2, se comportaria ao cair na emboscada dessas tropas. Contra todas as probabilidades, a lição foi a de que o esforço científico conseguia eliminar o vírus.

Minutos antes, Kathrin Jansen, que resolvera ir com o marido para um hotel no vale do Hudson para descansar e se recuperar, estava sentada na frente do seu laptop, terminando de tomar o café já no fim da manhã. Na tela do computador, em uma chamada de videoconferência, estavam membros do conselho de monitoramento de dados e segurança, um grupo de especialistas externos. O painel, que vinha analisando dados de infecção provenientes do enorme ensaio de Fase 3 da BioNTech e da Pfizer desde outubro, começou a examinar, com toda a diligência, a metodologia usada para avaliar os resultados dos exames de sangue de 94 voluntários — do total de 43.538 — que haviam recebido um diagnóstico positivo de Covid-19, mantendo a equipe da Pfizer sob um suspense insuportável. Em seguida, os especialistas explicaram a divisão — apenas quatro dos infectados receberam as duas doses da vacina, enquanto os 90 restantes tinham recebido um placebo. A matemática era clara: a vacina, com o codinome BNT162b2, havia ultrapassado, e *muito*, o limiar de 50% de eficácia estabelecido pela FDA para uma inoculação de coronavírus bem-sucedida. Na verdade, tinha superado bastante o desempenho de muitas vacinas comuns, incluindo as de caxumba, febre amarela e a antirrábica, todas desenvolvidas em circunstâncias mais tranquilas.

Assim que a videoconferência foi encerrada, Kathrin ligou para Albert, que estava sentado em uma sala de reuniões na sede da Pfizer, em Nova York, cercado pelo alto escalão da empresa, e deu a notícia. "Temos uma p*** vacina bem-sucedida", gritou ele,[157] dando um soco no ar. Levaram champanhe para a sala e fizeram um brinde. Kathrin, que não é de demonstrar emoção, admite que ficou com os olhos marejados antes de tomar uma taça de espumante também.[158] "Ugur não esperava, eu não esperava, Kathrin também não; ninguém esperava que conseguiríamos uma eficácia tão alta", diz Albert. "Foi a constatação de que o jogo estava virando." Em Mainz, Ugur e Özlem, que não bebem, prepararam chá-preto e, depois de "saltitarem pelo apartamento", comeram um bolo feito pela filha. "Foi um alívio enorme", lembra Ugur. "Havia muitos indícios de que a vacina proporcionava uma resposta imunológica", comenta ele, "mas até aquele momento não havia provas definitivas."

Foi também a primeira vez que Ugur e Özlem souberam com certeza que a vacina não causaria danos àqueles que contrairiam a doença posteriormente. O estudo de Fase 1 em Berlim e Mannheim demonstrara apenas a segurança da vacina *em si*, não se a resposta imunológica que ela provocava seria muito potente no caso de uma infecção posterior. Nesse meio-tempo, testes em primatas não mostraram nenhuma indicação de ADE, uma potenciação dependente de anticorpos em que a vacina ajuda o vírus a infectar as células. Mas agora, no mundo real, havia evidências da ausência desse efeito. Os cenários de horror que se desenrolaram em Washington na década de 1960, quando crianças que receberam uma vacina contra o VSR morreram, e nos estudos em animais por ocasião dos testes das primeiras vacinas candidatas contra SARS e MERS, que acabaram prejudicando os sujeitos, não se materializaram. Também não se observou a chamada "tempestade de citocinas", em que soldados afoitos do exército imunológico atacam órgãos saudáveis. Houve seis mortes no estudo de Fase 3 da vacina contra o coronavírus, mas nenhuma delas relacionada ao imunizante. Meio perplexo, Ugur disse a Özlem que era "um resultado perfeito".

Desde o fim de janeiro, os dois médicos acordavam todas as manhãs com o pensamento torturante, nunca admitido em voz alta, de que o Projeto Lightspeed *poderia* falhar terrivelmente, deixando a empresa que haviam montado com tanto cuidado atolada em dívidas e colocando em risco o segmento voltado para o câncer. Naquele momento, sentados lado a lado no sofá, com a xícara de chá na mão, o casal conversou abertamente pela primeira vez sobre os danos terríveis que a derrota teria causado. "Havia meses viajávamos à velocidade da luz e então, de repente, era como se o tempo tivesse parado", descreve Ugur. "Nós enfim nos permitimos sentir e pensar sobre o que aconteceria conosco e com a equipe que trabalhou dia e noite por tantos meses se não tivéssemos sido bem-sucedidos." Os dois cientistas também ponderaram as muitas decisões conscientes e os encontros casuais que os levaram até ali. "Pensamos em voz alta sobre o que isso significaria para o mundo", disse Özlem. "Nós nos sentimos sortudos e gratos pela compaixão da natureza."

Como a Pfizer e a BioNTech são empresas de capital aberto, o casal não podia compartilhar a notícia, a não ser com a diretoria e os funcionários seniores, antes da divulgação dos dados ao público. "Naquele momento, era a informação mais relevante do mundo", diz Albert, ainda mais porque a Pfizer planejava solicitar a autorização de uso emergencial junto à FDA o mais rápido possível. Ugur não pôde ligar para Thomas Strüngmann, o apoiador do casal que estava prestes a ser recompensado generosamente pela confiança nas habilidades dos cientistas. Mas ligou para Helmut Jeggle, presidente da BioNTech, e Michael Motschmann, o investidor e membro do conselho fiscal que apresentou Ugur a Thomas. Eram dez da noite, e Michael andava de um lado para o outro, imaginando o que diria a Ugur se os resultados fossem decepcionantes. "Eu já estava pensando em como poderia ajudá-lo a recuperar a autoconfiança se as coisas dessem errado", revela ele. Momentos depois, seus temores foram amenizados. "Michael, é ainda melhor do que pensávamos", disse Ugur ao telefone.

Às 12h45, no horário da Alemanha, da tarde seguinte — segunda-feira, dia 9 de novembro — a Pfizer e a BioNTech compartilharam os dados pioneiros com o mundo. A reação foi melhor do que esperavam:

as ações de ambas as empresas dispararam, e seu valor de mercado foi acrescido de bilhões de dólares. A BioNTech tornou-se tão valiosa quanto a gigante farmacêutica Bayer, de 157 anos, fornecedora da aspirina. Os mercados de ações também subiram — o S&P 500 abriu em alta recorde em Nova York, enquanto os investidores que antecipavam o fim da pandemia despejaram dinheiro em companhias aéreas como o grupo IAG, controlador da British Airways, e a Air France-KLM, ocasionando uma alta repentina no preço do petróleo cru.

Ugur e Özlem receberam mensagens do mundo todo. "Digo a todos os meus amigos que conheço a equipe da BioNTech. Não somos de nos gabar, mas agora vamos nos gabar disso!!!!!!!", lê-se em um e-mail de um dos primeiros investidores. "Pode ser a descoberta mais importante dos últimos 100 anos!!!!", escreveu um colega cientista e amigo de uma década, enquanto outro mandou uma mensagem de texto: "Trate de celebrar!"

Anthony Fauci, que esperava uma vacina com eficácia de 75%, descreveu o resultado como "simplesmente extraordinário" e disse aos repórteres que os dados "validam a plataforma de mRNA". Segundo ele, a notícia significava que era muito provável que outras vacinas também se mostrariam eficazes, oferecendo à humanidade, enfim, uma saída para a pandemia da Covid-19. "Isso valida muito a proteína spike como o alvo (...) da resposta imunológica", disse ele, apontando que a maioria dos outros fabricantes também optou por se concentrar na protrusão espiculada. A BioNTech e a Pfizer podem ter sido "as primeiras a abrir a porteira", mas, com onze outras vacinas em ensaios de Fase 3,[159] em breve haveria mais.

As notícias positivas em relação às vacinas também facilitaram a justificativa de lockdown por parte dos governos, sobretudo na Europa, onde uma segunda onda se aproximava e, após um verão de relativa liberdade, as restrições estavam sendo impostas de novo. A própria Alemanha implementara um "freio de emergência" poucos dias antes, fechando de novo todos os restaurantes e estabelecimentos de lazer e estabelecendo limites rigorosos para contatos pessoais às unidades residenciais.[160] Mas os dados da BioNTech deram ao mundo um fio de esperança; a população só precisava de um pouco mais de paciência.

Mainz, a cidade até então famosa por anunciar a revolução da impressão, tornou-se o epicentro de uma revolução médica que dominou as primeiras páginas de notícias do mundo todo. "Nosso pequeno frasco de esperança", publicou o *Daily Mirror*, do Reino Unido, com uma foto do frasco da vacina da BioNTech. A manchete do *The Times* anunciava em letras garrafais: "Marco da vacina é sinal de 'vida normal na próxima primavera'" acima de uma foto antiga de Ugur e Özlem em seus jalecos, com um sorriso largo,[161] e de um gráfico mostrando a disparada do preço das ações da empresa. A revista *The Economist* anunciou que os dados de eficácia marcavam "o início do fim da pandemia".

Os meios de comunicação do mundo todo assoberbaram a equipe de relações públicas da BioNTech com centenas de solicitações por hora. Pela primeira vez, Ugur e Özlem foram entrevistados juntos, como parceiros de negócios e como marido e mulher. Em março, Ugur se recusara a conversar com um repórter, dizendo a Jasmina Alatovic, chefe de comunicação da BioNTech, que não gostava de falar sobre si mesmo. Porém, para divulgar a eficácia da vacina, ele e Özlem ficaram mais do que satisfeitos em conceder entrevistas pelo Zoom, do anexo que funcionava como escritório improvisado do casal. Ao fundo, havia uma única planta que parecia contradizer a importância da descoberta no cenário mundial. Ugur muitas vezes se esquecia de fechar a porta, expondo a sala de estar da família. "Eu fiquei craque em rastejar pelo chão", lembra a filha do casal, que evitava aparecer para o mundo todo. Praticar violino tornou-se inviável.

Como o casal estava em todos os noticiários, políticos de Berlim e Bruxelas a quem Helmut vinha admoestando havia meses também enviaram mensagens de felicitações ao presidente da BioNTech. Um homem, entretanto, ainda estava infeliz: Donald Trump, já questionando a legitimidade da eleição em que fora derrotado, disparou uma enxurrada de tuítes. "Como eu disse há muito tempo, @Pfizer e os outros só anunciariam uma Vacina após a Eleição porque não tiveram coragem de fazê-lo antes. Da mesma forma, a @US_FDA deveria ter anunciado antes, não para fins políticos, mas para salvar vidas!", escreveu o então presidente.[162] Ele continuava alegando que os democratas tinham atrasado deliberadamente os dados de eficácia da vacina.[163] Em três meses, o republicano estaria fora da Casa Branca, mas sua capacidade de minar a confiança do público no imunizante continuava sendo uma ameaça.

*

Enquanto isso, na Europa, os líderes políticos se viam sob os holofotes à medida que as pessoas questionavam por que a União Europeia ainda não havia adquirido a vacina desenvolvida no continente. De súbito, houve um senso de urgência nas negociações com Bruxelas. "Assim que perceberam que o cavalo selado não passa duas vezes, resolveram montá-lo", disse Sean Marett, diretor comercial da BioNTech, que, ao lado de colegas da Pfizer, liderava as negociações da empresa com o bloco.

Ugur, o cientista sóbrio de sempre, foi muito menos crítico em relação à abordagem da União Europeia. Segundo ele, era difícil tomar uma decisão informada sobre uma vacina baseada em uma nova tecnologia até que os especialistas recebessem dados que a corroborassem. "Nosso cavalo era bastante desconhecido no início da corrida da vacina", admite ele. "A comissão esperou até que houvesse evidências — era uma estratégia baseada em evidências."

De fato, um dia após o anúncio dos dados de eficácia do imunizante, em 11 de novembro, a União Europeia divulgou um comunicado dizendo que estava em vias de concluir a aquisição de duzentos milhões de doses, com opção de compra de mais cem milhões. Mas o contrato, assinado no dia seguinte, representava metade do que os Estados Unidos — que têm uma população menor — haviam firmado quase quatro meses antes, e nem todos os Estados-membros do bloco[164] estavam interessados na vacina da BioNTech.[165] No fim das contas, o ministro da Saúde da Alemanha, Jens Spahn, concordou em ficar com uma fatia muito maior do pedido anterior — cerca de cem milhões de doses — para minimizar o déficit causado pelos países que não queriam participar. Mais tarde, a Alemanha devolveu setenta milhões de doses[166] ao consórcio, alimentando as especulações de que a França, que apostava na farmacêutica nacional, a Sanofi, se recusara a participar da primeira rodada — uma alegação negada por Paris.[167] "Digamos que não se pode retirar setenta milhões de doses do *pro rata* porque Malta não estava fazendo pedidos", explicou uma pessoa familiarizada com o processo.

Logo depois que o acordo foi fechado, a resistência de Bruxelas em apoiar a vacina da BioNTech/Pfizer foi confirmada publicamente pelo porta-voz da Saúde do maior grupo do Parlamento Europeu. Peter Liese, deputado alemão do Parlamento Europeu, que foi mantido a par das negociações, escreveu que elas demoraram muito porque, na opinião dele, "houve problemas com a Pfizer". "A BioNTech é uma empresa alemã séria, de médio porte, enquanto a Pfizer é uma grande empresa norte-americana com ideias obviamente diferentes e, portanto, foi necessário ter paciência e fazer pressão para chegarmos a um acordo bom e justo", escreveu ele. Liese, membro da União Democrata Cristã, partido de Angela Merkel, continuou dizendo que "a Pfizer tinha ideias difíceis de aceitar (...); por exemplo, no que diz respeito à transparência de dados e responsabilidade".[168]

Mais tarde, o conselho fiscal da BioNTech descobriria que lobistas haviam sido contratados em Bruxelas para persuadir os legisladores a não trabalharem com a empresa ou com sua contraparte norte-americana, rotulada como "o epítome do capitalismo frio". De acordo com uma pessoa que teve informações sobre essa estratégia, os lobistas argumentaram que, "se dermos um euro para a CureVac, para a Sanofi ou para uma empresa europeia, será um euro para a Europa. Se dermos para a BioNTech, 50 centavos sempre acabarão indo para os Estados Unidos".

Uma semana depois, a Moderna publicou dados mostrando que sua vacina tinha eficácia de quase 94,5%,[169] cimentando a liderança da tecnologia de mRNA na corrida para vencer a Covid-19. A BioNTech e a Pfizer sabiam desde aquele domingo fatídico que a análise provisória do comitê independente concluíra que sua vacina era *ainda mais* eficaz, mas decidiram comunicar apenas "mais de 90%", para evitar decepções caso a análise final trouxesse uma porcentagem ligeiramente inferior. Em 18 de novembro, as duas empresas divulgaram essa análise, revelando que, dos 170 indivíduos que tiveram diagnóstico confirmado de Covid-19, apenas oito receberam duas doses da vacina, tornando o produto 95% eficaz. O crucial foi que a eficácia era superior a 94% em indivíduos com 65 anos ou mais — o grupo mais vulnerável ao vírus, contrariando o comportamento típico de vacinas contra a maioria das outras doenças infecciosas, que tendem a fornecer menos proteção para os idosos. As incógnitas finalmente tinham sido descobertas: a vacina funcionava, era segura e protegia quem mais precisava dela. As empresas anunciaram que, em poucos dias, solicitariam autorização de uso no Reino Unido, nos Estados Unidos e na União Europeia, trilhando o caminho para o início da maior campanha de vacinação da história da humanidade.

As comemorações não duraram muito. No mesmo dia, o presidente da Alemanha, Frank-Walter Steinmeier, foi entrevistado pelo jornal *Tagesspiegel*,[170] de Berlim. "Graças aos esforços admiráveis de Özlem Türeci, Ugur Sahin e equipe, a Alemanha contribuirá de forma decisiva para a superação da pandemia do coronavírus, e isso é motivo de orgulho para nós", afirmou. Mas ele implorou que a Europa não brigasse pela vacina para uso próprio. O bloco "deve enviar um sinal político de que está preparado para abrir mão de parte de sua cota (...) para proteger o mais rápido possível, por exemplo, os profissionais da saúde dos países mais pobres do mundo", escreveu, em comentários que foram parar na primeira página dos jornais.

Outros se preocuparam com o que as exigências temporárias de refrigeração a baixas temperaturas significariam para o mundo em desenvolvimento, já que a vacina da BioNTech teria que ser mantida a aproximadamente 70 graus Celsius negativos durante o transporte. "Foi um misto de emoções", diz Lynda Stuart, imunologista e diretora da Fundação Bill e Melinda Gates, que estava naquele quarto de hotel em Berlim, em 2018, quando Ugur disse ao bilionário que as vacinas de mRNA poderiam ser a chave para combater surtos de doenças infecciosas. "Quando descobrimos que funcionava, também nos deparamos com o problema logístico de como as vacinas seriam transportadas aos países pobres e de baixa renda", explicou o cientista.

Naquele momento, entretanto, tais preocupações eram discutíveis. A BioNTech já estava trabalhando na estabilização da BNT162b2 para que pudesse ser armazenada em freezers comuns e, nesse meio-tempo, a Covax, a iniciativa global responsável por garantir o acesso igualitário, priorizou a aquisição de vacinas que apresentassem um desafio logístico menor, como a Oxford/AstraZeneca, que, em questão de semanas, ao que parecia, também estaria pronta para ser autorizada por agências reguladoras em todo o mundo.

*

Enquanto Sean atendia às ligações de legisladores de países que tentavam desesperadamente garantir doses da vacina — sua esposa o proibira de ficar em casa devido às constantes interrupções, de modo que ele passou a trabalhar no jardim —, uma pequena parte da equipe do Projeto Lightspeed trabalhava dia e noite na papelada para a aprovação ou autorização da vacina em diversos países. A parceria com a Pfizer se provou, mais uma vez, fundamental — simplesmente não havia como a BioNTech compilar por conta própria e do zero os documentos necessários para um "Pedido de Autorização de Introdução no Mercado". A gigante farmacêutica norte-americana, que comercializa centenas de medicamentos, tinha um modelo que havia sido refinado ao longo de vários anos e que podia ser preenchido com dados precisos sobre os processos de produção e verificações de segurança da BioNTech. Assim que chegavam dos locais onde os ensaios eram realizados, as novas informações eram inseridas e repassadas às autoridades em Londres, Amsterdã e Maryland, nos Estados Unidos.

Ao contrário da FDA norte-americana, a Agência Europeia de Medicamentos (EMA) buscava uma "autorização condicional de comercialização" para a vacina, em vez de uma que expirasse assim que a emergência médica passasse. Sendo assim, buscava dados mais abrangentes, mesmo que isso levasse mais algumas semanas. Cada Estado-membro poderia oferecer suas próprias autorizações de emergência, mas ficaram para trás em relação à EMA, com a notável exceção da MHRA, do Reino Unido. Embora ainda estivesse oficialmente na União Europeia, o Reino Unido deixaria o bloco no final do ano e, com o "pé na porta", queria se proteger e ter um processo de autorização próprio.

A MHRA, que vinha aceitando pedidos da BioNTech e da Pfizer desde outubro, instou as empresas a enviarem os resultados dos ensaios clínicos o mais rápido possível e ajudou a acelerar o processo. Entre os últimos dados que a agência reguladora esperava, estavam os resultados de um segundo estudo toxicológico, realizado em ratas grávidas, que poderiam indicar se a vacina era igualmente segura para gestantes. O estudo — conduzido em Lyon, na França — ainda não tinha sido concluído. Em primeiro lugar, os investigadores tiveram de esperar que as ratas completassem a gestação (período que dura cerca de 21 dias) antes de analisar os órgãos dos animais. A etapa final era o controle de qualidade, em que as descobertas seriam verificadas novamente por uma segunda equipe. A agência reguladora do Reino Unido, no entanto, concordou em aceitar um relatório provisório.

Em 2 de dezembro de 2020, exatamente dez meses e oito dias após Ugur ler o artigo da revista *The Lancet* pela primeira vez e apenas três semanas depois que os dados de eficácia foram divulgados, a MHRA se tornou a primeira agência reguladora a autorizar uma vacina clinicamente testada contra a Covid-19. Ao mesmo tempo, tornou-se o primeiro órgão fiscalizador da história a autorizar um medicamento baseado em mRNA. Antes do Projeto Lightspeed, a BioNTech planejava a aprovação inicial, em 2023, de uma de suas terapias contra o câncer. Uma tragédia global acelerara os cronogramas, mas a equipe não teve tempo de se alegrar com a notícia. O momento foi marcado por um *slide* de felicitações na apresentação do encontro virtual da manhã seguinte. Depois de um rápido "parabéns a todos", Ugur passou para o próximo *slide*. "Agora, vamos para as tarefas do dia."

Houve mais euforia no Reino Unido, onde políticos, incluindo o secretário de Saúde Matt Hancock, consideraram a autorização como uma vitória do Brexit,[171] embora a nação, como outros países-membros da União Europeia, tenha divergido do plano centralizado da EMA em algum ponto. A MHRA, ciente de que a notícia seria politizada, deu uma aula magistral de comunicação em saúde pública. Em vez de ficar ao lado dos ministros, June Raine, a farmacologista responsável pela agência, deu uma entrevista coletiva em separado, ao lado de outros dois especialistas independentes que tiveram papel importante no processo de autorização. Devagar e metodicamente, ela descreveu como a MHRA implementou uma "revisão contínua" para possibilitar a aplicação de uma vacina "no menor tempo possível". Lendo notas impressas, ela acrescentou, enfática: "Mas isso não significa, de maneira nenhuma, que alguma etapa foi realizada às pressas."[172]

Na mesma manhã, a EMA menosprezou ligeiramente essa mensagem, sugerindo que seu procedimento exigia mais evidências e verificações de segurança do que o processo de emergência da Grã-Bretanha.[173] A sugestão foi rejeitada por Constanze Blume, vice-presidente de assuntos regulatórios globais da BioNTech, que trabalhava incansavelmente para levar informações às agências reguladoras. "Tínhamos apenas um ensaio clínico e só um ou dois locais de produção, então como podíamos gerar dados diferentes?", indagou.

Ruben Rizzi, que trabalhou em estreita colaboração com Constanze, está convencido de que a velocidade foi apenas o resultado de uma redução da burocracia. "Se todos estão dispostos a trabalhar literalmente 24 horas por dia e trocar perguntas e respostas duas ou três vezes por dia, enquanto o tempo de retorno normal seria de dez ou vinte horas, é possível fazer as coisas", explica ele. "Esse era o tipo de compromisso que tínhamos, e foi um grande atalho."

*

A corrida para fornecer informações às agências reguladoras ofuscou o momento em que *A Vacina*, universalmente referida com o artigo definido, fez história; o momento foi imortalizado por um frasco de BNT162b2 no Museu de Ciências de Londres, ao lado da lanceta usada por Edward Jenner, no século XVIII, em inoculações de varíola.

Em 8 de dezembro, Maggie Keenan, que foi uma das primeiras pessoas na Grã-Bretanha a receber a vacina BCG na década de 1950,[174] enrolou a manga da camiseta em um hospital em Coventry, no Reino Unido, e foi a primeira pessoa a receber uma vacina clinicamente autorizada contra a Covid-19. Imagens ao vivo da vacinação da joalheira aposentada foram transmitidas em todo o mundo, assim como a mensagem dela. "É o melhor presente de aniversário adiantado que eu poderia ter", disse Maggie, que faria 91 dali a uma semana, "porque isso significa que posso vislumbrar um encontro com minha família e amigos no ano-novo, depois de ficar isolada a maior parte do ano."[175] Seus sentimentos foram ecoados por centenas de pessoas que receberam a vacina nas horas seguintes e que, alegremente, concederam entrevistas à imprensa mundial.

Ugur e Özlem não assistiram a nenhuma dessas cenas ao vivo. Estavam a mais de setecentos quilômetros de distância, em casa, em Mainz, vasculhando documentos exigidos por órgãos europeus e norte-americanos para autorizar o medicamento nesses territórios até o fim do ano. "Acompanhamos de perto a viagem dos frascos até o Reino Unido e nos mantivemos informados, mas estávamos ocupados demais para assistir às imagens ao vivo", diz Özlem. Apesar da sua confiança silenciosa e aparentemente inabalável no sucesso da missão científica da empresa durante a pandemia, Ugur admite que estava nervoso. Embora tivesse acompanhado a administração da vacina a mais de 22 mil das 44 mil pessoas nos estudos clínicos (o restante recebeu um placebo), ele confessa: "É uma sensação diferente quando as pessoas são vacinadas fora dos ensaios."

Mais tarde, porém, os médicos assistiram aos vídeos de Maggie e de outras pessoas em seus respectivos smartphones. "Fiquei emocionado", diz Ugur. "Sempre nos concentramos em medicamentos individualizados para o combate ao câncer e, naquela hora, percebi que, embora o desenvolvimento de uma vacina contra doenças infecciosas às vezes parecesse tão impessoal, haveria bilhões de histórias individuais." Para Özlem, os vídeos de enfermeiras cuidando de pacientes idosos desencadearam lembranças sobre um cenário semelhante: o hospital em Homburg, onde ela havia se formado em medicina e conhecido o marido. Como cresceu vendo o pai cuidar dos enfermos, Özlem perdeu a conta dos dias em que trabalhou na enfermaria e atendeu pacientes. Ela raramente ouvia falar daqueles que tinham sido ajudados pelas inovações que ela e Ugur criaram, mas, naquela noite de terça-feira, a tela do celular mostrava que os beneficiários tinham nomes, rostos e familiares sorrindo para ela. "Foi maravilhoso estar outra vez tão perto do resultado final", revelou Özlem.

*

Do outro lado do oceano, a FDA estava fazendo sua parte para fortalecer a confiança do público. A agência reguladora se precaveu para proteger os dados que receberia da Pfizer: enviou agentes armados à sede da empresa em Nova York para buscar um disco rígido criptografado, com um pequeno teclado embutido e display LCD. Múltiplas tentativas erradas de inserir o código PIN correto levariam à exclusão automática do disco. Mas, com essas precauções tomadas, o processo se tornou radicalmente transparente.

No dia 10 de dezembro, uma quinta-feira, um painel de especialistas externos realizou uma reunião, transmitida ao vivo pela internet e editada pelos canais de notícias. Os membros do comitê — que participavam de casa por meio de um software de videoconferência com conexão instável — analisaram uma lista abrangente de questões de segurança e eficácia: por exemplo, se a vacina deveria ser administrada a pessoas com alergias, gestantes ou lactantes. Também discutiram a delicada questão ética envolvendo aqueles que receberam um placebo no ensaio de Fase 3: deveriam receber a vacina real naquele momento ou apenas quando outras pessoas do público em geral fossem imunizadas? Para reunir dados sobre os efeitos colaterais de longo prazo, seria necessário que houvesse um grupo de controle que não tivesse recebido a vacina, de modo que pudesse ser usado para fins de comparação. Mas seria correto impedir que dezenas de milhares de pessoas recebessem uma dose que salva vidas em prol da lisura dos resultados? O debate avançava e retrocedia, sem resolução imediata.

Depois de mais de oito horas de discussão, o presidente passou para a questão principal da pauta: "Com base na totalidade das evidências científicas disponíveis, os benefícios da vacina da Pfizer-BioNTech contra a Covid-19 superam os riscos para uso em indivíduos de dezesseis anos ou mais?" O resultado da votação saiu minutos depois. Quatro membros do painel votaram "não" (mais tarde, dois deles disseram que queriam ter mais dados sobre jovens de dezesseis e dezessete anos),[176] e um se absteve. Dezessete votaram "sim". No dia seguinte, a FDA emitiu sua própria autorização para uso emergencial.

Nos dias que se sucederam, Ugur e Özlem começaram a receber uma enxurrada de e-mails com fotos de pessoas agradecidas, muitas vezes famílias que logo puderam se reunir com parentes idosos após meses de dolorosa separação. Os jornais estavam repletos de fotos de famosos sendo vacinados, inclusive o presidente eleito Joe Biden, cuja imunização foi transmitida ao vivo na TV, e, no Reino Unido, Ian McKellen, uma das estrelas de *O Senhor dos Anéis*, a trilogia preferida de Ugur e Özlem.

A enxurrada de fotos fez a EMA ser ainda mais criteriosa em sua análise; a agência anunciara que planejava tomar a sua decisão a partir de 29 de dezembro. Quando a diretora-executiva, a irlandesa Emer Cooke, disse que o órgão estava "trabalhando 24 horas por dia" para acelerar o processo,[177] o jornal alemão *Bild* — o mais vendido da Europa — enviou fotógrafos à sede da EMA, em Amsterdã, e exibiu, na sua página inicial, imagens das luzes do prédio sendo apagadas às onze da noite.[178] O indiscutível trabalho árduo de Cook e da EMA ainda foi prejudicado por um ataque cibernético em que arquivos confidenciais enviados pela BioNTech foram acessados.

A própria empresa foi pressionada a liberar os milhões de doses que reservara para a União Europeia, em vez de esperar até o início de 2021 para que o bloco iniciasse sua campanha de vacinação. Mas, apesar de todas as provações e tribulações pelas quais passou nas negociações, Sean recusou-se terminantemente a fazê-lo. Então, em 21 de dezembro, 76 dias após ter recebido a primeira parcela de dados, a

EMA aprovou a vacina, encurtando um processo que normalmente leva meses. Ursula von der Leyen diria mais tarde que, embora as poucas semanas a mais de que a EMA precisara para chegar à decisão tivessem sido "cruciais para aumentar a confiança e a segurança, lições também seriam aprendidas" com o atraso.[179] Mas o momento foi marcado mais pelo alívio do que pela recriminação. Cooke comemorou a aprovação como "uma indicação de que 2021 pode ser um ano melhor do que 2020", e a implementação inicial em todo o bloco foi planejada para a semana seguinte.

Enquanto isso, a Comissão Europeia enfrentava a reação de legisladores de todo o continente, que se perguntavam por que não haviam sido garantidas mais doses para os próprios cidadãos. Markus Söder, governador da Baviera e membro da coalizão governista de Angela Merkel, disse que a União Europeia tinha solicitado "uma quantidade reduzida e com atraso" e sido "mesquinha" nas negociações com os fabricantes.[180] Líderes da Áustria, Polônia e Hungria juntaram-se ao coro de condenação.[181] Meses mais tarde, o presidente francês Emmanuel Macron admitiria que o bloco "não foi ambicioso", acrescentando: "Não fomos tão rápidos e incisivos em relação a isso. Achamos que as vacinas demorariam a se consolidar".[182]

Em 6 de janeiro de 2021, Jörg Wojahn, o representante da União Europeia em Berlim, enviou uma carta ao parlamento alemão, buscando justificar o lento processo de aquisição de vacinas pelo bloco. "As negociações com a BioNTech ocorreram em um momento em que não havia nem sinal de certeza de que a vacina teria a eficácia necessária e seria a primeira a ser aprovada em 2020", escreveu. "Se as evidências tivessem ficado objetivamente claras no início, o mundo inteiro teria investido na BioNTech e na capacidade de produção dessa vacina, e, hoje, a empresa não teria nenhum problema de suprimento", ele continuou a argumentar, sem mencionar os 75 milhões de dólares arrecadados pela BioNTech naquele período junto a investidores ao redor do mundo, em uma rodada de financiamento que foi três vezes maior do que a oferta.

Mas, na verdade, agregar mais dinheiro não teria acelerado muito mais o processo. No início de fevereiro, a responsável pela negociação de vacinas na Comissão Europeia, Sandra Gallina, seria empurrada para a frente do comitê de orçamento do parlamento europeu a fim de defender as ações de sua equipe.[183] "Com certeza, não teríamos obtido mais doses se tivéssemos mais dinheiro, porque o problema (...) é a produção."[184] Suas afirmações atrairiam a ira de comentaristas, incluindo o economista vencedor do prêmio Nobel, Paul Krugman, que definiu a aquisição de vacinas do bloco como um "desastre" que "quase certamente acabaria causando milhares de mortes desnecessárias".[185]

No entanto, Sierk Poetting, que supervisionava o aumento da produção, acredita que Gallina estava certa. "Acho que é verdade", disse sobre a afirmação dela. "Construímos o mais rápido que podíamos, aumentamos o máximo possível o suprimento de lipídios", diz Sierk. Embora um esforço global para garantir o fornecimento de matéria-prima pudesse ter ajudado, jogar dinheiro no problema não teria sido útil. Até a empresa se mudar para sua nova instalação em Marburg, eles nem sabiam quais equipamentos seriam necessários para a produção. "Se houvesse 2 bilhões de euros a mais [em financiamento para a BioNTech], a produção adicional não estaria disponível em novembro." Agora, a empresa, cujos contratos de vacinas valem mais de 12 bilhões de euros, pode se dar ao luxo de construir mais fábricas por conta própria. "Honestamente, não havia muito mais a ser feito", disse Sierk, sobre o esforço em 2020.

Albert Bourla, da Pfizer, tem uma visão semelhante. Ele é mais crítico em relação aos Estados Unidos, cuja Operação Warp Speed "investiu tanto dinheiro que acabou convencendo", referindo-se ao sucesso da vacina de mRNA da Moderna. O CEO não acha que o braço do governo Trump, cujo financiamento se recusou a aceitar, "apostou bem as fichas" e condena as tentativas do país de restringir as exportações de imunizantes fabricados no território para outras nações até que seus cidadãos fossem vacinados.[186] A Europa "pelo menos aceitou que parte da produção do continente fosse enviada para outros países", disse Albert, em defesa do bloco. "Nos Estados Unidos, por vários motivos, seria muito difícil."

Não importam os méritos das abordagens dos Estados Unidos e da União Europeia; o fato é que, em novembro, Bruxelas precisava acalmar seus críticos garantindo os cem milhões de doses opcionais no contrato que acabara de ser assinado. A BioNTech e a Pfizer tinham reservado uma cota extra para o continente, por sua própria conta e risco. Mas, logo de cara, haveria gargalos significativos no fornecimento, devido a uma complicação com a produção de nanopartículas lipídicas, os invólucros de gordura que protegem o mRNA da vacina.

O problema preocupou Ugur nas semanas anteriores ao anúncio da eficácia do imunizante. Para garantir que esses componentes cruciais fossem fabricados com a mesma qualidade, mesmo quando produzidos em enormes quantidades, cada lote teve que ser testado e verificado individualmente. Mas as rodadas iniciais fracassaram, e ninguém na BioNTech ou na Pfizer tinha certeza do motivo. Quando as fábricas de vacinas foram paralisadas, as equipes das duas empresas realizaram dezenas de experimentos para tentar descobrir a causa. "Eu li artigos publicados trinta anos atrás para entender o potencial impacto de sais e de outros contaminantes no processo de testagem", disse Ugur. Logo ficou claro, porém, que o problema estava em um dos componentes dos lipídios, produzido por um fornecedor externo. As equipes da Pfizer encontraram uma forma de resolver isso, mas a solução veio tarde demais e acabou prejudicando a fabricação. A produção de vacinas nas últimas semanas de 2020 teve que ser reduzida à metade, de cem milhões de doses para apenas cinquenta milhões.

Grande parte dessa capacidade reduzida já havia sido prometida aos pioneiros: Estados Unidos e Reino Unido. A presidente da Comissão Europeia, Ursula von der Leyen, no entanto, estava prestes a se safar, graças à busca incessante da BioNTech por outros locais de fabricação. No dia 24 de novembro, Sean enviou um e-mail para Sandra Gallina: "Discutimos o desejo da comissão de exercer seu direito de escolha", escreveu ele, sabendo que, com o rastro eletrônico, a proposta deveria ser considerada. "Como mencionado em nossas conversas durante o verão e o início do outono, a capacidade de produção é muito limitada na primeira metade do ano." No entanto, acrescentou que, com as instalações de Marburg, a BioNTech pode ter encontrado uma maneira de obter a metade dos cem milhões pelos quais a União Europeia optou para os primeiros seis meses de 2021. Por telefone, ele disse que "precisava da ajuda da Comissão" para que isso acontecesse. "Precisamos apenas que nossas instalações de produção sejam aprovadas em tempo recorde. Em vez dos habituais seis a oito meses, precisamos que isso seja feito em três."

Em 23 de dezembro, chegou um e-mail confirmando a solicitação adicional. Meses depois, a fábrica que a BioNTech brigou para ter, inicialmente sem ajuda financeira, ajudaria o bloco a salvar a própria pele. O Ministério da Saúde alemão trabalhou com as autoridades locais perto de Marburg, empenhado em obter a licença para o funcionamento do local até fevereiro de 2021.

Quatrocentos funcionários trabalhariam na fábrica, metade deles em turnos de 24 horas, sete dias por semana. Um único lote de mRNA — que leva cerca de dois dias para ser produzido — conteria material suficiente para oito milhões de doses da vacina. O produto, feito em um biorreator chamado "Maggie", em homenagem à primeira pessoa a receber a vacina aprovada, seria purificado e formulado antes de ser ensacado e enviado a locais de envase em toda a Europa, para então ser rotulado e embalado. Ao sair do prédio, a carga preciosa passaria por uma placa brilhante, recém-instalada pela equipe da BioNTech, onde se lia *Aus Marburg in die Welt*, ou seja, de Marburg para o mundo.

*

Já bem tarde na noite de Natal, Ugur e Özlem finalmente se permitiram um momento de orgulho silencioso. O imunologista Hans Hengartner, de 76 anos,[187] professor de Ugur durante seu ano sabático em Zurique, enviou uma mensagem dizendo que recebera a dose da BNT162b2 no segundo dia do programa de vacinação da Suíça. Momentos depois, Roshni Bhakta, a enérgica diretora de desenvolvimento de negócios da BioNTech, fez uma videochamada para dizer a ele e a Özlem que a empresa acabara de fechar um contrato de fornecimento com a Turquia, onde o casal ainda tinha parentes idosos. Quando Roshni perguntou a Ugur o que sentia ao desenvolver um medicamento que ajudaria a terra de seus ancestrais, ele nada disse por um instante. Em seu tablet, estavam abertas fotos que tinham acabado de chegar do México, o então epicentro da pandemia e a primeira nação da América Latina a iniciar uma campanha de vacinação. Uma remessa inicial de três mil doses chegara ao país, que já tinha registrado mais de 120 mil mortos,[188] o quarto país com o maior número de mortes no mundo. A enfermeira Irene Ramírez, de 59 anos, responsável pela unidade de terapia intensiva do Hospital Rubén Leñero, que estava prestes a entrar em colapso na Cidade do México, foi filmada recebendo a primeira injeção, e a equipe médica fazia fila no quarteirão para seguir seu exemplo. "Roshni, *tudo isso* é pessoal", disse Ugur, erguendo os olhos da tela.

CAPÍTULO 10

O NOVO NORMAL

"Es gibt nichts Gutes, außer man tut es"
As atitudes valem mais do que palavras
— Erich Kästner

O Natal trouxe mais notícias de conforto e alegria na forma de fotos que chegavam às caixas de entrada de Ugur e Özlem. Christoph Prinz — o gerente de controle de qualidade da BioNTech que supervisionou a produção de mRNA — encaminhou uma foto de 1.600 caixas de "gelo seco" repletas de vacinas nas instalações da Pfizer em Puurs, na Bélgica, prontas para o envio aos países da União Europeia. Outros e-mails traziam imagens de caminhões enfileirados na fábrica para levar o produto mais precioso do mundo aos centros de distribuição em todo o continente. "Muito obrigado por compartilharem", escreveu Ugur em resposta às mensagens de sua equipe. "Vou compartilhar uma foto indicando o tamanho do lote com o qual começamos", respondeu ele, anexando a foto instantânea de um tubo de plástico do tamanho de um polegar, que pouco mais de uma década antes continha a primeira fita de mRNA sintético que ele, Özlem e a equipe haviam produzido. A humilde molécula tinha se tornado, contra todas as probabilidades, a base de uma maravilha da medicina, trazendo alívio a um mundo traumatizado, sem citar a equipe exausta do Projeto Lightspeed. "Parabéns por tornarem isso possível", finalizou Ugur. "Boas festas."

Ótimas notícias vieram também dos Estados Unidos, onde médicos e enfermeiras faziam uma descoberta que salvaria vidas.[189] Após descongelar o material dos primeiros lotes da vacina recebido da Pfizer e diluí-lo em solução salina conforme as instruções, perceberam que havia líquido suficiente para uma dose extra, a *sexta*. O escasso suprimento da BNT162b2, ao que parecia, aumentou 20% instantaneamente, disponibilizando dezenas de milhões de doses a mais para proteger os mais vulneráveis à pandemia.

O momento foi celebrado nos canais de notícias como um "milagre" de Natal. No entanto, para Ugur, era tudo, menos isso. Durante semanas, ele insistira em que cada frasco poderia render mais de cinco doses. Como nem todas as seringas são iguais e algumas retêm um pouco mais de líquido do que outras, os produtores preferem pecar pelo excesso e permitem que haja excedente. Mas, com a clareza de um novato, Ugur dissera a seus colegas da Pfizer mais experientes que havia material quase suficiente para *sete* doses em cada frasco e que muito seria desperdiçado.

Suas tentativas de fazê-los mudar a recomendação sobre a quantidade de vacina que poderia ser extraída, contudo, não foram bem-sucedidas. A equipe da Pfizer disse que retomaria o assunto em data posterior. Insatisfeito, Ugur pediu a Sierk Poetting que encomendasse milhões de seringas especiais de "baixo volume morto" — recomendadas por Alex Muik, que examinara dezenas de projetos diferentes — para distribuí-las aos médicos assim que a disparidade fosse identificada. Mais uma vez, sua presciência rendeu frutos. A FDA informou que, em virtude da emergência de saúde pública, era "aceitável" usar uma sexta dose de cada frasco. A Agência Europeia de Medicamentos logo seguiria o exemplo, e as seringas adquiridas por Sierk seriam enviadas para centros de vacinação em todo o continente.

Após aparar essas arestas e com o lançamento mundial da BNT162b2 em curso, Ugur e Özlem aos poucos começaram a relaxar. Os dois tiraram alguns dias de folga na virada do ano e ficaram em casa com a filha. Aproveitaram os trajes de proteção contra materiais perigosos que Ugur comprara na Amazon, em pânico, onze meses antes, para limpar a varanda. A vestimenta havia sido negligenciada enquanto os médicos cuidavam da questão nada trivial de produzir a primeira vacina do mundo clinicamente aprovada contra o coronavírus. Porém, de repente, a paz recém-encontrada pela família foi interrompida. Amigos e colegas preocupados entraram em contato com uma questão urgente. A vacina ainda funcionaria?

O motivo do pânico dos correspondentes foi uma notícia que começou a sair aos poucos no início de dezembro, quando autoridades de saúde pública do Reino Unido discutiram dados estranhos durante a sua reunião semanal.[190] A notícia mostrava um aumento repentino de infecções no condado de Kent, a sudeste de Londres. Uma breve investigação logo revelou que havia uma nova variante do SARS-CoV-2 circulando no "Jardim da Inglaterra". Em geral, um vírus sofre mutações aleatórias algumas vezes por mês,[191] mas este já tinha passado por dezessete mutações — um número muito maior do que os especialistas tinham descoberto *até então* nesse estágio do ciclo de vida de um patógeno.[192] O primeiro-ministro britânico, Boris Johnson, alertou que a variante era 70% mais transmissível do que a forma original do coronavírus, e alguns especialistas sugeriram que também poderia ser mais mortal. Em poucos dias, a Grã-Bretanha se tornou um pária mundial, pois os governos proibiram todas as viagens com destino à ilha ou partindo de lá. A vigilância chegou tarde demais. A "variante de Kent" logo foi observada em dezenas de países, da Áustria à Austrália.

Na verdade, as mutações já eram esperadas. A versão do coronavírus que infectou dezenas de milhões de pessoas em todo o mundo já era ligeiramente diferente daquela detectada em Wuhan. O mundo estava aprendendo rápido um dos princípios básicos da virologia: os vírus evoluem sempre que têm possibilidade de se replicar. Ou, como disse um meme que circula nas redes sociais: "O que não te mata sofre mutação e tenta de novo."

A variante de Kent assustou os cientistas, incluindo alguns dos contemporâneos do casal. Dessa vez, o alvo das vacinas, a protrusão da proteína spike, havia sido significativamente alterado.[193] Outra variante foi logo descoberta na África do Sul, o que também mudou a configuração dessa estrutura tão importante.

Um por um, Ugur e Özlem acalmaram amigos e colegas. "Há muito burburinho", disse Ugur a um conhecido na época, mantendo-se tranquilo. "Todos os dias algo vai acontecer." Ele ainda acrescentou que era recomendado ficar um tempo fora do Facebook e do Twitter.

Na opinião do casal, era desnecessário ficar alarmado com determinada variante antes de averiguar se ela escaparia da imunidade adquirida pela infecção ou pela vacina. "Não é possível ultrapassar a velocidade das mutações, e precisávamos de um entendimento científico para saber se as vacinas disponíveis falharam na proteção cruzada contra alguma nova variante antes de avançarmos com um novo construto", revela Özlem. Para ela e Ugur, a verdadeira questão era como diferenciar as variantes que potencialmente necessitariam de uma adaptação da vacina daquelas que não precisariam.

Graças à mudança crucial na qual Ugur insistira em junho, os médicos se deram ao luxo de esperar por esclarecimentos. Embora a cadeia de fornecedores e as equipes de produção tivessem implorado à gestão da BioNTech e da Pfizer para avançarem com a primeira das candidatas da Fase 1 a fornecer dados positivos — a BNT162b1 —, o casal aguardou até o último minuto pela retardatária, a B2.9.

Segundo Özlem, bem antes de tomarem essa decisão, já se sabia que a proteína spike — sobretudo sua parte funcional, o domínio de ligação ao receptor — era propensa a mutações e, com o tempo, poderia escapar dos anticorpos neutralizantes. Foi por isso que a equipe do Projeto Lightspeed logo de início fizera questão de aproveitar as forças combinadas do sistema imunológico — tanto os anticorpos quanto as células T.

Se os anticorpos, treinados para identificar a *configuração* das proteínas do vírus, não reconhecessem bem a spike que sofreu mutação, não interromperiam o mecanismo de acoplamento pelo qual o patógeno se prende às células pulmonares. Mas as células T — os atiradores de elite que o casal passou anos comandando contra os tumores — reconhecem *características* únicas nas células que sucumbiram à infecção e as devoram. O casal acreditava que a maioria dessas características seria conservada em diferentes cepas (uma hipótese confirmada em 2021 por dados do ensaio de Fase 1 da biofarmacêutica)[194] e permaneceria detectável pelas células T, independentemente das mutações da spike. Assim, as partículas que escapassem da primeira rede — os anticorpos — seriam capturadas pela segunda — as células T —, que poderia auxiliar no socorro.

A B2.9, que codificou a proteína spike completa, foi um sucesso porque induziu uma resposta das células T muito *mais ampla* do que a da B1, que codificou o menor domínio de ligação ao receptor. Uma resposta imunológica *mais ampla* significa que as células T foram direcionadas contra mais regiões da spike, dando-lhes uma chance maior de conter o vírus depois de uma invasão às células do pulmão. "Olhando para trás, não estaríamos em uma posição tão boa com relação às variantes se tivéssemos optado pela B1", avalia Özlem.

Além disso, como a eficácia da vacina da BioNTech contra o vírus original era muito alta, a empresa tinha margem de manobra. Mesmo que uma mutação do coronavírus tornasse o imunizante 10% menos eficaz, ainda assim forneceria proteção a mais de dezessete pessoas a cada vinte que receberam a dose. Os testes logo provariam que, embora a eficácia da vacina de fato tenha diminuído alguns pontos percentuais diante de certas cepas, a formulação permaneceu muito potente, oferecendo muito mais proteção do que diversas vacinas comuns oferecidas contra outras doenças infecciosas.

Porém, havia outro motivo para o casal se sentir confiante. Quando questionado por repórteres, Ugur explicou que a BioNTech tinha a capacidade de ajustar a vacina e viabilizar a produção de uma versão à prova de variantes em um período de seis semanas. Os anos de experiência com vacinas individualizadas contra o câncer, que exigiam uma produção única para cada paciente, voltariam a ter destaque. O chefe de produção, Andreas Kuhn, e suas equipes tinham repassado centenas de vezes o ciclo de análise de informações genéticas: isolar um antígeno único, ou alvo da vacina; codificá-lo no mRNA; e desenvolver um produto farmacêutico. Um grupo separado[195] ficara encarregado da

Operação Pelé — que recebeu esse nome porque Ugur queria se inspirar no jogador de futebol brasileiro, que "construiu algo do nada". O objetivo da operação era permitir que a empresa produzisse rapidamente lotes comerciais de uma vacina contra o coronavírus e de quaisquer outros medicamentos que pudessem ser autorizados no futuro. Os processos estabelecidos agora funcionavam como uma máquina bem lubrificada.

Modificar a vacina para mirar uma nova variante não seria um desafio. A química essencial permaneceria a mesma. Os ciclos de produção também permaneceriam os mesmos, exceto pelo fato de que o molde de DNA a partir do qual o RNA é produzido — que se assemelha a uma pequena garrafa de plástico contendo líquido ondulado — sairia com uma sequência ligeiramente diferente. Apenas algumas das quatro mil letras no código da proteína spike teriam de ser trocadas. A questão em aberto no início de 2021 era se as agências reguladoras permitiriam que uma candidata ligeiramente alterada avançasse direto para a produção ou se exigiriam mais dados dos ensaios clínicos.

*

Enquanto isso, em 14 de janeiro, pela primeira vez em meses, Ugur e Özlem voltaram ao escritório, onde, junto aos funcionários, aguardaram em uma fila até que um médico administrasse o único medicamento da BioNTech do qual poderiam se beneficiar. O Ministério da Saúde alemão priorizou os funcionários da empresa na campanha de vacinação do país para garantir que suas operações vitais não fossem interrompidas por doenças, mas Ugur diz que tinha "sentimentos conflitantes" com relação a furar a fila. De sua parte, Özlem relata que ficou "muito emocionada ao ver o frasco com o rótulo da BioNTech. A consciência da vulnerabilidade humana parecia um fardo que, de repente, não estava mais tão pesado".

Dois meses depois, em 11 de março, dados divulgados pelo Ministério da Saúde de Israel — o primeiro país a vacinar uma maioria significativa da sua população exclusivamente com a vacina da BioNTech — aliviaram ainda mais esse peso. Os dados revelaram que a vacina era ainda mais impressionante fora dos ensaios clínicos, alcançando 97% de eficácia na prevenção de doença grave e de morte. A análise também concluiu que a vacina mitigou significativamente o cenário de pesadelo que alarmara Ugur em janeiro de 2020 durante a leitura do artigo da revista *The Lancet*. A BNT162b2 teve uma eficácia de 94% na interrupção da propagação *assintomática* do SARS-CoV-2.

O assassino silencioso, por enquanto, havia sido contido.

Na quinta-feira após a divulgação dessas estatísticas animadoras, Ugur e Özlem embarcaram em um trem para Berlim a fim de receber das mãos do presidente da Alemanha, Frank-Walter Steinmeier, a maior honraria concedida a civis do país: o *Bundesverdienstkreuz*.

Na manhã seguinte, antes de um almoço agendado com a chanceler Angela Merkel — uma colega cientista bastante qualificada que Özlem estava "muito animada para conhecer" —, ocorreu uma grande cerimônia na residência presidencial de estilo neoclássico, o Palácio Bellevue. Ugur e Özlem — que poucos meses antes eram desconhecidos de todos, com exceção de alguns de seus compatriotas — foram reverenciados por Steinmeier como dois dos maiores cidadãos da Alemanha moderna.

Ugur, estranhamente vestido com um paletó escuro e gravata verde listrada, e Özlem, de terninho azul-marinho, ouviram com admiração enquanto o presidente exaltava a coragem, a determinação e a humildade dos dois como virtudes. "Precisamos dessas qualidades aos montes em nosso país!", exclamou ele, enquanto as câmeras de televisão se afastavam para revelar duas medalhas de ouro brilhantes em uma mesa à sua esquerda.

O elogio efusivo era em grande parte compatível com a cobertura da mídia alemã após a descoberta da BioNTech. A revista *Der Spiegel* apelidou a dupla de "o casal herói da Alemanha",[196] destacando que o país, que fica atrás dos Estados Unidos no que diz respeito a formar empreendedores de sucesso, ainda está repleto de gênios. Mas algumas das reações focaram mais as raízes de Ugur e Özlem do que suas realizações. "De filho de trabalhador imigrante a salvador do mundo", dizia a manchete de uma publicação do estado natal de Ugur, a Renânia do Norte-Vestfália,[197] que exemplificava o tom de muitas outras.

Steinmeier, o ex-ministro das Relações Exteriores que emergiu como a consciência coletiva do país, transmitiu uma mensagem mais sutil, enfatizando que o sucesso de Ugur e Özlem não pertencia a ninguém além deles. "Muitas pessoas tentaram reivindicar suas conquistas e atribuir uma nacionalidade ao trabalho de vocês. A vacina não é alemã, nem turca, nem norte-americana (...) Os feitos de vocês provam que os dois são cientistas notáveis", disse Steinmeier.

As observações foram inofensivas, mas necessárias. Embora Ugur e Özlem, ambos introvertidos, achassem um pouco excessivos os pedidos de selfies durante passeios em família, lidavam bem com o fato de serem o novo centro das atenções, em especial com a repentina empolgação com as tecnologias às quais devotaram suas vidas. No entanto, consideravam enfadonhas as tentativas de usá-los como adereços políticos.

Durante anos, o casal sempre evitou tomar partido em tais debates. Helma Heinen, a assistente de longa data dos dois, conta que, no período eleitoral, recebia cartas dos diretórios locais do partido conservador, a União Democrata-Cristã (CDU, na sigla em alemão), e do de centro-esquerda, o Partido Social-Democrata (SPD, na sigla em alemão), perguntando se poderiam visitar a start-up mais bem-sucedida de Mainz para tirar uma foto com o casal. "Eles sempre foram neutros", diz Helma sobre a resposta dos médicos. "Nunca os ouvi dizer uma palavra ruim sobre qualquer grupo ou religião."

Segundo Ugur, é claro que ele e Özlem entendem que sua história pode encorajar alguns imigrantes. O casal reconhece que "preenchem os requisitos que interessam às pessoas" e fica muito feliz em servir de fonte de inspiração para jovens cientistas, que podem se identificar com eles. Os dois têm orgulho de suas origens, que foi o que os uniu desde o princípio no hospital universitário em Homburg. A única referência cultural fica no guarda-roupa de Ugur — um cordão "Nazar", com um pingente circular azul e branco, o olho turco —, para afastar o mau-olhado, e, embora não seja fluente, o casal fala turco, especialmente quando tenta se comunicar sem que a filha entenda.

Mas extrair posições políticas das realizações dos dois é a antítese da maneira como o casal vê o mundo. "Você pode nos usar como argumento a favor da imigração e, se algo não for ideal, pode usar isso contra a imigração", diz Ugur, acrescentando: "Devemos nos concentrar apenas nos fatos."

Quando se trata do desenvolvimento da vacina — como ela se tornou o produto farmacêutico de maior sucesso comercial da história —, os fatos falam por si. Como Ugur disse, com orgulho, à Angela Merkel em uma videoconferência em janeiro de 2021, a equipe do Projeto Lightspeed era formada por especialistas de mais de sessenta países, e mais da metade eram mulheres. Ao *New York Times,*[198] revelou que a parceria com a Pfizer foi facilitada pelo fato de que tanto ele quanto Albert Bourla eram "cientistas e imigrantes". Katalin Karikó, que propôs uma modificação que sustenta a plataforma de mRNA usada na BNT162b2, fugiu da Hungria comunista para os Estados Unidos. Kathrin Jansen, a primeira a incentivar a Pfizer a fazer parceria com a BioNTech e a responsável por conduzir as equipes científicas durante o processo de desenvolvimento de vacinas, emigrou da Alemanha para os Estados Unidos. A rápida tomada de decisão do marroquino Moncef Slaoui no comando da Operação Warp Speed levou às primeiras grandes encomendas de vacinas. May Parsons, a enfermeira que vacinou Maggie Keenan, aquela primeira aplicação do imunizante em Coventry, no Reino Unido, sob os holofotes do mundo todo, é uma filipino-britânica com orgulho.[199]

Não há nada surpreendente, segundo a visão de mundo de Ugur e Özlem, em relação à diversidade de pessoas envolvidas nesse esforço histórico. A filosofia dos dois, seja na ciência ou na vida, sempre foi abraçar boas ideias, não importa sua origem. Mas, se a ascensão meteórica da BioNTech (que, sozinha, de acordo com um economista, aumentará a riqueza geral da Alemanha em 0,5% em 2021)[200] pode ensinar uma lição para a sociedade em geral, é que esse sucesso não tem a ver com as fronteiras que os funcionários atravessaram, e sim com os limites acadêmicos, científicos e econômicos que foram transcendidos na empresa.

Como disse o presidente Steinmeier, Ugur e Özlem embarcaram em "uma longa jornada desde a pesquisa científica até o empreendedorismo", um caminho raramente escolhido na Alemanha. Os dois médicos se aventuraram ao sair das enfermarias, partir rumo ao laboratório e parar no mundo dos negócios, da tecnologia e da educação. Em uma cultura que tende a categorizar as pessoas pelo tema de suas pesquisas, eles se recusaram a parar nas fronteiras de suas disciplinas. A empresa que os dois criaram — com foco em terapias individualizadas para o tratamento do câncer — estava imbuída de tanta experiência que acabou vencendo a pandemia mais mortal em uma geração inteira.

Essa é a origem que importa.

*

Em 2013, enquanto Ugur, Özlem e a equipe em Mainz trabalhavam para melhorar as vacinas candidatas contra o câncer, o coronel Matt Hepburn, médico aposentado das forças armadas dos Estados Unidos, foi recrutado pela agência "ultrainovadora" Darpa, que fica em Arlington, na Virgínia, e recebeu uma diretiva clara. Sua missão, segundo seus superiores, era "tirar as pandemias de cena". Nos anos seguintes, atendendo aos sinais de alerta de surtos de Ebola e Zika, Hepburn encabeçou um programa que desafiava os cientistas a desenvolverem uma profilaxia baseada em anticorpos e a fabricar doses suficientes para impedir a propagação de uma doença em até sessenta dias após a coleta de sangue de um sobrevivente. Ele convocou pesquisadores de mRNA para ajudar — tanto a Moderna quanto a CureVac tiveram o apoio da Darpa.

Poucos achavam que esse prazo era realista,[201] ou mesmo que as tecnologias baseadas em mRNA poderiam ajudar a atingir uma meta tão ambiciosa. A lição das epidemias de SARS e MERS foi que técnicas antigas, como rastrear contatos e impor quarentena e isolamento, continuaram sendo a primeira linha de defesa contra um patógeno mortal. Como disse de maneira sucinta o epidemiologista cingapurense Chew Suok Kai: "Não podemos negar o fato de que ainda continuamos lutando contra os flagelos do século XXI com as ferramentas do século XIX e o auxílio de alguns avanços científicos modernos."[202] Nos primeiros onze meses de 2020, isso também pareceu valer para o novo coronavírus. O esquema radical da Darpa não ficou pronto a tempo de combater a pandemia da Covid-19. Hepburn acabou trabalhando para a Operação Warp Speed, a força-tarefa de vacinas e terapias do governo dos Estados Unidos.

Embora sem os recursos do governo mais rico do mundo, o Projeto Lightspeed, da BioNTech, chegou perto de atingir a meta do ex-militar. Passaram-se apenas 88 dias desde o momento em que Ugur montou uma equipe para trabalhar na vacina até a injeção da candidata vencedora em seres humanos. Se contarmos desde quando o genoma do coronavírus foi postado pela primeira vez na internet, em 11 de janeiro, a empresa com sede em Mainz demorou 105 dias para responder à maior emergência de saúde pública da história recente. A Moderna, com a ajuda dos Institutos Nacionais de Saúde dos Estados Unidos, foi ainda mais depressa para a fase clínica.

No entanto, estranhamente, demorou mais duzentos dias até que essas vacinas baseadas em mRNA pudessem ser administradas à população em geral — um prazo que quem está de olho na próxima pandemia tem procurado encurtar. "Se você parar para pensar, nenhum dos problemas de segurança extremamente raros[203] que já surgiram foi detectado nos estudos de Fase 3 das vacinas contra a Covid-19", disse Richard Hatchett, chefe do CEPI, que trabalhou para a administração de Obama e ajudou a liderar a resposta da Casa Branca ao surto de gripe suína. "Os efeitos colaterais mais comuns foram detectados nos estudos iniciais de segurança e imunogenicidade, enquanto os eventos raros foram identificados apenas por meio de farmacovigilância cuidadosa após o lançamento das vacinas." Richard argumenta que a principal informação fornecida pelos estudos amplos em seres humanos era se as vacinas eram eficazes, "e só determinamos a eficácia de uma vacina depois de seu lançamento — é o que fazemos todos os anos com a gripe".

Isso foi algo que o G7 considerou quando seus líderes se reuniram na Cornualha, no Reino Unido, em junho de 2021, e revelaram um plano para enfrentar pandemias futuras em apenas um terço do tempo que foi necessário para responder à Covid-19. Entre as sugestões do relatório de 84 páginas do grupo, intitulado "100 Days Mission" ("Missão de 100 dias"), supervisionado pelo principal consultor científico do país, Sir Patrick Vallance, estava o uso de testes de desafio humano, nos quais um grande número de voluntários receberia uma vacina e então seria deliberadamente infectado para testar a eficácia do imunizante. Se a vacina funcionasse, seria utilizada de imediato no público em geral.

Tal movimento foi logo rejeitado pelos reguladores no início de 2020. "Não era uma opção, porque não havia terapias para a Covid-19", diz Isabelle Bekeredjian-Ding, do Instituto Paul Ehrlich. Como não era possível "resgatar" um participante se o vírus fosse potencialmente fatal no caso dele, o teste de desafio foi considerado antiético. Mas Isabelle — que estava na reunião de fevereiro de 2020 em que Ugur e Özlem pediram para omitir, ou sobrepor, o estudo toxicológico em ratos — desde então tem estudado a possibilidade de acelerar ainda mais o desenvolvimento de uma vacina em uma crise, com o intuito de salvar milhões de vidas.

"O problema era que a Covid não era das piores — não era terrível, ainda que muitas pessoas tenham morrido —, mas definitivamente não era o Ebola", diz ela. A doença não assustou os cientistas o suficiente, ou mesmo o público, e os dois grupos precisariam estar muito alarmados para aceitar um processo acelerado sem um estudo de Fase 3 completo. Até no caso da BNT162b2, que passou por cada uma das etapas normais de desenvolvimento de medicamentos, houve uma reação pública contra a aceleração dos ensaios. O Instituto Paul Ehrlich e outras agências reguladoras tiveram de assegurar reiteradamente à população que nenhum atalho havia sido usado. De acordo com Isabelle, se, no futuro, uma parte da sequência for pulada, "ninguém vai defender isso". Quando se trata de testes em seres humanos, o novo normal pode se parecer muito com o antigo.

A tecnologia baseada em mRNA, entretanto, abriu a porta para o desenvolvimento muito mais rápido de vacinas. Uma série de plataformas prontas poderia ser testada antes do próximo desastre e ter sua segurança pré-aprovada. Então, quando um novo vírus saltar de camelos ou morcegos para seres humanos, o antígeno, ou alvo para o sistema imunológico reconhecer, seria encaixado nesse andaime e o fármaco seria imediatamente produzido para uso na população. Locais de produção móveis podem ser espalhados pelo mundo, prontos para responder aos surtos locais com pequenos lotes de vacinas de mRNA.[204] "Todas as pandemias começam como problemas regionais", diz Barney Graham, do NIH, o homem responsável pela inovação-chave das vacinas da BioNTech e da Moderna — a estabilização da proteína spike — e que está se dedicando à prevenção de novas pandemias. Barney e outros argumentam que uma melhor biovigilância dos reservatórios animais e a instalação de capacidade para a produção rápida de vacinas no mundo em desenvolvimento poderiam impedir que a humanidade enfrente uma catástrofe semelhante de novo.

As agências já estão propondo regulamentações que, em caso de novo surto, permitiriam aos desenvolvedores de medicamentos confiar em dados coletados em estudos usando os mesmos tipos de vacina contra outras doenças infecciosas, em vez de testar de novo cada elemento.[205] "Uma questão em aberto é se os ensaios de Fase 3 podem ser encurtados e simplificados se o produto for baseado em uma plataforma", afirmou um grupo de especialistas em regulamentação em junho de 2021.[206] Segundo argumentaram, isso aproximaria o mundo da meta de "100 dias". Um ensaio pragmático dessa estratégia começou na sede da BioNTech logo após a reunião do G7.

Desde que Ugur e Özlem disseram aos amigos para não se alarmarem sem necessidade com as variantes, mais dados vieram à tona. Em relação aos casos graves de Covid-19 e à prevenção de hospitalizações, as estatísticas de Israel publicadas em julho mostraram que a BNT162b2 ainda era incrivelmente eficaz, oferecendo proteção de mais de 90% para a população vacinada. Mas a chamada variante delta — a cepa atualmente dominante em muitos países — parecia ter reduzido a capacidade da vacina de prevenir a infecção e o aparecimento de sintomas.

Era difícil apontar uma única causa. O casal acreditava que o motivo mais provável era que o nível de anticorpos nas pessoas vacinadas diminuíra nos meses seguintes à segunda dose. Aqueles que estavam mais expostos ao coronavírus em Israel, por exemplo, tinham recebido a última injeção havia seis meses. Os estudos subsequentes foram igualmente difíceis de analisar.

Para manter a ampla proteção da vacina, Ugur revelou em uma conversa com repórteres que uma terceira dose da BNT162b2 pode ser necessária seis meses após a aplicação das duas primeiras, e, como ocorre com a gripe, provavelmente será essencial aplicar vacinas de reforço a cada um ou dois anos. Se necessário, essas doses adicionais podem ser adaptadas para lidar com variantes violentas em muito menos de cem dias. "Esse", disse Ugur, introduzindo uma frase que se tornaria comum quando a euforia da vacina desse lugar à realidade, "talvez seja o novo normal".[207]

Para dar conta de tudo, uma equipe da BioNTech, liderada por Eleni Lagkadinou, uma especialista grega em desenvolvimento clínico contratada em 2020, lançou estudos para testar uma série de construtos com o foco em variantes. Uma versão substitui o antígeno, ou "cartaz de procura-se", da vacina original pela proteína spike expressa pela variante alfa, como é chamada a mutação descoberta pela primeira vez em Kent, no Reino Unido. Outro projeto visa a cepa delta, enquanto um terceiro explora a possibilidade de uma vacina "polivalente", incluindo antígenos delta e alfa em um único produto.

As equipes de Andreas Kuhn, que em julho de 2021 já haviam fabricado catorze gramas do novo construto "Delta" em Mainz, continuam produzindo o material da vacina, que é formulado também pela Polymun, na Áustria. "Parece um *déjà vu* de um ano atrás", compara Andreas, com exceção de que, dessa vez, graças à nova "abordagem de plataforma", as agências reguladoras provavelmente não exigirão mais do que ensaios clínicos envolvendo algumas centenas de pessoas para verificar se as vacinas ajustadas são eficazes em desencadear respostas imunológicas fortes.

De acordo com Ugur, provavelmente haverá surtos endêmicos por um tempo. "Precisamos manter as medidas de proteção com cautela, como a realização de testes em massa e o distanciamento social, até que uma porção maior da população mundial esteja vacinada", prevê. Mas os dados dos ensaios das vacinas ajustadas conforme as variantes "ampliarão e muito nosso conhecimento sobre a proteção da vacina e das variantes preocupantes e também ajudarão a traçar o caminho ideal para o futuro", diz Özlem. Utilizando os procedimentos adequados, a BioNTech é capaz de se preparar para qualquer eventualidade. "Se em alguns meses houver uma variante ípsilon, "também estaremos prontos", garante Eleni.

Se essa história terminasse aqui, as conquistas da BioNTech ainda seriam das mais importantes da história da medicina e da economia. Embora muitos dos fabricantes de vacinas mais experientes do mundo, incluindo Merck e Sanofi, tenham encontrado dificuldades, a primeira tentativa de uma pequena empresa alemã de testar uma vacina que fosse clinicamente viável contra uma doença infecciosa se mostrou muito bem-sucedida. No momento em que este livro foi escrito, mais de um bilhão de doses da BNT162b2 havia sido fornecido a mais de cem países ou territórios no mundo todo. Esse número deve chegar a três bilhões até o fim de 2021, tornando a vacina o medicamento mais amplamente distribuído de todos os tempos. Apesar das dificuldades iniciais com a União Europeia, a BioNTech e a Pfizer receberam um pedido de 1,8 bilhão de doses do bloco em maio de 2021,[208] no que, nas próximas décadas, provavelmente continuará sendo a maior negociação envolvendo o fornecimento de produtos farmacêuticos já realizada. A empresa, que tinha dívidas de meio bilhão de euros no início de 2020, atualmente espera obter uma receita de 16 bilhões de euros provenientes de contratos de vacinas apenas em 2021.

Para Ugur e Özlem, no entanto, essas conquistas são meros *pit stops* na corrida para prevenir e erradicar catástrofes humanas. Apesar de terem se tornado multibilionários, pelo menos no papel, os dois continuam sendo professores universitários em Mainz e orientadores de alunos de doutorado. Até o momento, os médicos — ainda sem carro ou TV — não venderam uma sequer de suas ações da BioNTech.

Seus investidores-âncora, os gêmeos Strüngmann, seguem o mesmo caminho. Enquanto a coinvestidora MIG se desfez da maior parte de sua participação na BioNTech no início de 2021, obtendo um retorno de 4.500% para os alemães e austríacos comuns que anos atrás investiram suas economias no fundo, os irmãos bávaros estão firmes. A Covid-19 era um *zwischenstufe*, ou estágio intermediário, diz Thomas Strüngmann. "Meu sonho sempre foi um avanço no tratamento do câncer", afirma o septuagenário. "É para isso que estamos trabalhando." Ele acredita que a aprovação regulatória das terapias personalizadas que Ugur e Özlem vislumbraram quando eram jovens namorados na década de 1990 está apenas a alguns anos de distância.

O próprio casal está igualmente otimista. "O desenvolvimento da vacina contra o coronavírus se beneficiou da pesquisa sobre o câncer, e agora nossos programas voltados para a doença se beneficiarão do sucesso de nossa vacina contra a Covid-19", diz Ugur. Quinze produtos oncológicos estão sendo testados pela empresa em dezoito ensaios em curso.

Uma vacina de mRNA para influenza, que ainda mata centenas de milhares por ano,[209] pode chegar em breve, já que a colaboração original da BioNTech e da Pfizer deve entrar na fase de ensaios clínicos, munida de uma enorme quantidade de dados de segurança pragmáticos coletados no projeto da Covid-19. Ugur, Özlem e suas equipes já trabalham em uma vacina contra a malária — que afeta mais de duzentos milhões de pessoas por ano, incluindo crianças pequenas —, enfrentando a última das "três grandes" doenças, junto aos programas existentes de combate à tuberculose e ao HIV. Diversas outras doenças infecciosas estão na lista de tarefas em Mainz, algumas das quais poderiam ser tratadas trocando o "cartaz de procura-se" nos construtos de vacinas existentes. A princípio, as chamadas vacinas polivalentes — uma característica dos medicamentos contra o câncer da BioNTech —, que protegem contra várias cepas virais ou várias doenças ao mesmo tempo, também são uma possibilidade.

De forma mais geral, o mRNA dá à BioNTech uma "chance de democratizar a saúde", defende Ugur, criando produtos farmacêuticos para erradicar até mesmo as doenças mais específicas e intratáveis. Para citar um exemplo, a empresa já está testando um tratamento para a esclerose múltipla, que aproveita os poderes da molécula para suprimir, em vez de induzir, uma resposta imunológica. A doença ocorre quando o corpo não funciona de forma adequada e ataca as células saudáveis. A vacina experimental da BioNTech envia um "cartaz de procura-se" com a instrução *oposta* às das tropas imunológicas. O cartaz exige que as tropas recuem e façam uma distinção melhor entre amigo e inimigo.

No futuro, a capacidade do mRNA de se comunicar com o sistema imunológico também poderia ser usada para tratar tudo, desde alergias a doenças cardiovasculares, por exemplo, impedindo a morte de células durante uma parada cardíaca. "Em princípio, tendo estudado bastante para entender como funciona essa comunicação, podemos interferir em qualquer mecanismo", vislumbra Özlem, que acredita que a molécula pode até mesmo, um dia, ajudar a reverter o processo de envelhecimento.

Os horizontes da BioNTech estão se expandindo geográfica e cientificamente. Em abril de 2021, Ugur viajou para a Ásia, estabelecendo uma base em Cingapura, com ambições de expansão até Xangai. Embora nenhum ensaio de Fase 3 para a vacina de Covid-19 tenha ocorrido na China, devido à redução da propagação do vírus no país, a autorização por parte da agência reguladora em Pequim é iminente.

Em maio, o governo dos Estados Unidos propôs renunciar às patentes de propriedade intelectual para permitir a produção de vacinas em países em desenvolvimento, uma medida vista com ceticismo pelo governo alemão. Angela Merkel disse que viu "mais riscos do que oportunidades"[210] na proposta, questionando se a qualidade poderia ser controlada. A posição da BioNTech sempre foi a de que estabeleceria parcerias com fabricantes de vacinas auditados, e, em julho, a empresa anunciou que juntara forças com a Biovac, na Cidade do Cabo, para produzir pelo menos cem milhões de doses da vacina contra o coronavírus por ano exclusivamente para a África. A biofarmacêutica também planeja construir uma fábrica de última geração no continente, com o objetivo de um dia fabricar vacinas de mRNA contra a malária e a tuberculose.

Sem dúvida, haverá percalços ao longo do caminho. "É assim que funcionam a inovação e a exploração de terrenos desconhecidos", diz Ugur. Os investidores atraídos pelo Projeto Lightspeed podem aprender quanto tempo leva para realmente desenvolver um medicamento em tempos normais. A vacina contra o coronavírus, no entanto, foi apenas uma "prova de conceito", acrescenta Ugur. Era o mRNA 1.0, e uma nova geração de plataformas mais avançadas, incluindo o mRNA de autoamplificação, está na fila de espera. Nas palavras de Phil Dormitzer, da Pfizer, "O modRNA (a base da vacina contra a Covid-19) é como um cavalo de tração, mas o mRNA de autoamplificação é o cavalo de corrida". Outra invenção da BioNTech, o mRNA de transamplificação, "tem um potencial enorme", afirma Ugur, os olhos brilhando com a perspectiva de outro avanço. Por ser eficaz em doses muito pequenas, a plataforma pode possibilitar a produção de vacina suficiente para o mundo inteiro em poucos meses.

"Acreditamos que essas tecnologias trarão outra revolução", disse Özlem, a revolução que dará origem a um "novo normal", muito mais esperado por quem teve o diagnóstico de quase qualquer tipo de doença.

Ela acrescenta: "Esse foi só o começo."

EPÍLOGO

Para nós que nunca vimos o interior de um laboratório, a ciência parece uma disciplina serena. Enquanto outras carreiras dependem de carisma, encontros fortuitos e espírito corporativo, acreditamos que a dolorosa busca pela verdade é o mais perto que se chega da pura meritocracia. As melhores ideias, espancadas pelo implacável processo de revisão por pares, chegam ao topo. Aos não iniciados, parece que personalidade e sorte não são importantes.

Essa atitude é generalizada. Ao escrever este livro, eu me deparei com ela entre muitos daqueles que têm a missão de estimular a inovação. Os políticos falam em aumentar o financiamento para pesquisas e em esquemas para identificar aqueles com as teses mais promissoras em estágio inicial. Os investidores de risco vasculham as revistas científicas em busca dos mais publicados e reconhecidos. Muitos dizem que a história da BioNTech é uma prova de que se deve dar mais atenção a quem está à margem da elite de estudos médicos e que os mais ricos deveriam se arriscar mais.

Ninguém pode argumentar com essas conclusões. Ainda assim, a primeira vacina do mundo clinicamente testada contra a Covid-19 foi resultado de uma alquimia extraordinária tanto dentro quanto fora do laboratório. As estrelas que se alinharam para a BNT162b2 nunca mais se alinharão da mesma forma. Um vírus que se provou suscetível à criação de vacinas foi detido por uma empresa que nunca tinha levado um medicamento para doenças infecciosas à prática clínica. E isso, ainda por cima, aconteceu na Europa, que, embora seja uma usina geradora de artigos científicos, fica para trás em relação aos Estados Unidos quando se trata de traduzir expertise em medicamentos aprovados. Os melhores analistas financeiros do mundo não conseguiriam prever, nem previram, esse sucesso.

A questão é que descobrimos que a ciência depende muito mais da serendipidade do que podíamos imaginar.

Quando comecei a escrever este livro, busquei pelo *único* avanço científico que determinou o triunfo médico cujo resultado é a vacina da BioNTech. Mas o progresso científico não se presta a uma narrativa linear. Como Özlem gosta de enfatizar: "A inovação *não* acontece de uma vez só". Descobertas independentes e simultâneas são construídas, às vezes isoladas, até que os indivíduos e as ideias se encontrem, e o empenho humano resulta em um gigantesco salto coletivo. É impossível fazer a engenharia reversa desse processo. Ele é muito mais do que a soma de suas partes.

O mesmo se aplica a esta história. Karl Popper ficaria impressionado com o número de acasos envolvidos. Quase todo mundo que entrevistei tinha uma história sobre estar prestes a desistir do mundo acadêmico antes de ficar sabendo de uma oportunidade na BioNTech, ou ter encontrado alguém em alguma conferência em algum lugar e ficar intrigado com o mRNA. Muitos chegaram a becos sem saída em outras áreas da academia ou se aborreceram com seus supervisores. Alguns tinham saído da medicina veterinária para a humana, enquanto outros começaram estudando física ou administração de empresas antes de escolher a biologia. Quase ninguém tinha saído do A e chegado ao Z em um caminho reto.

No entanto, havia uma constante, que nos deu uma pista, mesmo no início de 2020, de onde sairia uma vacina bem-sucedida, ou medicamento baseado em mRNA. E essa pista foi o caráter de Ugur e Özlem. Seu encontro fortuito nos anos 1990 criou um núcleo magnético que atraía ideias e pessoas de todo o mundo de uma forma surpreendente. Nenhum tipo de pesquisa burocrática ou diligências teria descoberto até que ponto a personalidade deles era o "tempero secreto" da BioNTech.

Acredito que encontrar e apoiar as pessoas que têm esse *je ne sais quoi* é o caminho mais certeiro para replicar o resultado do Projeto Lightspeed. São as pessoas, e não os artigos, que realmente fazem a diferença.

Ugur gosta de citar um dos seus filmes favoritos, *Batman Begins*, no qual o personagem de Liam Neeson diz para Bruce Wayne: "O treinamento não é nada, a força de vontade é tudo." Não é exagero dizer que foi a força de vontade de duas pessoas que nos trouxe até este momento.

O principal ingrediente da vacina não foi o RNA, mas sim Ugur Sahin e Özlem Türeci.

O QUE TEM NA VACINA?

Ingredientes ativos:

- mRNA modificado com nucleosídeo que codifica a glicoproteína spike viral (S) do SARS-CoV-2.

Ingredientes inativos:

- Sais: quatro tipos diferentes de sal. Eles tamponam as vacinas a fim de estabilizar o pH, para que corresponda ao pH do nosso corpo.
- Lipídios: quatro moléculas de gordura que formam uma cápsula protetora em torno do RNA, ajudando na entrega e protegendo-o da degradação imediata.
- Açúcar ou sucrose: trata-se de um "crioprotetor" que impede que os lipídios fiquem pegajosos demais nas baixas temperaturas de armazenamento.

O que não tem na vacina?

- Ovos, gelatina, látex, conservantes, metais, microeletrônicos, eletrodos, nanotubos de carbono nem nanofios semicondutores.[211]

AGRADECIMENTOS

Eu estaria mentindo se dissesse que, no início de 2020, aquela pequena empresa de biotecnologia, a trinta quilômetros a oeste da minha casa em Frankfurt, estava predestinada a produzir a primeira e melhor vacina contra o coronavírus. Na verdade, eu mal tinha ouvido falar da BioNTech antes de receber um e-mail do editor científico da FT Clive Cookson — uma das pessoas mais legais no jornalismo — encorajando-me a conversar com a empresa. No dia seguinte, fui apresentado a Ugur, que me explicou pacientemente o que era mRNA e o que ele prometia. Eu não estava em posição de julgar se a tecnologia já estava pronta o suficiente e se a BioNTech tinha alguma vantagem em relação aos seus concorrentes. Ainda assim, alguma coisa na tranquilidade com que Ugur conseguia explicar os conceitos que eram base da ambição tanto sua quanto da esposa, Özlem — desenvolver um medicamento contra o SARS-CoV-2, ainda bem distante de nós, até o fim do ano — me convenceu de que havia uma história que valia a pena ser contada, não importava como terminaria. Agradeço "aos deuses, sejam eles quais forem", por esse instinto.

Além da minha gratidão divina, estou em dívida com várias pessoas que me apoiaram no projeto de contar essa história maravilhosa. Entre elas estão: John Mervin, por conselhos valiosos, e Kim Gittleson, Claire Jones, Adam Taub, Kent De Pinto e Josh Spero, pelas conversas e pelos seminários gratuitos.

Sam Katz, um dos cientistas mais brilhantes do NIH, me ajudou a compreender o que era um ensaio clínico e muito mais. Joseph Schneck, uma propaganda ambulante de autodidatismo, me deu um curso rápido de biologia. Geoff Dyer e Murray Withers fizeram a minha primeira "Grande Matéria" sobre a BioNTech para o *Financial Times* acontecer. Martin Arnold, Olaf Storbeck e Alexander Vladkov, meus colegas da FT em Frankfurt, ficaram de olho em mim enquanto eu tentava começar a escrever. Meus colegas da FT — Peter Campbell, Erika Solomon, Hannah Kuchler, Donato Mancini, Claire Bushey, Alec Russell, Patrick Jenkins e Tom Braithwaite — me encorajaram, me ajudaram e, acima de tudo, tiveram muita paciência.

Agradeço a Esther Marshall, Daniel Grabiner, Léo Gallier, Peter Littger, Simon Warner, Mike Stemke e Julian Dillmann por manterem minha sanidade. A Richard Hatchett, por me ajudar a mapear meus pensamentos. A todos os meus editores, em especial Harry Scoble, da Audible, George Witte, da St. Martin, Moritz Schuller e Johanna Langmaack, da Rowohlt, e Ajda Vucicevic, da Welbeck, pela fé e paciência. A Jonny Geller e Viola Hayden, da Curtis Brown, por me apoiarem desde o primeiro dia, além de tirarem todos os obstáculos do meu caminho até a linha de chegada. A Jack Ramm, por entrar nas trincheiras comigo, mesmo quando estava com febre, e por se certificar de que este livro estava tão bom quanto poderia ser, apesar das pressões do prazo. Sem ele, eu provavelmente ainda estaria revisando alguns rascunhos.

Agradeço Beatrice Goldenthal e sua equipe cirúrgica em Offenbach por aplicarem em mim (e em milhares de outras pessoas) "A Vacina". A Jan Grant, que me iniciou nesta jornada em 2008, e à falecida Claire Prosser, por me dar a maior oportunidade da minha vida quatro anos depois.

Por último, mas não menos importante, sou grato a todos os cientistas, pesquisadores e gestores da BioNTech e outras empresas, que foram generosos com seu tempo e educados o suficiente para não ridicularizarem minha ignorância. A Jasmina Alatovic, por todo seu apoio em todas as etapas para que eu pudesse contar esta história de forma independente. E, claro, a Ugur e Özlem, os protagonistas que seriam uma dádiva para qualquer escritor, mas que me presentearam com lições gratuitas de ciências e, mais importante, de vida.

Agradeço também, com todo o meu amor, a Anna Noryskiewicz, que entrou em um restaurante em Berlim em uma noite de verão alguns anos atrás e, em um instante, mudou a minha vida para melhor. Sem você, nada disso seria possível. *Dzięki, kochanie.*

NOTAS DE FIM

1. "Meet the nurse who gave world's first Covid-19 vaccine", Royal College of Nursing, 24 de dezembro de 2020. Disponível em: <https://www.rcn.org.uk/magazines/bulletin/2020/dec/may-parsons-nurse-first-vaccine-covid-19>

2. "Landmark moment as first NHS patient receives Covid-19 vaccination at UHCW", NHS University Hospitals Coventry and Warwickshire, 8 de dezembro de 2020. Disponível em: <https://www.uhcw.nhs.uk/news/landmark-moment-as-first-nhs-patientreceives-covid-19-vaccination-at-uhcw>

3. MCENROE, M. "Covid vaccine to go on display", Science Museum Group, 14 de dezembro de 2020. Disponível em: <www.sciencemuseumgroup.org.uk/blog/covid-vaccineto-go-on-display>

4. LO, A.W.; SIAH,K.W.; WONG, C.H., "Estimating probabilities of success of vaccine and other anti-infective therapeutic development programs", National Bureau of Economic Research, maio de 2020. Disponível em: <www.nber.org/papers/w27176>

5. CANNON, Kelly. "Health experts warn life-saving coronavirus vaccine still years away", ABC News, 22 de fevereiro de 2020. Disponível em: <https://abcnews.go.com/Health/healthexperts-warn-life-saving-coronavirus-vaccine-years/story?id=69032902>

6. LEUTY, R. "Biotech's big JPM Healthcare Conference will go virtual in January", San Francisco Business Times, 10 de setembro de 2020. Disponível em: <https://www.bizjournals.com/sanfrancisco/news/2020/09/10/jpm21-jpmorgan-healthcare-conferencevirtual-jpm.html>

7. CHERRY, J.; Krogstad, P. SARS: The First Pandemic of the 21st Century. Pediatric Research, 2004. 56, 1–5. Disponível em: <https://doi.org/10.1203/01.PDR.0000129184.87042.FC>

8. TATEM, A.J. ROGERS, D.J. HAY, S.I. Global Transport Networks and Infectious Disease Spread. Advances in Parasitology. V 62, p. 293-343, 2006. ISSN 0065-308X, ISBN 9780120317622. Disponível em: <https://doi.org/10.1016/S0065-308X(05)62009-X>

9. ORGANIZAÇÃO MUNDIAL DA SAÚDE. Health Topics. "Summary of probable SARS cases with onset of illness from 1 November 2002 to 31 July 2003". Disponível em: <www.who.int/publications/m/item/summary-of-probable-sars-cases-with-onset-of-illness-from-1-november-2002-to-31-july-2003>

10. ORGANIZAÇÃO MUNDIAL DA SAÚDE. "Middle East respiratory syndrome coronavirus (MERS-CoV)". Disponível em: <www.who.int/health-topics/middle-east-respiratory-syndrome-coronavirus-mers#tab=tab_1>

11. T-ONLINE. "Mainzer Unimedizin bereitet sich auf Coronavirus vor", 24 de janeiro de 2020. Disponível em: <www.t-online.de/region/mainz/news/id_87212460/mainz-unimedizin-bereitet-sich-auf-coronavirus-vor.html>

12. FRAPORT AG (UEW-MF). "Frankfurt Airport Air Traffic Statistics 2019". Disponível em: <www.fraport.com/content/dam/fraport-company/documents/investoren/eng/aviation-statistics/Air_Traffic_Statistics_2019.pdf/_jcr_content/renditions/original.media_file.download_attachment.file/Air_Traffic_Statistics_2019.pdf>

13. FOX, M. "Kids will need two doses of H1N1 flu vaccine". Reuters, 3 de novembro de 2009 . Disponível em: <www.reuters.com/article/us-flu-vaccine-usa/kids-will-need-two-doses-of-h1n1-flu-vaccine-idUSTRE5A14UK20091103>

14. BORSE, R. H., SHRESTHA, S. S., FIORE, A. E., ATKINS, C. Y., SINGLETON, J. A., FURLOW, C. MELTZER, MI (2013). "Effects of Vaccine Program against Pandemic Influenza A (H1N1) Virus". Estados Unidos, 2009–2010. Emerging Infectious Diseases, 19. p. 439-448. Disponível em: <https://doi.org/10.3201/eid1903.120394>

15. "Meine Eltern standen jeden Tag um 4.30 Uhr auf", Bild vídeo, 22 de dezembro de 2020. Disponível em: <www.bild.de/video/clip/news/BioNTech-chef-hat-tuerkische-wurzeln-meine-eltern-standen-jeden-tag-um-4-30-uhr-74570942-74572298.bild.html>

16. EXPRESS. "Stolz an koelner Schule irrer-lebensweg: ex Abiturient wird in corona-zeit zum weltstar", 11 de novembro de 2020. Disponível em: <www.express.de/koeln/stolz-an-koelner-schule-irrer-lebensweg--ex-abiturient-wird-in-corona-zeit-zum-weltstar-37600434?cb=1616447564414>

17. BOCZKOWSKI, David. "The RNAissance Period". Discovery Medicine, 16 de agosto de 2016. Disponível em: <www.discoverymedicine.com/David-Boczkowski/2016/08/the-rnaissance-period/>

18. COBB, Matthew. "Who discovered messenger RNA?" Current Biology. Volume 25, Edição 13, 2015. p. 526-532. ISSN 0960-9822. Disponível em: <https://doi.org/10.1016/j.cub.2015.05.032>

19. WORLD HEALTH SUMMIT. "World Health Summit 2018". Berlim. Disponível em: <www.worldhealthsummit.org/about/history/2018.html>

20. GRAND CHALLENGES. "Innovation to Address Global Health and Development: Achieving the Sustainable Development Goals". YouTube, 17 de outubro de 2018. Disponível em: <www.youtube.com/watch?v=s4CMQJ75FWs&t=282s>

21. BOSCH, Berend Jan; VAN DER ZEE, Ruurd; HAAN, Cornelis A. M. de; ROTTIER, Peter J. M. "The Coronavirus Spike Protein Is a Class I Virus Fusion Protein: Structural and Functional Characterization of the Fusion Core Complex". ASM Journals-Journal of Virology. V. 77, n. 16. 2020. Disponível em: <https://jvi.asm.org/content/77/16/8801>

22. DALLMUS, A. "Die Ärztin, auf die keiner hörte". Tagesschau, 26 de janeiro de 2021. Disponível em: <www.tagesschau.de/inland/gesellschaft/rothe-coronavirus-101.html>

23. BLACKBURN, Simon. Dicionário Oxford de Filosofia. 1ed. Zahar, 1997.

24. BEWARDER, M.; DOWIDEIT, A.; NABER, I. "Die verlorenen Wochen". Welt, 18 de maio de 2020. Disponível em: <www.welt.de/politik/deutschland/plus208030405/Coronakrise-78-Tage-bis-zum-Lockdown-Die-verlorenen-Wochen.html>

25. "Tagesschau 20 Uhr". Tagesschau, 26 de janeiro de 2020. Disponível em: <www.tagesschau.de/multimedia/sendung/ts-35365.html>

26. LEUNG, Hillary; GODIN, Mélissa. "A 36-years-Old Man is the youngest fatality of the Wuhan Coronavirus outbreak so far". Time. 24 de janeiro de 2020. Disponível em: <https://time.com/5770924/wuhan-coronavirus-youngest-death/>

27. VANBLARGAN, Laura A.; GOO, Leslie; PIERSON, Theodore C. "Deconstructing the Antiviral Neutralizing-Antibody Response: Implications for Vaccine Development and Immunity". ASM Journals. Microbiology and Molecular Biology Reviews. V. 80. N.4. 2016. Disponível em: <https://journals.asm.org/doi/full/10.1128/MMBR.00024-15#sec-10>

28. HINZ, T.; KALLEN, K; BRITTEN, C.M.; FLAMION, B.; GRANZER, U.; HOOS, A.; HUBER, C.; KHLEIF, S.; KREITER, S.; RAMMENSEE, H.G.; SAHIN, U.; SINGH-JASUJA, H.; TÜRECI, Ö.; KALINKE, U. "The European Regulatory Environment of RNA-Based Vaccines". Methods in Molecular Biology, 1499, 2017, 203–222, doi: 10.1007/978-1-4939-6481-9_13.

BRITTEN, C.M.; SINGH-JASUJA, H.; FLAMION, B.; HOOS, A; HUBER, C.; KALLEN, K.J.; KHLEIF, S.N.; KREITER, S.; NIELSEN, M.; RAMMENSEE, H.G.; SAHIN, U.; HINZ, T.; KALINKE, U. "The regulatory landscape for actively personalized cancer immunotherapies", Nature Biotechnology, 31(10), outubro de 2013, 880-882, doi: 10.1038/nbt.2708. PMID: 24104749.

29. "Let's talk about lipid nanoparticles". Nature Review Materials v. 6, 99 (2021). Disponível em: <https://doi.org/10.1038/s41578-021-00281-4>

30. KRANZ, L.M.; DIKEN, M.; HASS, H.; KREITER, S.; LOQUAI, C.; REUTER, K.C.; MENG, M.; FRITZ, D.; VASCOTTO, F.; HEFESHA, H.; GRUNWITZ, C.; VORMEHR, M.; HÜSEMANN, Y.; SELMI, A.; KUHN, A.N.; BUCK, J; DERHOVANESSIAN, E.; RAE, R.; ATTIG, S.; DIEKMANN, J.; SAHIN, U. "Systemic RNA delivery to dendritic cells exploits antiviral defence for cancer immunotherapy", Nature, 534(7607), 2016, 396–401, https://doi.org/10.1038/nature18300.

31. NICHOLS, E. "Institute of Medicine (US) Roundtable for the Development of Drugs and Vaccines Against AIDS. Expanding Access to Investigational Therapies for HIV Infection and AIDS." Conference Summary, março de 1990, Washington (DC): National Academies Press (US), 1991, 1, Historical Perspective. Disponível em: <www.ncbi.nlm.nih.gov/books/NBK234129>

32. Ibid.

33. MENDE, A. "Vorsicht geht über alles". Pharmazeutische Zeitung, 2 de fevereiro de 2016Disponível em: <www.pharmazeutische-zeitung.de/ausgabe-052016/vorsicht-geht-ueber-alles/>

34. STOBBART, L; MURTAGH, M J; RAPLEY, T.; FORD, G. A.; LOUW, S. J.; RODGERS, H. "We saw human guinea pigs explode". BMJ, 2007, p.. 334-566. Disponível em: <doi:10.1136/bmj.39150.488264.47>

35. THE GUARDIAN. "Man who died in French drug trial had 'unprecedented' reaction, say experts". 7 de março de 2016. Disponível em: <www.theguardian.com/science/2016/mar/07/french-drug-trial-man-dead-expert-report-unprecidented-reaction>

36. BORSE, R. H.; SHRESTHA, S.S.; FIORE, A.E.; ATKINS, C.Y; SINGLETON, J.A.; FURLOW, C. ; MELTZER, M.I. "Effects of Vaccine Program against Pandemic Influenza A (H1N1) Vírus". Estados Unidos, 2009–2010. Emerging Infectious Diseases, v.19(3), p. 439-448. Disponível em: <https://doi.org/10.3201/eid1903.120394>

37. ENSERINK, M. "Update: A bit chaotic. Christening of new coronavirus and its disease name create confusion". Science, 12 de fevereiro de 2020. Disponível em: <www.science.org/news/2020/02/bit-chaotic-christening-new-coronavirus-and-itsdisease-name-create-confusion>

38. ORGANIZAÇÃO MUNDIAL DA SAÚDE. "Coronavirus disease 2019 (Covid-19) situation report – 23", 12 de fevereiro de 2020. Disponível em: <https://www.who.int/docs/default-source/coronaviruse/situation-reports/20200212-sitrep-23-cov.pdf?sfvrsn=41e9fb78_4>

39. ORGANIZAÇÃO MUNDIAL DA SAÚDE. "Novel coronavirus (2019-nCoV) situation report – 12", 1 de fevereiro de 2020. Disponível em: <www.who.int/docs/defaultsource/coronaviruse/situation-reports/20200201-sitrep-12-ncov.pdf?sfvrsn=273c5d35_2>

40. DIE RHEINPFALZ. "Corona-Virus: Bundesregierung hält Risiko für Deutschland sehr gering", 27 de janeiro de 2020. Disponível em: <www.rheinpfalz.de/panorama_artikel,-corona-virus-bundesregierung-h%C3%A4lt-risiko-f%C3%BCr-deutschlandsehr-gering-arid,1579340.html>

41. DEUTSCHE WELLE. "Coronavirus: German health minister calls on EU to allocate funds", 12 de dezembro de 2020. Disponível em: <www.dw.com/en/coronavirus-germanhealth-minister-calls-on-eu-to-allocate-funds/a-52355832>

42. VANBLARGAN, L.A.; GOO, L.; PIERSON, T.C. "Deconstructing the antiviral neutralizing antibody response: implications for vaccine development and immunity". Microbiology and Molecular Biology Reviews, 80(4), dezembro de 2016, 989–1010. Disponível em: < https://journals.asm.org/doi/full/10.1128/MMBR.00024-15#sec-10>

43. RANDAL, J. "Hepatitis C vaccine hampered by viral complexity, many technical restraints". In: Journal of the National Cancer Institute, 91(11), junho de 1999, 906–908. Disponível em: <https://academic.oup.com/jnci/article/91/11/906/2543670, https://doi.org/10.1093/jnci/91.11.906>

44. RIDDLE, M.S.; CHEN, W.H.; KIRKWOOD, C.D.; MACLENNAN, C.A. "Update on vaccines for enteric pathogens". In: Clinical Microbiology and Infection, 24(10), outubro de 2018, 1039–1045. Disponível em: <https://www.sciencedirect.com/science/article/pii/S1198743X18304889>, <https://doi.org/10.1016/j.cmi.2018.06.023>

45. STANWAY, D.; KELLAND, K. "Explainer: Coronavirus reappears in discharged patients, raising questions in containment fight", Reuters, 28 de fevereiro de 2020. Disponível em: <www.reuters.com/article/us-china-health-reinfection-explaineridUSKCN20M124>

46. BBC NEWS. "Hong Kong reports 'first case' of virus infection", 24 de agosto de 2020. Disponível em: <www.bbc.com/news/health-53889823>

47. GRAHAM, B.S.; MODJARRAD, K.; MCLELLAN, J.S. "Novel antigens for RSV vaccines". In: Current Opinion in Immunology, 35, agosto de 2015, 30–38. Disponível em: <www.ncbi.nlm.nih.gov/pmc/articles/PMC4553118, DOI: 10.1016/j.coi.2015.04.005>

48. HARDING, A. "Research shows why 1960s RSV shot sickened children". Reuters, 23 de dezembro de 2008. Disponível em: <www.reuters.com/article/us-rsv-shotidUSTRE4BM4SH20081223>

49. DELGADO, M.F.; COVIELLO, S.; MONSALVO; A.C. Monsalvo; BATALLE, J.P.; DIAZ, L. Diaz; TRENTO, A.; CHANG, H.-Y; MITZNER, W.; RAVETCH, J.; MALERO, J.A.; IRUSTA, P.M.; POLACK, F.P. "Lack of antibody affinity maturation due to poor Toll-like receptor stimulation leads to enhanced respiratory syncytial virus disease". Nature Medicine, 15, 2009, 34–41. Disponível em: <www.nature.com/articles/nm.1894>

50. AMANAT, F; KRAMMER, F. "SARS-CoV-2 vaccines: status report", Immunity, 583–589, 52(4), 14 de abril de 2020. Disponível em: <https://doi.org/10.1016/j.immuni.2020.03.007>

51. CZUB, M.; WEINGARTL, H.; CZUB, S., HE, R.; CAO, J. "Evaluation of modified vaccinia virus Ankara based recombinant SARS vaccine in ferrets". Vaccine 23(17), 18 de março de 2005, 2273–2279. Disponível em: <www.ncbi.nlm.nih.gov/pmc/articles/PMC7115540>

52. LIU, L.; WEI, Q.; LIN, Q.; FANG, J.; WANG, H.; KWOK, H.; TANG, H.; NISHIURA, K.; PENG, J.; TAN, Z.; WU, T.; CHEUNG, K.-W.; CHAN, K.-H.; ALVAREZ, X.; QIN, C.; LACKNER, A.; PERLMAN, S.; YUEN, K.-Y.; CHEN, Z. "Anti-spike IpG causes severe acute lung injury by skewing macrophage responses during acute SARSCoV infection". JCI Insight, 4(4), 21 de fevereiro de 2019, DOI: 10.1172/jci.insight.123158.

53. SMATTI, M.K.; AL THANI, A. A.; YASSINE, H.M. "Viral-induced enhanced disease illness". Frontiers in Microbiology, 9, 2991, 5 de dezembro de 2018. Disponível em: <www.ncbi.nlm.nih.gov/pmc/articles/PMC6290032>, DOI: 10.3389/fmicb.2018.02991.

54. Ibid.

55. CAI, Y.; ZHANG, J.; XIAO, T.; PENG, H.; STERLING, S.M.; WALSH JR., R.M.; RAWSON, S.; RITS-VOLLOCH, S.; CHEN, B. 'Distinct conformational states of SARS-CoV-2 spike protein'. Science, 369(6511), 25 de setembro de 2020, 1586–1592. Disponível em: <https://science.sciencemag.org/content/369/6511/1586>, DOI: 10.1126/science.abd4251

56. SCIENCE. "Science's top 10 breakthroughs of 2013". Dezembro de 2013. Disponível em: <www.sciencemag.org/news/2013/12/sciences-top-10-breakthroughs-2013>

57. KRAMER, J. "They spent 12 years solving a puzzle. It yielded the first COVID-19 vaccines'. National Geographic, 31 de dezembro de 2020. Disponível em: <www.nationalgeographic.com/science/article/these-scientists-spent-twelveyears-solving-puzzle-yielded-coronavirus-vaccines>

58. "Prefusion coronavirus spike proteins and their use". Disponível em: <https://patentimages.storage.googleapis.com/68/47/0c/2b5bc4f43c9f74/WO2018081318A1.pdf>

59. HIGHFIELD, R. "Coronavirus: the spike". Science Museum Group, 25 de novembro de 2020. Disponível em: <www.sciencemuseumgroup.org.uk/blog/coronavirus-the-spike>

60. GILBERT, S.C. "T-cell-inducing vaccines – what's in the future". Immunology, 135(1), janeiro de 2012, 19–26. Disponível em: <www.ncbi.nlm.nih.gov/pmc/articles/PMC3246649>, DOI: 10.1111/j.1365-2567.2011.03517.x.

61. ZHAO, Z.; WEI, Y.; TAO, C. "An enlightening role for cytokine storm in coronavirus infection". Clinical Immunology, 222, janeiro de 2021. Disponível em: <www.ncbi.nlm.nih.gov/pmc/articles/PMC7583583>, DOI: 10.1016/j.clim.2020.108615.

62. ETTEL, A.; TURZER, C. "So gut ist Deutschland auf eine Epidemie vorbereitet". Die Welt, 29 de janeiro de 2020. Disponível em: <www.welt.de/wirtschaft/article205424021/Coronavirus-Behoerden-bereiten-sich-auf-hunderte-Infizierte-vor.html>

63. GIUFFRIDA, A. "Italy imposes draconian rules to stop spread of coronavirus". The Guardian, 23 de fevereiro de 2020. Disponível em: <www.theguardian.com/world/2020/feb/23/italy-draconian-measures-effort-halt-coronavirus-outbreak-spread>

64. JONES, S. "Tenerife coronavirus: 1,000 guests at hotel quarantined". The Guardian, 25 de fevereiro de 2020. Disponível em: <www.theguardian.com/world/2020/feb/25/tenerife-coronavirus-guests-hotel-quarantined>

65. SÜDDEUTSCHE ZEITUNG. "Regionalzug gestoppt: Coronavirus-Verdacht". 26 de fevereiro de 2020. Disponível em: <www.sueddeutsche.de/wirtschaft/bahn-idar-obersteinregionalzug-gestoppt-coronavirus-verdacht-dpa.urn-newsml-dpacom-20090101-200226-99-87325>

66. ZEIT ONLINE. "Bundesregierung schickt weitere Hilfslieferung nach China". 18 de fevereiro de 2020. Disponível em: <www.zeit.de/wissen/gesundheit/2020-02/coronavirus-chinadeutschland-hilfslieferung-bundesregierung-epidemie-desinfektionsmittelschutzkleidung?utm_referrer=https%3A%2F%2Fen.wikipedia.org%2F>

67. NDR. "Ja, also, ich würde natürlich nach Italien reisen. Ich glaube nicht, dass die Infektionsdichte so hoch ist, dass man sich rein zufällig schnell infiziert." Coronavirusupdate 02, 27 de fevereiro de 2020. Disponível em: <www.ndr.de/nachrichten/info/coronaskript102.pdf>

68. NDR. Coronavirusupdate 01. 26 de fevereiro de 2020. Disponível em: <www.ndr.de/nachrichten/info/coronaskript100.pdf>

69. KEVLES, B. Book review: The human adventures in ages-old wars against viruses: The Invisible Invaders: the story of the emerging age of viruses, by Peter Radetsky. Los Angeles Times 1 de janeiro de 1991. Disponível em: <www.latimes.com/archives/la-xpm-1991-01-01-vw-7522-story.html>

70. SPINNEY, L. "Smallpox and other viruses plagued humans much earlier than suspected". Nature, 23 de julho de 2020. Disponível em: <www.nature.com/articles/d41586-020-02083-0>

71. BARONE, P.W.; WIEBE, M.E.; SPRINGS, S.L. "Viral contamination in biologic manufacture and implications for emerging therapies". Nature Biotechnology 38, 563–572, 2020. Disponível em: <www.nature.com/articles/s41587-020-0507-2>

72. YEUNG, J. "The US keeps millions of chickens in secret farms to make flu vaccines. But their eggs won't work for coronavirus". CNN, 29 de março de 2020. Disponível em: <https://edition.cnn.com/2020/03/27/health/chicken-egg-flu-vaccine-intl-hnkscli/index.html>

73. CDC. "Weekly 2009 H1N1 flu media briefing", 23 de outubro de 2009. Disponível em: <www.cdc.gov/media/transcripts/2009/t091023.htm>

74. BENDER, E. "Accelerating flu protection". Nature, 18 de setembro de 2019. Disponível em: <www.nature.com/articles/d41586-019-02756-5>

75. NATIONAL CENTER FOR BIOTECHNOLOGY INFORMATION. "The innate and adaptive immune systems", 30 de julho de 2020. Disponível em: <www.ncbi.nlm.nih.gov/books/NBK279396>

76. NUSSENZWEIG, M.C. "Ralph Steinman and the discovery of dendritic cells". Nobel Lecture, 7 de dezembro de 2011. Disponível em: <www.nobelprize.org/uploads/2018/06/steinman_lecture.pdf>

77. BOCZKOWSKI, D. "The RNAissance period". Discovery Medicine, 22(119), 67–72, 16 de agosto de 2016. Disponível em: <www.discoverymedicine.com/David-Boczkowski/2016/08/the-rnaissance-period>

78. SCHOOL OF MEDICINE AND PUBLIC HEALTH. "Goodbye, dear friend: Dr Jon Wolff", 8 de julho de 2020. Disponível em: <www.med.wisc.edu/quarterly/volume-22-number-2/goodbye-dear-friend-dr-jon-wolff>

79. WOLFF, J.A.; MALONE, R.W.; WILLIAMS, P.; CHONG, W.; ACSADI, G.; JANI, A.; FELGNER, P.L. "Direct Gene Transfer into Mouse Muscle in Vivo", 247(4949), 23 de março de 1990, 1465–1468. Disponível em: <https://science.sciencemag.org/content/247/4949/1465>, DOI: 10.1126/science.1690918.

80. MARTINON, F.; KRISHNAN, S.; LENZEN, G.; MAGNÉ, R.; GOMARD, E.; GUILLET, J.-G.; LÉVY, J.-P.; MEULIEN, P. “Induction of virus-specific cytotoxic T lymphocytes in vivo by liposome-entrapped mRNA”. European Journal of Immunology, 23(7), julho de 1993, 1719–1722. Disponível em: <https://onlinelibrary.wiley.com/doi/abs/10.1002/eji.1830230749>, <https://doi.org/10.1002/eji.1830230749>

81. SCHIJNS, V.E.J.C. “Vaccine Adjuvants’ Mode of Action: Unraveling ‘the Immunologist’s Dirty Little Secret’”. Immunopotentiators in Modern Vaccines, Segunda edição, Academic Press, 2017, 1–22. Disponível em: <www.sciencedirect.com/science/article/pii/B9780128040195000013>, <https://doi.org/10.1016/B978-0-12-804019-5.00001-3>

82. LEMAITRE, B.; NICOLAS, E.; MICHAUT, L.; REICHHART, J.-M.; HOFFMANN, J.A. “The Dorsoventral Regulatory Gene Cassette spätzle/Toll/cactus Controls the Potent Antifungal Response in Drosophila Adults”. Cell, 86(6), 20 de setembro de 1996, 973–983. Disponível em: <www.sciencedirect.com/science/article/pii/S0092867400801725>

83. POLTORAK, A.; HE, X.; SMIRNOVA, I.; LIU, M.-Y.; VAN HUFFEL, C.; DU, X.; BIRDWELL, D.; ALEJOS, E.; SILVA, M.; GALANOS, C.; FREUDENBERG, M.; RICCIARDI-CASTAGNOLI, P.; LAYTON, B.; BEUTLER, B. “Defective LPS Signaling in C3H/HeJ and C57BL/10ScCr Mice: Mutations in Tlr4 Gene”. Science, 282(5396), 11 de dezembro de 1998. Disponível em: <https://science.sciencemag.org/content/282/5396/2085.abstract?casa_token=Bu3rz_yyKK4AAAAA:MPw29_BXbQqRL_hJNzlDEiOdF96QeEMbAlh8KiI79NcnzOhO-bGdnrNmq9v398vTr4NhRPvQnj35>, <https://doi.org/10.1016/S0092-8674(00)80172-5>, DOI: 10.1126/science.282.5396.2085.

84. MEDZHITOV, R.; PRESTON-HURLBURT, JANEWAY JR., C.A. “A human homologue of the Drosophila Toll protein signals activation of adaptive immunity”. In: Nature, 388, 1997, 394–397. Disponível em: <www.nature.com/articles/41131>

85. SCHIJNS, V.E.J.C. “Vaccine Adjuvants’ Mode of Action: Unraveling “the Immunologist’s Dirty Little Secret”. Immunopotentiators in Modern Vaccines, segunda edição, Academic Press, 2017, 1–22. Disponível em: <www.sciencedirect.com/science/article/pii/B9780128040195000013>, <https://doi.org/10.1016/B978-0-12-804019-5.00001-3>

86. ENARD, D.; PETROV, D.A. “Ancient RNA virus epidemics through the lens of recent adaptation in human genomes”. Philosophical Transactions of the Royal Society B, 375(1812), 23 de novembro de 2020. Disponível em: <https://9781789462951_royalsocietypublishing.org/doi/10.1098/rstb.2019.0575#d1e665>, <https://doi.org/10.1098/rstb.2019.0575>

87. KEY, L. “Prepping for a Pandemic: Duke’s Long History of RNA-based Vaccine Development”. Duke University School of Medicine, 23 de setembro de 2020. Disponível em: <https://medschool.duke.edu/about-us/news-and-communications/sommagnify/prepping-pandemic-duke%E2%80%99s-long-history-rna-basedvaccine-development>

88. BOCZKOWSKI, D.; NAIR, S.K.; SNYDER, D.; GILBOA, E. “Dendritic Cells Pulsed with RNA are Potent Antigen-presenting Cells In Vitro and In Vivo”. Journal of Experimental Medicine, 184, agosto de 1996, 465–472. Disponível em: <https://www.ncbi.nlm.nih.gov/pmc/articles/PMC2192710/pdf/je1842465.pdf>

89. Conduzido por Hans Hengartner, que decifrou alguns mecanismos assassinos usados pelas células T, e Rolf Zinkernagel, laureado com o Nobel, que descobriu como o sistema imunológico reconhece as células infectadas por vírus.

90. DIKEN, M.; KREITER, S.; SELMI, A.; BRITTEN, C.M.; HUBER, C.; TÜRECI, Ö.; SAHIN, U. “Selective uptake of naked vaccine RNA by dendritic cells is driven by

macropinocytosis and abrogated upon DC maturation". Gene Therapy, 18, 2011, 702–708. Disponível em: <www.nature.com/articles/gt201117>

91. GASSER, B. "'Mutter" der Corona-Impfstoffe: "Eine Milliarde Dollar, das würde mir nur Kopfschmerzen bereiten"'. Kleine Zeitung, 4 de abril de 2021. Disponível em: <www.kleinezeitung.at/lebensart/5960692/BiontechVize-Katalin-Kariko_Mutter-der-CoronaImpfstoffe_Eine>

92. KRANZ, L.; DIKEN, M.; SAHIN, U.; et al. "Systemic RNA delivery to dendritic cells exploits antiviral defence for cancer immunotherapy". In: Nature, 534, 1 de junho de 2016, 396–401. Disponível em: <www.nature.com/articles/nature18300>

93. Ibid.

94. DEFRANCESCO, L. "The 'anti-hype' vaccine". Nature Biotechnology, 35, 2017,193–197. Disponível em: <www.nature.com/articles/nbt.3812#Sec1>

95. CRI-CIMT-EATI-AACR. "Fourth international cancer immunotherapy conference: translating Science into survival", 30 de setembro – 3 de outubro de 2018. Disponível em: <www.aacr.org/wp-content/uploads/2020/01/CRI18_Program-1.pdf>

96. "Press release: The Nobel Prize in Physiology or Medicine 2018", 1 de outubro de 2018. Disponível em: <www.nobelprize.org/prizes/medicine/2018/press-release>

97. SAHIN, U.; OEHM, P.; TÜRECI, Ö. et al. "An RNA vaccine drives immunity in checkpoint-inhibitor-treated melanoma". Nature, 585, 2020, 107–112. Disponível em: <www.nature.com/articles/s41586-020-2537-9>

98. BIONTECH. "BioNTech and the University of Pennsylvania Enter into Strategic Research Collaboration to Develop mRNA Vaccine Candidates Against Various Infectious Diseases", 5 de novembro de 2018. Disponível em: <https://biontech.de/sites/default/files/2019-08/20181104_20181105_BioNTech-and-the-Universityof-Pennsylvania.pdf>

99. Originalmente, para entregar anticorpos com código de mRNA.

100. Desenvolvidos em conjunto com o grupo acadêmico de Ugur e Özlem no TRON, liderado pelo biólogo molecular alemão Tim Beissert.

101. A equipe era formada tanto por especialistas com décadas de experiência em mRNA, como Ugur e Özlem, Katalin Karikó, Andreas Kuhn, Mustafa Diken, Tim Beissert, quanto por jovens cientistas, técnicos e alunos de pós-graduação.

102. Consistindo nos nucleotídeos G, A, T, C.

103. ORGANIZAÇÃO MUNDIAL DA SAÚDE. "Coronavirus disease 2019 (Covid-19) situation report – 40", 29 de fevereiro de 2020. Disponível em: <www.who.int/docs/defaultsource/coronaviruse/situation-reports/20200229-sitrep-40-covid-19.pdf?sfvrsn=849d0665_2>

104. OREGON STATE UNIVERSITY. "Basic Laboratory Design for Biosafety Level 3 Laboratories". Disponível em: <https://fa.oregonstate.edu/cpd-standards/appendix/room-andspace-types/basic-laboratory-design-biosafety-level-3-laboratories>

105. ZHANG, Y.; ZHANG, Z. "The history and advances in cancer immunotherapy: understanding the characteristics of tumor-infiltrating immune cells and their therapeutic implications". Cell & Molecular Immunology, 17, 2020, 807–821. Disponível em: <https://doi.org/10.1038/s41423-020-0488-6>

106. "Coronavirus Disease 2019 (COVID-19): Daily Situation Report of the Robert Koch Institute", 14 de março de 2020. Disponível em: <www.rki.de/DE/Content/

InfAZ/N/Neuartiges_Coronavirus/Situationsberichte/2020-03-14-en.pdf?__blob=publicationFile>

107. GERMAN BUNDESREGIERUNG. "Dies ist eine historische Aufgabe – und sie ist nur gemeinsam zu bewältigen", 18 de março de 2020. Disponível em: <www.bundesregierung.de/breg-de/themen/coronavirus/ansprache-der-kanzlerin-1732108>

108. BIONTECH. "Eli Lilly and BioNTech announce Research Collaboration", 12 de maio de 2015. Disponível em: <https://investors.BioNTech.de/news-releases/news-release-details/eli-lilly-and-BioNTech-announce-research-collaboration>

109. CIPHERBIO. "BioNTech". Disponível em: <www.cipherbio.com/data-viz/organization/BioNTech/funding>

110. Deutscher Biotechnologie-Report 2020, EY, abril de 2020. Disponível em: <https://lifesciencenord.de/files/redaktion/03-News-Events/News/2020/05/20200512_EYBiotechReport_D_2020_Good%20 Translational%20Practice.pdf>

111. SPALDING, R. "Biotechnology firm ADC pulls listing amid latest IPO market jitters" Reuters, 3 de outubro de 2019. Disponível em: <www.reuters.com/article/us-usa-ipo-idUSKBN1WI00R>

112. OFERTA PÚBLICA INICIAL DA BIONTECH, 19 de junho de 2019. Disponível em: <https://investors.BioNTech.de/node/7291/html>

113. MODERNA TX. "DARPA awards Moderna Therapeutics a grant for up to $25 million to develop Messenger RNA Therapeutics™", 2 de outubro de 2013. Disponível em: < https://investors.modernatx.com/news-releases/news-release-details/darpa-awards-moderna-therapeutics-grant-25-million-develop>

114. DEBOLT, D. "29 people had flu-like symptoms when they died in Santa Clara County. Nine tested positive for coronavirus", The Mercury News, 25 de abril de 2020. Disponível em: <www.mercurynews.com/2020/04/25/9-santa-clara-deaths-reclassified-as-covid-19-related/>

115. ORGANIZAÇÃO MUNDIAL DA SAÚDE. "Coronavirus disease 2019 (COVID-19) Situation Report – 43", 3 de março de 2020. Disponível em: <www.who.int/docs/default-source/coronaviruse/situation-reports/20200303-sitrep-43-covid-19.pdf?sfvrsn=76e425ed_2>

116. PFIZER. "Mission Impossible: The Race for a Vaccine". YouTube, 6 de abril de 2021. Disponível em: <www.youtube.com/watch?v=jbZUZ9JYNBE>

117. DEUTSCHE WELLE. "Coronavirus: German, US companies sign deal to develop a vaccine", 17 de março de 2020. Disponível em: <www.dw.com/en/coronavirus-german-us-companies-sign-deal-to-develop-vaccine/a-52802822>

118. FINANCIAL TIMES. "Fosun and BioNTech launch $135m vaccine hunt for the coronavirus." Disponível em: <www.ft.com/content/271ee270-6796-11ea-800d-da70cff6e4d3>

119. PFIZER CENTERS FOR THERAPEUTIC INNOVATION. Disponível em: <www.pfizercti.com>

120. ORGANIZAÇÃO MUNDIAL DA SAÚDE. "Guidelines on the quality, safety and efficacy of Ebola vaccines", 17–20 de outubro de 2017. Disponível em: <www.who.int/biologicals/expert_committee/BS2327_Ebola_Vaccines_Guidelines.pdf>

121. FRANCE 24. "Merkel announces strict measures, tells Germans to stay home in vírus fight", 17 de março de 2020. Disponível em: <www.france24.com/en/20200317-merkel-announces-strict-measures-and-tells-germans-to-stay-home-in-virusfight>

122. SENGHAS, M. “Der Proband – Ein Mannheimer lässt einen Corona-Impstoff an sich testen”. SWR2, 4 de fevereiro de 2021. Disponível em: <www.swr.de/swr2/leben-undgesellschaft/der-proband-ein-mannheimer-laesst-einen-corona-impfstoff-ansich-testen-swr2-leben-2021-02-04-102.pdf>

123. NEW YORK TIMES. “New York City deploys 45 mobile morgues as virus strains funeral homes”, 10 de abril de 2020. Disponível em: <www.nytimes.com/2020/04/02/nyregion/coronavirusnew-york-bodies.html>

124. NEW YORK TIMES. “A tenth of NYC’s dead may be buried in a potter’s field”, 25 de março de 2021. Disponível em: <www.nytimes.com/2021/03/25/nyregion/hart-island-mass-gravescoronavirus.html>

125. YOUTUBE. “Pfizer, ‘Mission possible: the race for a vaccine’”, 6 de abril de 2021. Disponível em: <www.youtube.com/watch?v=jbZUZ9JYNBE>

126. PAUL-EHRLICH-INSTITUT. “First clinical trial of a Covid-19 vaccine authorised in Germany”, agosto de 2020. Disponível em: <www.pei.de/EN/newsroom/pressreleases/year/2020/08-first-clinical-trial-sars-cov-2-germany.html;jsessionid=0CE35CB66412626071C94A446954635B.intranet212?nn=164060>

127. UNIVERSITY OF OXFORD. “Oxford Covid-19 vaccine begins human trial stage”, 23 de abril de 2020. Disponível em: <www.ox.ac.uk/news/2020-04-23-oxford-covid-19-vaccine-begins-human-trial-stage>

128. MODERNA. “Moderna announces positive interim phase 1 data for its mRNA vaccine (mRNA-1273) against novel coronavirus”, 18 de maio de 2020. Disponível em: <https://investors.modernatx.com/news-releases/news-release-details/modernaannounces-positive-interim-phase-1-data-its-mrna-vaccine>

129. BUSINESS INSIDER. “Bill Gates is helping fund new factories for 7 potential coronavirus vaccines, even though it will waste billions of dollars”, 3 de abril de 2020. Disponível em: <www.businessinsider.com/bill-gates-factories-7-different-vaccines-to-fight-coronavirus-2020-4>

130. BIOCENTURY. “Moderna Raises 500m readies coronavirus vaccine for clinical testing”, 12 de fevereiro de 2020. Disponível em: <www.biocentury.com/article/304431/moderna-raises-500m-readies-coronavirus-vaccine-for-clinical-testing>

131. DAMS, J. “Donald Trump greift nach deutscher Impfstoff-Firma”, Die Welt, 15 de março de 2020. Disponível em: <www.welt.de/wirtschaft/article206555143/Corona-USA-will-Zugriff-auf-deutsche-Impfstoff-Firma.html>

132. KELLY, E. “EU offers up to €80M support for German COVID-19 vaccine developer reportedly pursued by Trump”, Science Business, 17 de março de 2020. Disponível em: <https://sciencebusiness.net/covid-19/news/eu-offers-eu80m-support-german-covid-19-vaccine-developer-reportedly-pursued-trump>

133. ORGANIZAÇÃO MUNDIAL DA SAÚDE. “Coronavirus disease 2019 (COVID-19) Situation Report – 60”, 19 de março de 2019. Disponível em: <www.who.int/docs/default-source/coronaviruse/situation-reports/20200320-sitrep-60-covid-19.pdf?sfvrsn=d2bb4f1f_2>

134. CENTERS FOR DISEASES CONTROL AND PREVENTION. “Marburg Virus Disease”. Disponível em: <www.cdc.gov/vhf/marburg/index.html>

135. ORGANIZAÇÃO MUNDIAL DA SAÚDE. “Marburg Virus Disease”. Disponível em: <www.who.int/health-topics/marburg-virus-disease/#tab=tab_1>

136. GLAXOSMITHKLINE. “Marburg”. Disponível em: <https://de.gsk.com/de-de/%C3%BCber-uns/gsk-deutschland/marburg/#geschichte>

NOTAS DE FIM

137. FINANCIAL TIMES. "Astrazeneca and Oxford agree deal to develop virus vaccine". Disponível em: < www.ft.com/content/ddf8ec8c-dc30-43b3-847e-c412704a0296>

138. OFERTA PÚBLICA INICIAL DA BIONTECH, 19 de junho de 2019. Disponível em: <https://investors.biontech.de/node/7291/html>

139. GRILL, M; MASCOLO, G. "Biontech wollte 54,08 Euro für eine Dosis". Süddeutsche Zeitung, 18 de fevereiro de 2021 Disponível em: <www.sueddeutsche.de/politik/biontech-pfizer-impfstoff-preis-eu-1.5210652>

140. PFIZER. "Mission Impossible: The Race for a Vaccine". YouTube, 6 de abril de 2021. Disponível em: <www.youtube.com/watch?v=jbZUZ9JYNBE>

141. COMISSÃO EUROPEIA. "Covid-19 – EU Solidarity Fund". Disponível em: <https://ec.europa.eu/regional_policy/en/funding/solidarity-fund/covid-19>

142. COMISSÃO EUROPEIA. "EU Vaccines Strategy". Disponível em: <https://ec.europa.eu/info/live-work-travel-eu/coronavirus-response/public-health/eu-vaccines-strategy_en>

143. CASTILLO, J.C.; AHUJA, A.; ATHEY, S.; BAKER, A.; WIECEK, W. et al. "Market design to accelerate COVID-19 vaccine supply", Science, 371(6534), 12 de março de 2021, 1107-1109. Disponível em: <https://science.sciencemag.org/content/371/6534/1107>

144. WEIZMANN INSTITUTE OF SCIENCE. "Shot of Hope: An Inside Look at Pfizer's Covid Vaccine", 23 de março de 2021. Disponível em: <www.weizmann-usa.org/news-media/video-gallery/shot-of-hope-an-inside-look-at-pfizer-s-covid-vaccine/>

145. FRANKFURTER ALLGEMEINE. "Eine Heldin aus Marburg", 28 de abril de 2021. Disponível em: <www.faz.net/aktuell/wirtschaft/biontech-produktion-in-marburg-die-heldin-valeska-schilling-17308733.html?premium>

146. Algumas semanas depois.

147. BBC. News. "Covid: EU's von der Leyen admits vaccine rollout failures", 10 de fevereiro de 2021. Disponível em: <www.bbc.com/news/world-europe-56009251>

148. FINANCIAL TIMES. "Trump considers fast-tracking UK Covid-19 vaccine before US election", 24 de agosto de 2020. Disponível em: <www.ft.com/content/b053f55b-2a8b-436c-8154-0e93dcdb3c1a>

149. CNN. "September 7 coronavirus news", 8 de setembro de 2020. Disponível em: <https://edition.cnn.com/world/live-news/coronavirus-pandemic-09-07-20-intl/h_f5e6d11e22a83184e7cce69ec0b36d3c>

150. WASHINGTON POST. "Coronavirus: Vaccines and Treatments", 7 de Agosto de 2020. Disponível em: <www.washingtonpost.com/washington-post-live/2020/08/07/coronavirus-vaccines-treatments/>

151. PFIZER. "An open letter from Pfizer chairman and CEO Albert Bourla". Disponível em: <https://www.pfizer.com/news/hot-topics/an_open_letter_from_pfizer_chairman_and_ceo_albert_bourla>

152. ANDERSON, J. "America has a history of medically abusing Black people. No wonder many are wary of COVID-19 vaccines". USA Today. Disponível em: <https://eu.usatoday.com/story/news/2021/02/16/black-history-covid-vaccine-fears-medical-experiments/4358844001/>

153. JACOBS, M. "An ode to Mainz from Kolkata". Goethe Institut, março de 2021. Disponível em: < https://www.goethe.de/ins/in/en/kultur/soc/22136897.html>

154. PENGELLY, M. “US posts fourth consecutive daily Covid record as Joe Biden prepares taskforce”. The Guardian, 8 de novembro de 2020. Disponível em: <www.theguardian.com/us-news/2020/nov/08/joe-biden-coronavirus-taskforce>

155. NEW YORK TIMES. “Three Covid-19 trials have been paused for safety. That’s a good thing.” 23 de novembro de 2020. Disponível em: <www.nytimes.com/2020/10/14/health/covid-clinical-trials.html>

156. ORGANIZAÇÃO MUNDIAL DA SAÚDE. “Weekly epidemiological update – 3 November 2020”. 3 de novembro de 2020. Disponível em: <www.who.int/publications/m/item/weekly-epidemiological-update---3-november-2020>

157. YOUTUBE. “Pfizer, ‘Mission possible: the race for a vaccine’”, 6 de abril de 2021. Disponível em: <www.youtube.com/watch?v=jbZUZ9JYNBE>

158. NATURE. “Nature’s 10: ten people who helped shape science in 2020”, 15 de dezembro de 2020. Disponível em: <www.nature.com/immersive/d41586-020-03435-6/index.html>

159. NEW YORK TIMES. “Pfizer’s early data shows vaccine is more than 90% effective”, 10 de novembro de 2020. Disponível em: <www.nytimes.com/2020/11/09/health/covid-vaccine-pfizer.html>

160. TAGESSCHAU. “November-Notbremse – was gilt wo?”, 2 de novembro de 2020. Disponível em: <www.tagesschau.de/inland/corona-regeln-november-103.html>

161. THE TIMES. Front page, Tomorrow’s Papers, 10 de novembro de 2020. Disponível em: <www.tomorrowspapers.co.uk/times-front-page-2020-11-10>

162. YEN, H.; NEERGAARD, L.; JOHNSON, L.A. “AP fact check: Trump’s claims on vaccine, election are wrong”. AP News, 10 de novembro de 2020. Disponível em: <https://apnews.com/article/election-2020-ap-fact-check-donald-trump-business-virusoutbreak-108077c4b716db604ee49b42c6d64af0>

163. FEUERHERD, B. “Trump claims Democrats and the FDA delayed coronavirus vaccine news”. New York Post, 10 de novembro de 2020. Disponível em: <https://nypost.com/2020/11/10/trump-claims-democrats-and-the-fda-delayed-coronavirusvaccine-news>

164. CHRYSOLORAS, N.; NARDELLI, A. “Astra vaccine haunts countries that shunned more expensive shots”. Bloomberg, 31 de março de 2021. Disponível em: <www.bloomberg.com/news/articles/2021-03-31/astrazeneca-haunts-countries-that-shunnedmore-expensive-shots>

165. GOTEV, G.; NIKOLOV, K. “Bulgaria holds its horses with Pfizer, Moderna vaccines, puts hopes in AstraZeneca”. Euractiv, 8 de janeiro de 2021. Disponível em: <www.euractiv.com/section/health-consumers/news/bulgaria-holds-its-horses-withpfizer-moderna-vaccines-puts-hopes-in-astrazeneca>

166. BILD. “Regierung gab 70 Mio. Corona-Impfdosen weg!”, 6 de janeiro de 2021. Disponível em: <www.bild.de/bild-plus/politik/inland/politik-inland/impfstoff-regierung-gab-70-mio-corona-impfdosen-weg-74776592,view=conversionToLogin.bild.html>

167. ADKINS, W. “France denies allegations it pressured EU to buy French vaccines over German”. Politico, 5 de janeiro de 2021. Disponível em: <www.politico.eu/article/france-puts-down-vaccine-favouritism-allegations>

168. PETER LIESE. “Last-minute contract closure”, 10 de novembro de 2020. Disponível em: <www.peter-liese.de/en/32-english/press-releases-en/3492-last-minutecontract-closure>

NOTAS DE FIM

169. MODERNA. “Moderna’s Covid-19 vaccine candidate meets its primary efficacy endpoint in the first interim analysis of the phase 3 COVE study”, 16 de novembro de 2020. Disponível em: <https://investors.modernatx.com/news-releases/newsrelease-details/modernas-covid-19-vaccine-candidate-meets-its-primaryefficacy>

170. DER TAGESSPIEGEL. “Nicht alle in wenigen Ländern impfen – sondern wenige in allen Ländern”, 18 de novembro de 2020. Disponível em: <www.tagesspiegel.de/politik/bundespraesident-will-corona-impfstoff-teilen-nicht-alle-inwenigen-laendern-impfen-sondern-wenige-in-allen-laendern/26634460.html>

171. WALKER, P. “No 10 and regulator contradict Hancock’s ‘because of Brexit’ Covid vaccine claim”. The Guardian, 2 de dezembro de 2020. Disponível em: <www.theguardian.com/world/2020/dec/02/hancock-brexit-helped-uk-to-speedyapproval-of-covid-vaccine>

172. THE TELEGRAPH. “In full: ’No corners have been cut‘ on vaccine, says MHRA chief”. YouTube, 2 de dezembro de 2020. Disponível em: <www.youtube.com/watch?v=gbXo25h4ro8>

173. REUTERS. “EU drug watchdog urges longer approval process after UK authorises Pfizer Covid shot”, 2 de dezembro de 2020. Disponível em: <www.reuters.com/article/uk-health-coronavirus-britain-ema-idUKKBN28C177>

174. BBC NEWS. “Covid vaccine: Margaret Keenan reflects receiving world’s first jab”, 21 de junho de 2021. Disponível em: <www.bbc.com/news/av/health-57532766>

175. MURRAY, J. “Covid vaccine: UK woman becomes first in world to receive Pfizer jab”. In: The Guardian, 8 de dezembro de 2020. Disponível em: <www.theguardian.com/world/2020/dec/08/coventry-woman-90-first-patient-to-receive-covidvaccine-in-nhs-campaign>

176. CNBC TELEVISION. “Why two FDA members voted against the Pfizer-BioNTech vaccine”, 11 de dezembro de 2020. Disponível em: <www.youtube.com/watch?v=2EtAzVy89ZU>

177. NEW YORK TIMES. “EU’s top drug regulator says it’s ’fully functional‘ after cyberattack”, 10 de dezembro de 2020. Disponível em: <www.nytimes.com/2020/12/10/world/europe/cyberattack-coronavirus-europe.html>

178. ENGELBERG, M., “Licht aus bei der EMA”. Bild, 17 de dezembro de 2020. Disponível em: <www.bild.de/politik/inland/politik-inland/ema-macht-das-licht-aus-dabei-arbeiten-sie-eigentlich-rund-um-die-uhr-74497204,jsPageReloaded=true.bild.html#remId=1703072226374113611>

179. COMISSÃO EUROPEIA. “Speech by President von der Leyen at the European Parliament Plenary on the state of play of the EU’s Covid-19 vaccination strategy”, 10 de fevereiro de 2021. Disponível em: <https://ec.europa.eu/commission/presscorner/detail/en/speech_21_505>

180. “Redemption shot: von der Leyen begins fightback on EU vaccine rollout”, 1 de março de 2021. Disponível em: <www.ft.com/content/39d31c19-5a3d-4352-9bff-630f7c80e5fa>

181. DEUTSCH, J.; HERSZENHORN, D.M. “EU countries look abroad for vaccines as doubts in Brussels grow”. Politico, 2 de março de 2021. Disponível em: <www.politico.eu/article/brussels-doubts-eu-countries-capitals-look-abroad-russia-chinacoronavirus-vaccines>

182. REUTERS. “EU’s vaccine failure is because it didn’t ‘shoot for the stars’, Macron says”, 24 de março de 2021. Disponível em: <www.reuters.com/article/healthcoronavirus-vaccines-macron-idCNL8N2LM6PD>

183. KELLY, E. "EU's lead Covid-19 vaccines negotiator defends contracts". Science Business, 2 de fevereiro de 2021. Disponível em: <https://sciencebusiness.net/news/eus-lead-covid-19-vaccines-negotiator-defends-contracts>

184. MARTUSCELLI, C. "Commission's Gallina pushes back on coronavirus vaccine contracts". Politico, 1 de fevereiro de 2021. Disponível em: <www.politico.eu/article/sandra-gallina-european-commission-eu-coronavirus-vaccines-contractsparliament>

185. NEW YORK TIMES. "Vaccines: a very European disaster", 18 de março de 2021. Disponível em: <www.nytimes.com/2021/03/18/opinion/coronavirus-vaccine-europe. html>

186. REGISTRO FEDERAL. "Ensuring access to United States government Covid-19 vaccines", 12 de novembro de 2020. Disponível em: <www.federalregister.gov/documents/2020/12/11/2020-27455/ensuring-access-to-united-statesgovernment-covid-19-vaccines>

187. Nascido em 26 de fevereiro de 1944.

188. ESPOSITO, A. "'Best gift in 2020': Covid-19 vaccinations begin in Latin America". Reuters, 24 de dezembro de 2020. Disponível em: <www.reuters.com/article/ushealth-coronavirus-mexico-vaccine-idUSKBN28Y1BT>

189. GANDEL, S. "Pfizer vaccine vials contain excess doses, surprising hospitals and pharmacists". CBS News, 17 de dezembro de 2020. Disponível em: <www.cbsnews.com/news/pfizer-covid-vaccine-vials-more-doses-expected>

190. KUPFERSCHMIDT, K. "Mutant coronavirus in the United Kingdom sets off alarms, but its importance remains unclear". Science, 20 de dezembro de 2020. Disponível em: <www.science.org/news/2020/12/mutant-coronavirus-unitedkingdom-sets-alarms-its-importance-remains-unclear>

191. NEW YORK TIMES. "Inside the B.1.1.7 coronavirus variant", 18 de janeiro de 2021. Disponível em: <www.nytimes.com/interactive/2021/health/coronavirus-mutations-B117-variant.html>

192. Ibid.

193. RAMBAUT, A.; LOMAN, N.; PYBUS, O.; et al. "Preliminary genomic characterisation of an emergent SARS-CoV-2 lineage in the UK defined by a novel set of spike mutations". Virological, Dezembro de 2020. Disponível em: <https://virological.org/t/preliminary-genomic-characterisation-of-an-emergent-sarscov-2-lineage-in-the-uk-defined-by-a-novel-set-of-spike-mutations/563>

194. SAHIN, U.; MUIK, A.; TÜRECI, Ö.; et al. "BNT162b2 vaccine induces neutralizing antibodies and poly-specific T-cells in humans". Nature, 595, 2021, 572–577. Disponível em: <www.nature.com/articles/s41586-021-03653-6>

195. Liderado por Christoph Prinz e Christoph Peter.

196. KLUSMANN, S. "Ein deutsches Heldenpaar". Der Spiegel, 31 de dezembro de 2020. Disponível em: <www.spiegel.de/politik/deutschland/biontech-gruender-ugur-sahin-und-oezlem-tuereci-ein-deutsches-wunder-a-00000000-0002-0001-0000-000174691194>

197. RP ONLINE. "Von Gastarbeiterkind zum Weltretter", 10 de novembro de 2020. Disponível em: <https://rp-online.de/panorama/coronavirus/biontech-gruender-ugur-sahin-vom-gastarbeiterkindzum-retter-der-menschheit_aid-54532197>

NOTAS DE FIM

198. NEW YORK TIMES. “The husband-and-wife team behind the leading vaccine to solve Covid-19”, 10 de novembro de 2020. Disponível em: <www.nytimes.com/2020/11/10/business/biontech-covid-vaccine.html>

199. CNN PHILIPPINES, “Filipino nurse reflects on giving first vaccine in UK”. YouTube, 11 de janeiro de 2021. Disponível em: <www.youtube.com/watch?v=ugkqp0LGJtc>

200. REUTERS. “BioNTech alone could life German economy by 0.5% this year – economist”, 10 de agosto de 2021. Disponível em: <www.reuters.com/article/germany-economy-biontech/biontech-alone-could-lift-german-economy-by-0-5-this-year-economist-idUSL8N2PH32O>

201. AMANAT, F.; KRAMMER, F. “SARS-CoV-2 vaccines: status report”. Immunity, 52(4), 14 de abril de 2020, 583–589. Disponível em: <https://doi.org/10.1016/j.immuni.2020.03.007>

202. CHEW, S.K. “SARS: how a global epidemic was stopped”. Bulletin of the World Health Organization, 85(4), abril de 2007, 324. Disponível em: <www.ncbi.nlm.nih.gov/pmc/articles/PMC2636331, doi: 10.2471/BLT.07.032763>

203. CENTERS FOR DISEASE CONTROL AND PREVENTION. “Allergic reactions including anaphylaxis after receipt of the first dose of Pfizer-BioNTech Covid-19 vaccine – United States, December 14–23 2020”, 15 de janeiro de 2021. Disponível em: <www.cdc.gov/mmwr/volumes/70/wr/mm7002e1.htm>

204. “A recipe for the next disaster: a new, pan-virus methodology for ramping up vaccine production”. Innovative Medicines Initiative, maio de 2021. Disponível em: <www.imi.europa.eu/news-events/newsroom/recipe-next-disaster-new-panvirus-methodology-ramping-vaccine-production>

205. “Concept paper for the development of a guideline on data 5 requirements for vaccine platform technology master files 6 (PTMF)”. European Medicines Agency, 20 de janeiro de 2021. Disponível em: <www.ema.europa.eu/en/ documents/scientific-guideline/draft-concept-paper-development-guidelinedata-requirements-vaccine-platform-technology-master-files_en.pdf>

206. VANDEPUTTE, J.; SAVILLE, M.; CAVALERI, M.; FRIEDE, M.; et al. ”ABS/CEPI platform technology webinar: Is it possible to reduce the vaccine development time?“. Biologicals, 71, Junho de 2021, 55–60. Disponível em: <www.sciencedirect.com/science/article/pii/S1045105621000397>

207. DER AKTIONÄR. “BioNTech-Chef Ugur Sahin: ‘Das könnte die neue Normalität sein’”, 27 de fevereiro de 2021. Disponível em: <www.deraktionaer.de/artikel/pharmabiotech/biontech-chef-ugur-sahin-das-koennte-die-neue-normalitaetsein-20226509.html>

208. COMISSÃO EUROPEIA. “Coronavirus: Commission signs a third contract with BioNTech-Pfizer for an additional 1.8 billion doses”, 20 de maio de 2021. Disponível em: <https://ec.europa.eu/commission/presscorner/detail/en/ip_21_2548>

209. HAWTHORNE, J. “Is the market for a flu vaccine disappearing?”. Nasdaq, 4 de abril de 2021. Disponível em: <https://www.nasdaq.com/articles/is-the-market-for-a-flu-vaccinedisappearing-2021-04-04>

210. REUTERS. “Vaccine patent waiver could impact quality of shots – Merkel”, 8 de maio de 2021. Disponível em: <www.reuters.com/article/eu-india-merkelidUSS8N2D400S>

211. CENTERS FOR DISEASE CONTROL AND PREVENTION. Appendix C, “Covid-19 Vaccines”. Disponível em: <www.cdc.gov/vaccines/covid-19/clinical-considerations/covid-19-vaccines-us.html#Appendix-C>

1ª edição MARÇO DE 2022
impressão PANCROM GRÁFICA
papel de miolo PÓLEN SOFT 70G/M²
papel de capa CARTÃO SUPREMO ALTA ALVURA 250G/M²
tipografia MINION PRO